超分子聚合物

SUPRAMOLECULAR POLYMERS

黄飞鹤 翟春熙 郑波 李世军 编著

ZHEJIANG UNIVERSITY PRESS
浙江大学出版社

前言

探索新的聚合反应机理，发现新的聚合方法，以制备满足不同场合需要的高分子材料，是21世纪高分子科学发展的重要方向之一，对建设自主创新型国家具有重要的意义。传统高分子的重复单元主要是通过共价键连接在一起的。将超分子化学和高分子合成化学紧密结合，借助分子间弱的非共价键相互作用（如氢键、亲水-憎水作用、主客体分子识别、π－π堆积作用以及静电相互作用），使单体在溶液中自组装来“合成”超分子聚合物，是高分子合成化学的最新进展之一，也是当前高分子领域内的研究热点。超分子聚合物已经在某些方面有了具体的应用，例如对现有聚合物改性。超分子聚合物是一动态聚合物的特性使得它们可应用于药物缓释、日常保健、废物管理等方面。基于非共价键相互作用来设计并制备具备新颖结构和功能的超分子聚合物已经受到世界的普遍重视，并已成为高分子科学的重要发展方向之一。可以说，超分子聚合物的出现改写了高分子科学的定义。正是考虑到超分子聚合物研究的重要性，超分子聚合物被国家自然科学基金委确定为“十一五”规划的择优支持领域，并从2008年开始在国家自然科学基金的申请中有了超分子聚合物这一条目和相应的申请代码。

在国家自然科学基金的资助下，多年来，我们课题组一直致力于超分子聚合物的设计、制备和表征工作，已有一些研究成果发表于国际核心化学期刊。鉴于国内目前还未有一本与超分子聚合物相关的学术著作，我们感到有必要编写一本介绍超分子聚合物的书籍。在本书中，我们尝试将科研成果和文献有机地结合起来，遵循在科研中一直坚持的先小的分子聚集体再大的分子聚集体的思路，先在第一章中介绍由小分子和小分子自组装而成的准轮烷、轮烷和索烃等小的分子聚集体，接着在第二章中介绍由小分子和高分子自组装而成的准聚轮烷、聚轮烷和聚索烃，然后在第三章中介绍由小分子和高分子或高分子和高分子自组装而成的超分子大分子，最后在第四章中介绍由小分子和小分子自组装而成的超分子聚合物。我们主要根据构筑单元自组装时驱动力的不同对各种聚集体进行分类并加以介绍，同时通过大量国内外相关领域的最新科研成果实例，重点介绍各种聚集体的设计原理、制备基础以及所表现出来的各种性质和功能。我们力求本书内容丰富新颖，并希望本书的出版对我国超分子聚合物的教学和科研有所帮助。

在此衷心感谢国家科学技术学术著作出版基金的资助！

超分子聚合物科学是一门非常年轻的交叉科学，涉及很多新概念、新名词，由于作者水平有限，难免有疏漏和错误之处，敬请同行和广大读者批评指正。

黄飞鹤

2011年9月30日于求是园

目　录

第 1 章 准轮烷、轮烷和索烃

1.1 引　言

轮烷(rotaxane)源于拉丁词汇“wheel”和“axle”,它由线性的哑铃状分子和穿在哑铃状分子上的环状分子组成。此哑铃状分子的两端是大体积的封端基团(stopper),确保了大环分子不会从线性轴分子的两端滑脱,而线性分子和环状分子之间并不存在共价键连接。索烃(catenane)来源于拉丁语“catena”,意为“链”。索烃是由联索环组成的分子,含有两个或多个相扣的大环,每个环之间同样不为任何共价键所连接。轮烷和索烃可用统计方法合成或模板作用合成。轮烷和索烃是最常见的小分子机械互锁结构,可用[n]轮烷和[n]索烃表示(n:互锁结构单元的数目)。譬如,人们形象地将[2]轮烷或[2]索烃的两个互锁结构单元比喻为一对亲密恋人,虽不相连,却永不分离。轮烷和索烃特殊的机械互锁结构决定了它们在纳米功能材料和分子机器等方面具有很大的应用潜力。

还有一类在结构上与轮烷很相似的超分子组装体,叫做准轮烷(pseudorotaxane),相对于轮烷,它不包含用于稳定超分子结构的封端基团(stopper);相对于索烃,它的线性轴没有闭合。准轮烷常用作合成轮烷和索烃的前体,是合成轮烷和索烃的重要基础。准轮烷结构越稳定,亦即主体分子和客体分子间所形成的络合物的络合常数越高,越有利于高效地制备轮烷和索烃。因此,制备结构稳定的准轮烷是高效获得轮烷和索烃的基础,非常重要。

在化学拓扑学上,准轮烷、轮烷和索烃都是重要实例,因此备受化学家们的关注。

1.2 准轮烷和轮烷的合成和应用

最简单的轮烷(准轮烷)结构由一个线性分子和一个环状分子构成,可用[2]轮烷([2]准轮烷)表示。由 1 个(或 $n-1$ 个)线性分子和 $n-1$ 个(或 1 个)环状分子构成的轮烷(准轮烷)用[n]轮烷([n]准轮烷)表示(图 1.1)。

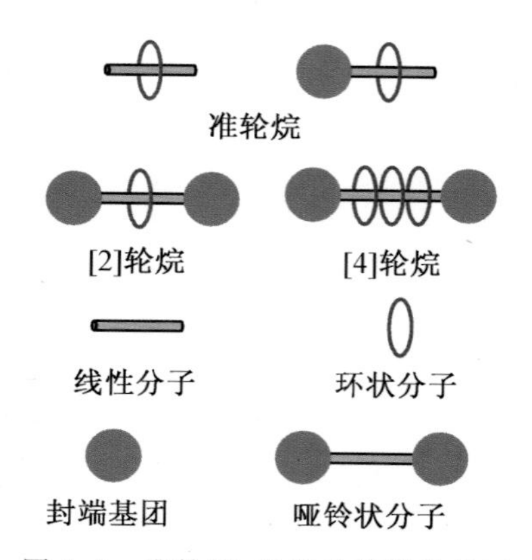

图 1.1　准轮烷、轮烷及其结构单元

根据构筑机理的不同,轮烷的构筑方法可分为夹套法(clipping)、穿线封端法(threading-followed-by-stoppering)、滑移法(slipping)以及最近发展起来的穿线收缩法(threading-followed-by-shrinking)和穿线膨胀法(threading-followed-by-swelling)(图 1.2)。

在夹套法中,环状分子的片段先与带有封端基团的线性分子形成夹心型配合物,再进行闭环反应而形成轮烷。

在穿线封端法中,首先使线性分子受非共价键作用驱动,穿入环状分子内腔中形成准轮烷,之后在其两端引入大的封端基团组装成轮烷。

滑移法指的是在较高温度下,使内径相当的环状分子与带有封端基团的线性轴分子形成类轮烷(rotaxane-like inclusion complex),再冷却而得到轮烷,在这一过程中利用了大环尺寸的温度依赖性。

在穿线收缩法[1a]中,线性轴分子在穿过大环的空腔后,大环收缩,从而形成轮烷。在这一过程中,关键是线性轴分子两端基团的体积大小要合适,使得大环在收缩前可以穿过,在收缩后却不能穿过。滑移法和穿线收缩法的区别在于,滑移法中利用的是大环的物理收缩,而在穿线收缩法中利用的是化学反应使大环产生化学收缩。

在穿线膨胀法[1b]中，先使一端有封端基团的线性轴分子穿入大环而形成半轮烷，然后再胀大线性轴分子的另一端而实现封端。要利用穿线膨胀法来制备轮烷需要满足如下条件：① 增大末端基团时不引入其他原子或基团；② 大环和线性轴分子之间有足够的结合力，同时选择一个恰当的大小尺寸，使得大环在末端基团体积增大之前能顺利套上，但之后不会脱离；③ 末端基团体积胀大的条件必须可控。

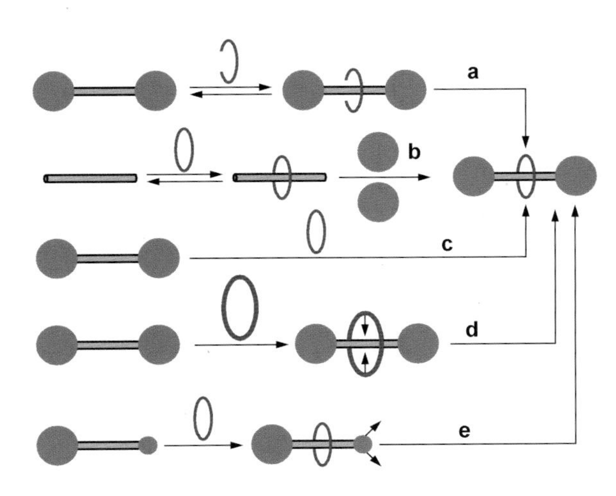

图 1.2 构筑轮烷的主要方法
(a) 夹套法；(b) 穿线法；(c) 滑移法；(d) 穿线收缩法；(e) 穿线膨胀法

而根据形成轮烷和准轮烷时主要驱动力的不同，轮烷和准轮烷的制备方法可以分为统计学缠绕、化学转移、受氢键驱动、受亲水-疏水相互作用驱动、受金属配位作用驱动、受 $\pi-\pi$ 堆积相互作用以及电荷转移驱动六种。下面将一一予以介绍。

1.2.1 统计学缠绕法制备准轮烷和轮烷

1967 年，Harrison 首先采用统计学缠绕法制备准轮烷和轮烷[2]（图 1.3）。这是一种纯统计学方法，形成准轮烷和轮烷的过程中没有明显的驱动力。与其他方法相比，此法效率较低，因而近年来应用很少。

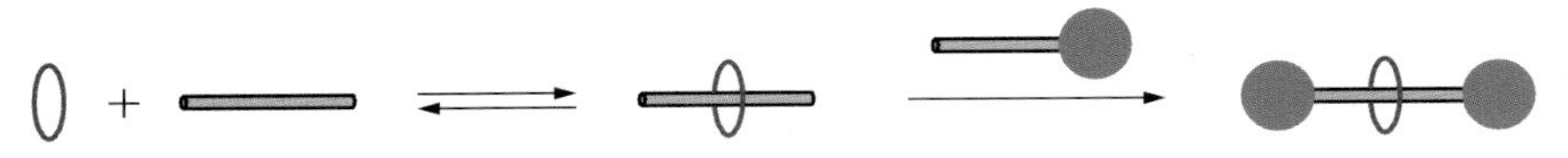

图 1.3 统计学缠绕法制备准轮烷和轮烷

1.2.2 化学转移法制备准轮烷和轮烷

此法始于20世纪60年代，Schill等人[3]通过如图1.4所示的化学转移法合成了轮烷。但由于该方法步骤复杂，产率较低，近来也较少应用。

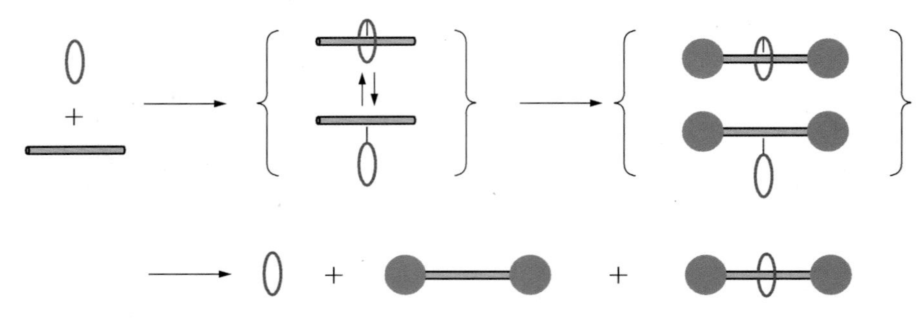

图1.4 化学转移法制备准轮烷和轮烷

1.2.3 基于氢键作用制备准轮烷和轮烷

近十年来，依靠氢键作用来制备准轮烷和轮烷越来越广泛地被应用。一些含孤对电子的原子（如N原子和O原子）可以和某些基团（如—NH—、—OH和—NH_2^+—）上的氢原子形成氢键，基于这些氢键作用可以更有效地制备准轮烷和轮烷。

例如，Stoddart课题组合成了一系列基于氢键相互作用的准轮烷和轮烷，他们大都是以二级铵盐为轴、冠醚为大环。在早期研究中，他们通过穿线封端法，利用双苯并-24-冠-8和二级铵盐之间的氢键相互作用合成了热力学稳定的轮烷**1**（图1.5）[4]。之后，Stoddart等人又利用吡啶氮原子这种更好的氢键受体，制备了双吡啶-24-冠-8和二级铵盐组合的轮烷**2**（图1.5）[5]。在后续的研究中，借由氢键作用所形成的超分子结构越发趋于复杂。如先制备含有相同楔型（dendron）取代基的二级铵盐衍生物和双苯并-24-冠-8衍生物，再通过滑移法制备树枝状轮烷[6]。近来，他们又利用模板合成的方法和动态共价化学（dynamic covalent chemistry）的思想，用特定的分子片断和二级铵盐客体制备此类轮烷[7]。除此之外，他们还制备了包含两个双苯并-24-冠-8主体和双二级铵盐客体的2∶1复合准轮烷**3**（图1.5）[8]和具有三个主客体相互作用中心的双层准轮烷**4**（图1.5）[9]。他们还在二级铵盐上引入功能基团富勒烯，利用这样的二级铵盐衍生物与双苯并-24-冠-8络合制备准轮烷**5**（图1.5）[10]，这使得冠醚中儿茶酚的光电性质发生改变。

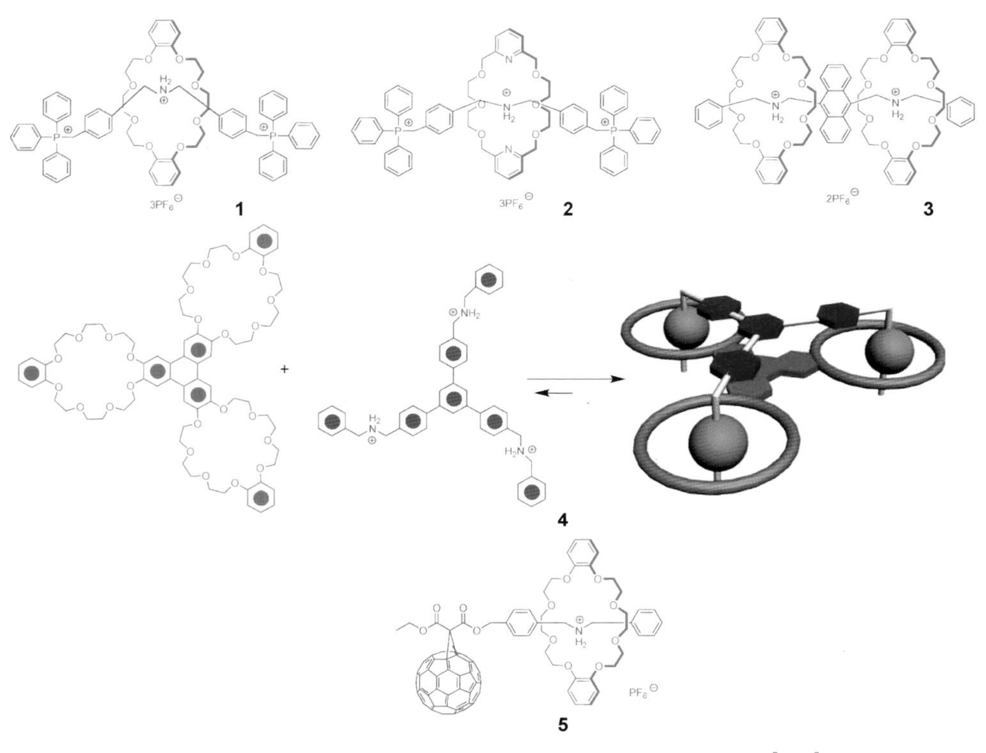

图 1.5 Stoddart 课题组基于氢键作用制备的准轮烷和轮烷[4~10]

Stoddart 课题组所研究的上述基于冠醚和二级铵盐的轮烷和准轮烷基本都是以含 24 个原子的冠醚为主体进行合成的。在相当长一段时间内，人们都认为冠醚要想和线性分子形成互穿结构，其大环必须达到足够的尺寸，即至少应含有 24 个 C、N、O 或 S 原子[11]。一些事实似乎也佐证了这一点：早在 30 年前，Schill 等人虽合成了含有 21 个和 23 个原子的冠醚大环为主体的相关轮烷[12]，但产率极低；最近，Shimomura 等人也报道了含有 22 或者 23 个原子的双苯并冠醚与二级铵盐之间的结合力极低[13]。但是，最近黄飞鹤课题组基于包含 21 个原子的大环苯并-21-冠-7 与二级铵盐强氢键作用，成功制备了如图 1.6 所示的[2]轮烷[14]，并通过核磁共振波谱、质谱以及 X-射线单晶衍射等多种手段一致证明了苯并-21-冠-7 与二级铵盐之间的氢键作用甚至比传统冠醚主体双苯并-24-冠-8 更强。另外，黄飞鹤等还发现苯并-21-冠-7 的空腔比双苯并-24-冠-8 的空腔要小，因此容易找到更多基团作为封端基团来制备轮烷结构，像苯环就可用作苯并-21-冠-7 的封端基团。再加上苯并-21-冠-7 比较容易制备，因此，预计 21-冠-7/二级铵盐识别机理将会在互穿结构的制备中得到广泛应用。

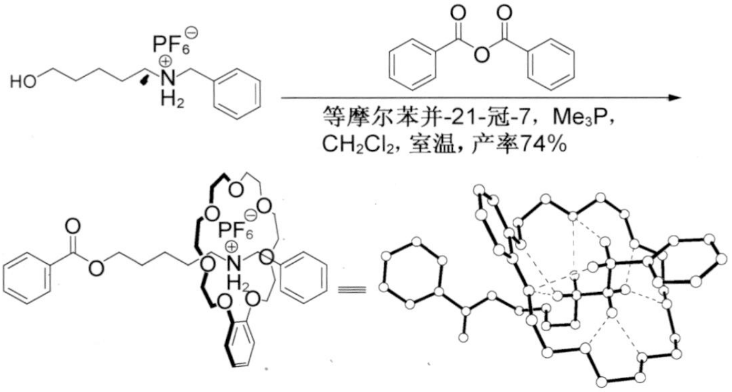

等摩尔苯并-21-冠-7，Me_3P，
CH_2Cl_2，室温，产率74%

图 1.6　基于苯并-21-冠-7对二级铵盐的识别制备轮烷[14]

近年来，Gibson和黄飞鹤等制备了一系列以基于冠醚的三桥穴醚(cryptand)为主体、百草枯(paraquat)衍生物为客体的准轮烷[15](其中代表性准轮烷见图1.7)。相对于简单的冠醚主体，这些三桥穴醚对百草枯客体的络合能力可提高9000倍。他们研究后发现，百草枯两端取代基的不同(**G1**，**G3**，**G4**)不但可以影响到三桥穴醚和百草枯衍生物客体络合的强弱，而且可以影响到主客体络合物的空间几何构型。如当百草枯客体含有甲基时，主客体络合明显比不含甲基时强；同时，百草枯客体两端含甲基取代基时，主客体络合物为T-型的络合物，而不含甲基时，主客体络合物为准轮烷(图1.7)。此外，研究发现，当冠醚主体两端的苯环的对位[16a]或者顺式[16b]位置均被羟基取代时，体系中的水分子可参与形成氢键，搭建第三桥而形成超分子三桥穴醚，从而使主客体结合力更强、结构更稳定(图1.8)。这些研究结果为设计合成具有高络合常数的络合物提供了重要的实验和理论依据，也展示了这类化合物通过分子组装构筑纳米超分子结构的良好前景。最近，黄飞鹤课题组合成了一系列基于三桥穴醚/百草枯识别机理的轮烷和索烃[17]。

陈传峰等人致力于以三叠烯衍生物为主体、以氢键为驱动力制各种准轮烷[18~21]。例如，他们制备了基于三叠烯的含双苯并-24-冠-8的圆柱状双冠醚主体和二级铵盐客体形成的准轮烷[18]。他们发现主体中双冠醚空腔分别通过氢键作用结合一个二级铵盐客体而形成1∶2的复合物，再加上彼此靠近的两客体间的π-π相互作用的帮助，从而形成在溶液和固态中都高度稳定的[3]准轮烷。在此基础上，他们制备了一系列树枝状二级铵盐客体，均可与该主体形成相应的[3]准轮烷。他们还基于三叠烯的双苯并-24-冠-8三冠醚与两端有两个双键的二级铵盐**8**(图1.9)形成高度稳定的[4]准轮烷**7·8**[19](图1.9)。然后**7·8**在

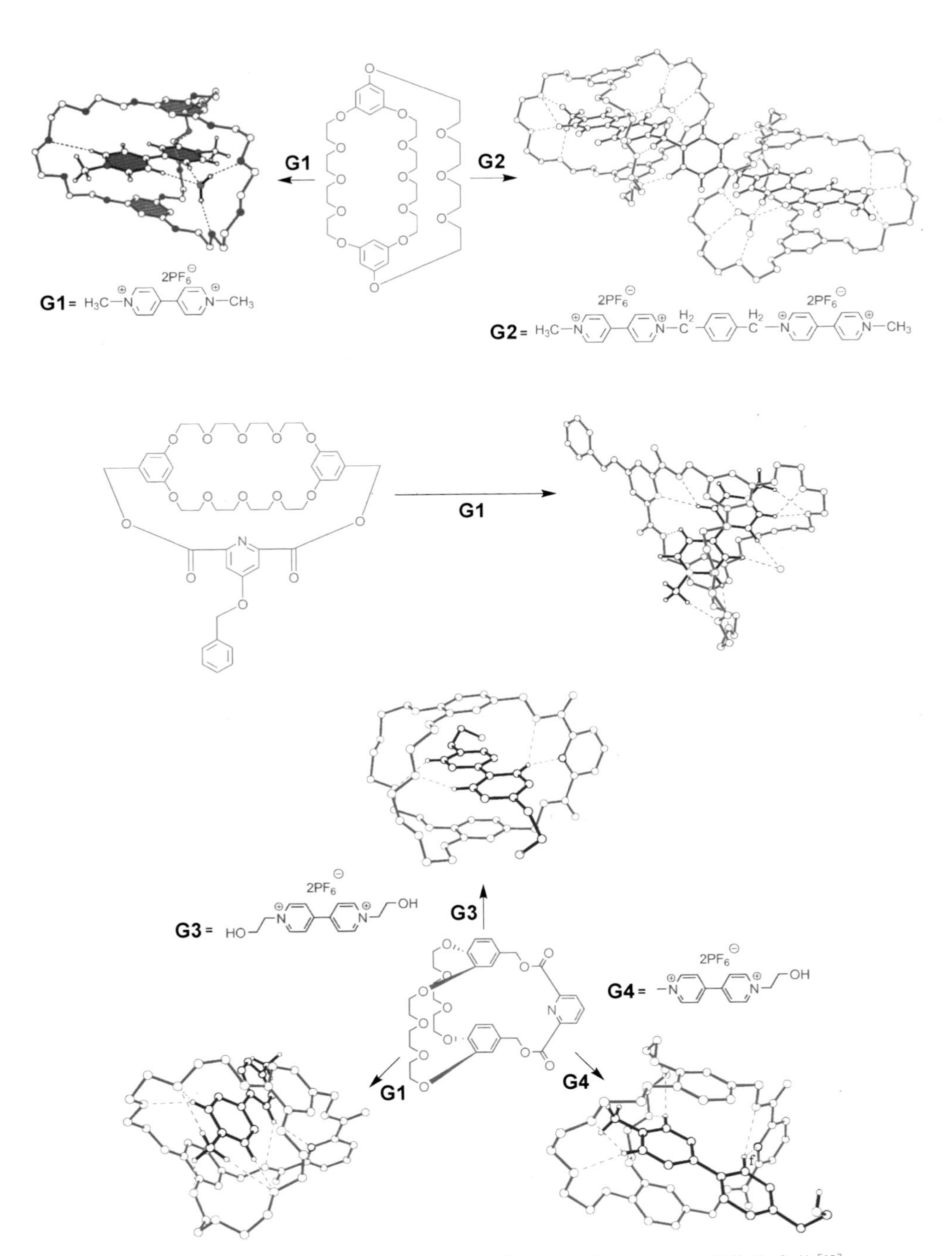

图 1.7　Gibson 和黄飞鹤等人制备的部分三桥穴醚/百草枯主客体络合物[15]

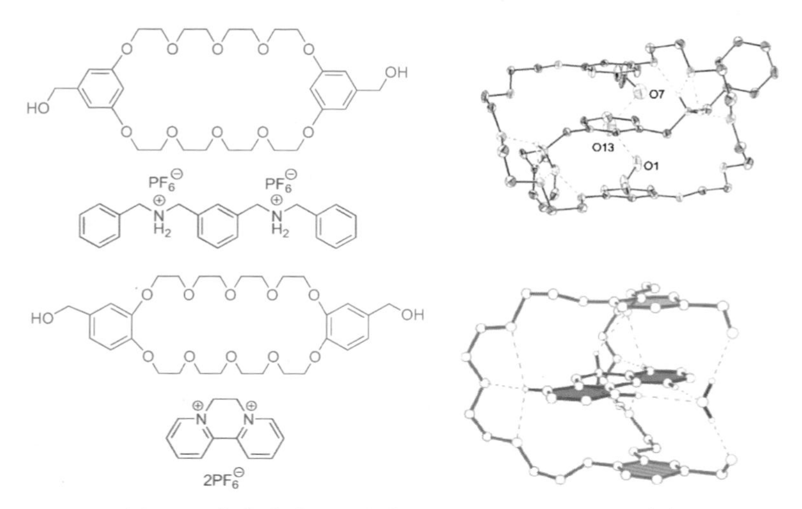

图 1.8　依靠水分子形成第三桥的超分子三桥穴醚[16]

Grubbs 催化剂催化下发生烯烃复分解反应而生成含有三个双键的机械互锁结构,并进一步氢化而生成不含双键的机械互锁结构 **9**(图 1.9)。基于三叠烯的这种三维刚性结构,可以把它作为一个有用的构筑基元进一步合成更多的具有特殊结构和性质的有序超分子体系。

Leigh 等人制备了很多基于酰胺键的羰基和氨基分子间氢键作用的轮烷。其中,光活性的分子梭轮烷由于在构筑器件方面的潜在应用价值引起了人们的广泛关注[22,23]。2001 年,Leigh 等人[22]制备了室温下非极性溶剂中可发生光致构象变化的轮烷。在光的刺激下,大量电子转移到临近蒽环封端基团的羰基上,使其能够与大环形成更强氢键,从而形成第二种轮烷构象(图 1.10)。重要的是,这种变化在纳秒内瞬间发生。他们还研究了含苄基酰胺的大环与富马酰胺-琥珀酰胺的光致-热致分子梭[23](图 1.11)。光照可使琥珀酰胺基团上的羰基和亚胺通过氢键成环,迫使结合位点转移到富马酰胺位置;相反,加热可使琥珀酰胺恢复常态,令大环返回原来位置。此外,他们还研究了电化学驱动的分子梭[24,25]。比如,如图 1.12 所示,最近他们在溶液和膜中研究了含苄基酰胺的大环分子与琥珀酰胺-萘二酰胺线状分子形成的基于氢键的毫秒级轮烷分子梭[25],在溶液中实现了电化学因素影响下的萘二酰胺三种氧化态之间的可逆变化,由此引起大环与萘二酰胺的结合力相差达 6 个数量级,这使得大环在两站点间的分布情况产生巨大变化。如果用吡啶环替代大环分子中的苯环,则可实现轮烷的大环与基底的组装而制备分子梭单层膜。实验表明,这种单层膜很好地保留了溶液中的性质,并具有良好的稳定性。

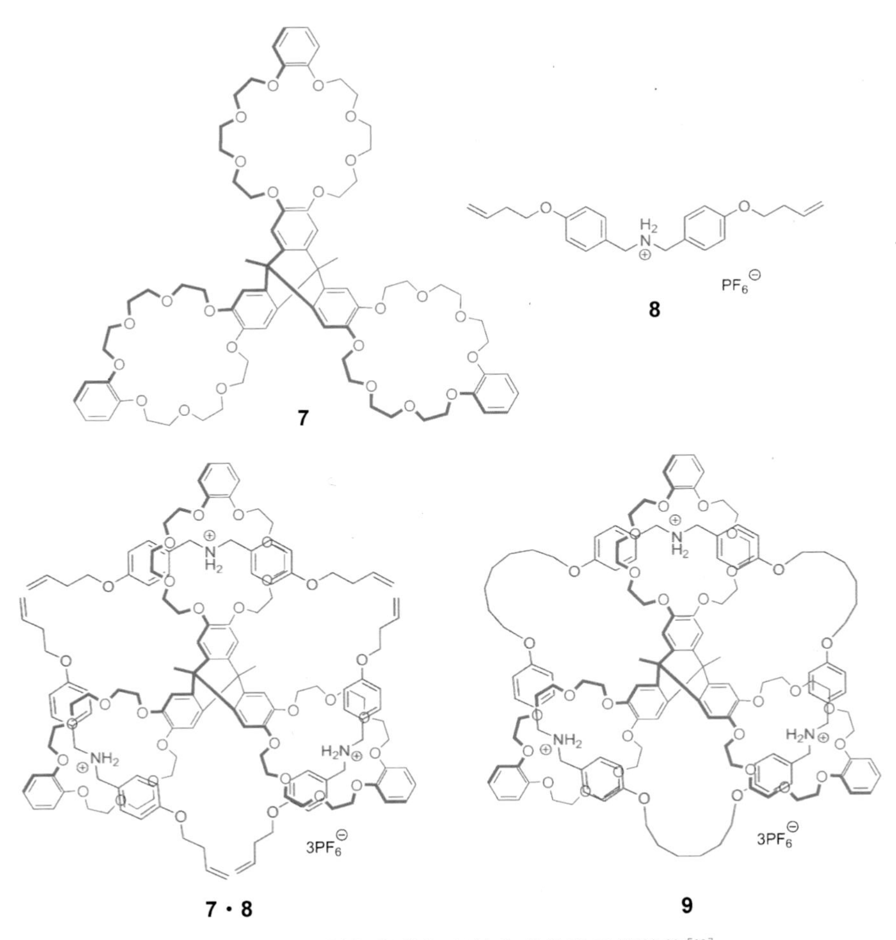

图 1.9　三重烯烃复分解高效合成机械互锁结构[19]

图 1.10　光活性分子梭轮烷的光致构象变化[22]

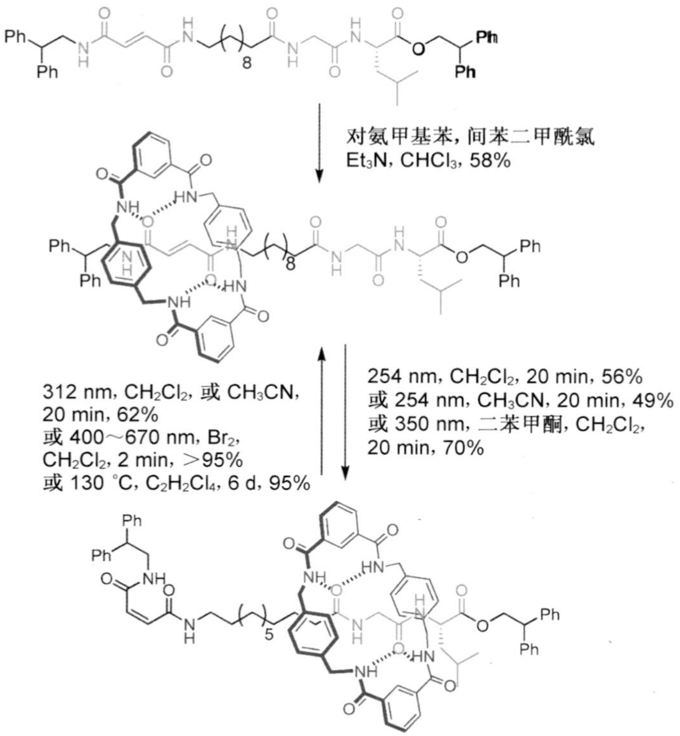

对氨甲基苯，间苯二甲酰氯
Et_3N, $CHCl_3$, 58%

312 nm, CH_2Cl_2, 或 CH_3CN, 20 min, 62%
或 400～670 nm, Br_2, CH_2Cl_2, 2 min, >95%
或 130 °C, $C_2H_2Cl_4$, 6 d, 95%

254 nm, CH_2Cl_2, 20 min, 56%
或 254 nm, CH_3CN, 20 min, 49%
或 350 nm, 二苯甲酮, CH_2Cl_2, 20 min, 70%

图 1.11　光致-热致分子梭[23]

朱道本等人[26]则通过模板的诱导夹套法制备了一种由包含苯胺和醚链的大环、包含酰胺和—NH_2^+—两个结合位点的线性轴，以及荧光基团蒽环作为靠近—NH_2^+—一端的封端基团所组成的[2]轮烷分子机器(图 1.13)。他们利用加入酸碱化合物及金属离子来调节环与轴的结合位点及结合方式，从而影响苯胺与蒽环之间以及胺与蒽环之间的电子转移，最终实现多级荧光开关。在中性的溶液中，大环依靠醚链与—NH_2^+—之间氢键结合在线性轴的—NH_2^+—位置，紫外光照下大环上的苯胺与旁边轴上的蒽环发生电子转移，使蒽环不发荧光。当加碱去质子化后，结合位点移至较远的酰胺位置，蒽环发弱荧光。加入 Li^+ 后，醚链转而与 Li^+ 络合，大环发生转动，使苯胺更远离蒽环，电子转移发生禁阻，令蒽环发强荧光。加入 Zn^{2+} 使结合位点回到胺位置，并使大环的苯胺和轴上的 NH 都参与了和 Zn^{2+} 的络合，电子转移变为完全禁阻，从而令蒽环发出最强的荧光。实验证明，上述三个过程均是可逆的，因此可以通过这种酸碱及金属阳离子调节的方法人为控制轮烷分子机器发出不同强弱的荧光。这无疑提供了一种可控的、结合不同因素来实现的多稳态分子机器模型。

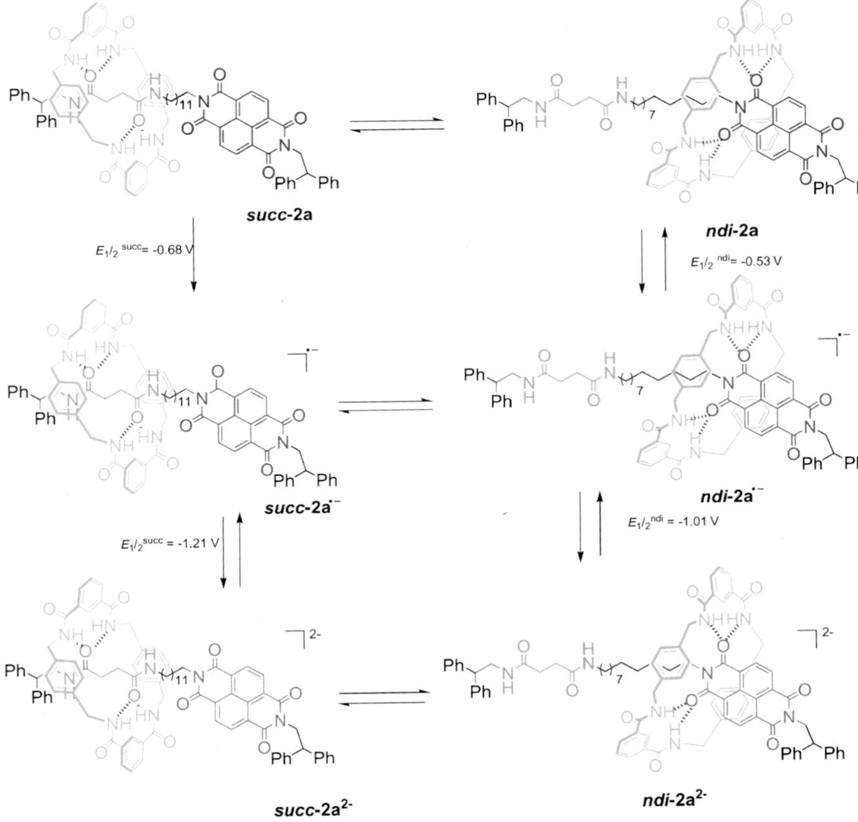

succ-2a　*ndi*-2a

$E_{1/2}^{succ}$= -0.68 V　$E_{1/2}^{ndi}$= -0.53 V

succ-2a˙⁻　*ndi*-2a˙⁻

$E_{1/2}^{succ}$ = -1.21 V　$E_{1/2}^{ndi}$ = -1.01 V

succ-2a²⁻　*ndi*-2a²⁻

图 1.12　电化学驱动的三种氧化态的轮烷分子梭[25]

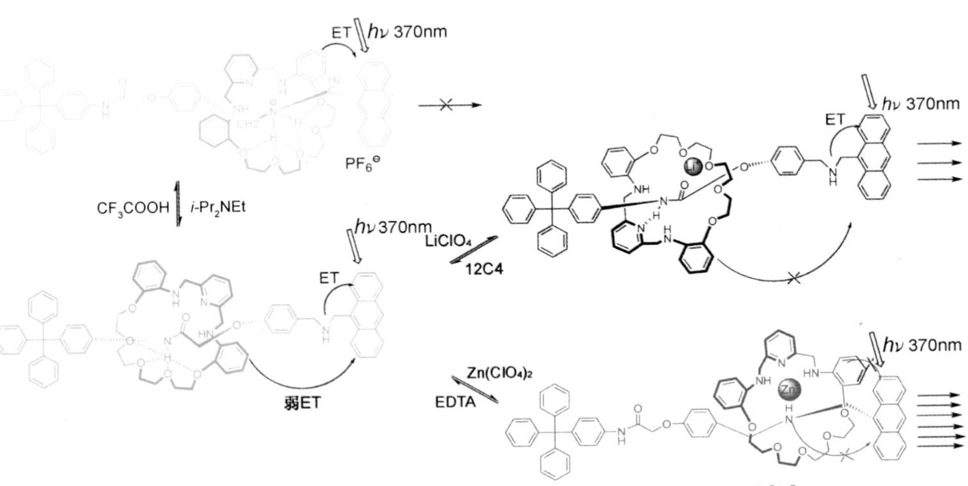

图 1.13　酸碱及金属离子调节的荧光可控的轮烷分子机器[26]

功能基团富勒烯既具有良好的光电性质，同时又是很好的封端基团，因此也常被引入轮烷和准轮烷中[27]（图 1.14）。

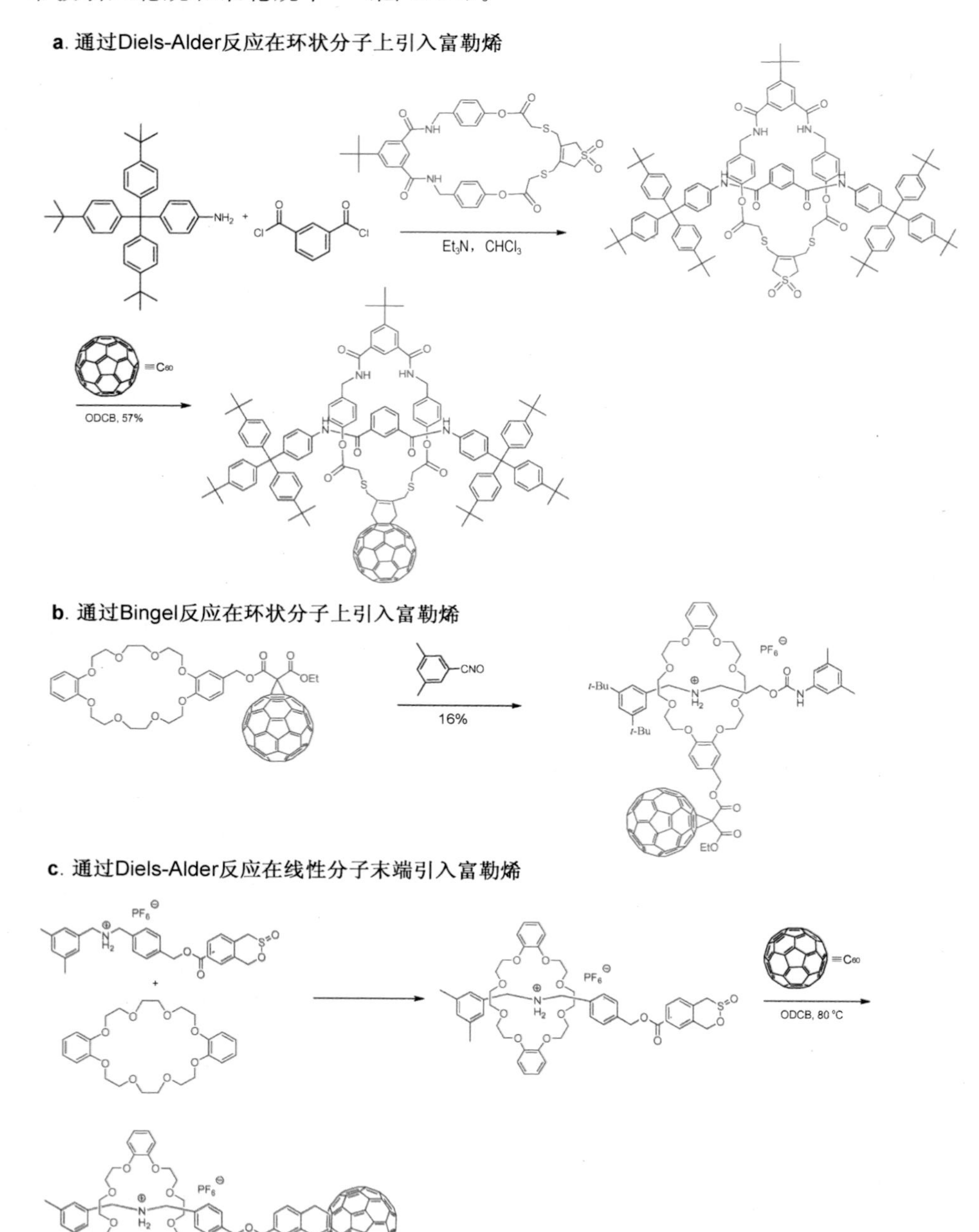

图 1.14　通过不同的方法将富勒烯引入到轮烷结构中[27]

1.2.4　基于亲水-疏水相互作用制备准轮烷和轮烷

迄今为止，很多依靠亲水-疏水相互作用而制备的准轮烷和轮烷是基于环糊精(cyclodextrin，CD)主体的。这类准轮烷和轮烷也叫做包合复合物。这些包合复合物的形成是由环糊精的几何构造和功能所决定的。如图 1.15 所示，环糊精系淀粉经酶解环合后得到由六个以上葡萄糖单元连结而成的环状低聚物。最常见的是 α－CD、β－CD 和 γ－CD，它们分别由六个、七个和八个葡萄糖单元构成。环糊精分子具有略呈锥形的中空圆筒立体环状结构。在其空洞结构中，外侧上端(较大开口端)有两个仲羟基，下端有一个伯羟基，具有亲水性；而空腔内由于受到C—H 键的屏蔽作用形成了疏水区。与环糊精发生包合的典型线性分子拥有疏水的中间部分和亲水的两端。当这样的分子与环糊精一起溶解在水或者其他极性溶剂中，就会使线性分子疏水部分插入环糊精空腔，亲水两端保留在外面，从而形成包合复合物。

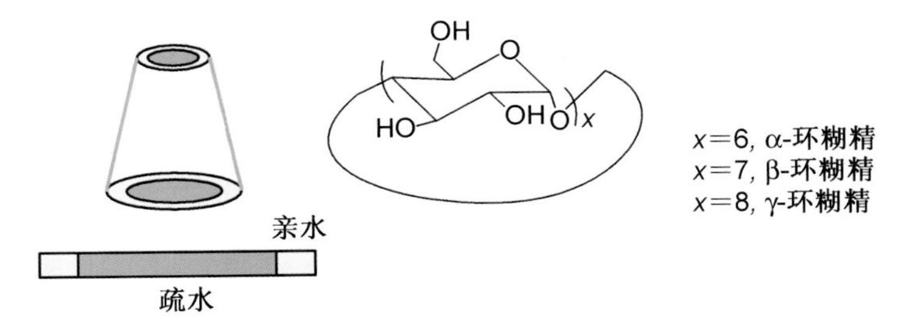

图 1.15　环糊精及其客体

1981 年，Ognio 等人制备了最早的基于环糊精的轮烷。他们以 α－CD 或 β－CD为环、α，ω－二烷基二胺为轴先制备了准轮烷，再由三价钴配合物封端而得轮烷[28,29](图 1.16)。他们发现，线性轴的长度对轮烷的合成产率影响很大，利用含有 12 个亚甲基单元的二胺与环糊精来制备轮烷时产率最高。随后，Yamanari 等人也合成了类似的轮烷[30,31](图 1.16)。20 世纪 90 年代以后，大量

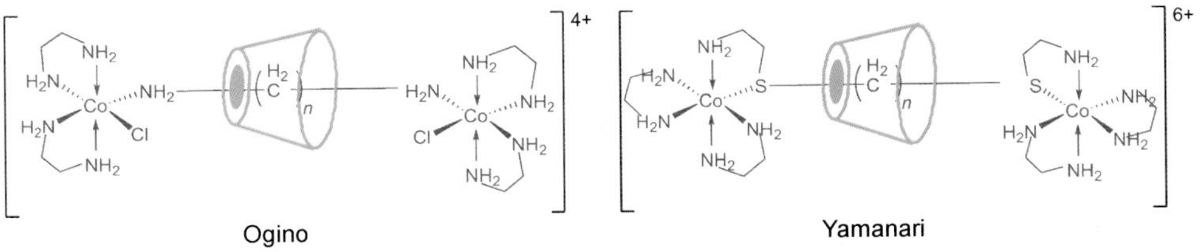

图 1.16　基于环糊精的由 Co^{3+} 配合物封端的轮烷[28,29]

基于环糊精的轮烷和准轮烷被合成，比如以含长链柔性疏水基团的 α,ω-氨基酸[32]、α,ω-二铵盐[33,34]、*N*,*N*′-二烷基-4,4′-二吡啶衍生物[35~37]为轴的轮烷和准轮烷等。

以刚性基团为轴的轮烷是近年来的一个研究热点。比如 Easton 等人[38]利用1,2-二苯乙烯为轴、三硝基苯为封端剂、取代基修饰的 α-CD 为大环，通过在α-CD上的取代基和1,2-二苯乙烯反应形成共价键来制备一种特殊的刚性结构[1]轮烷(图 1.17)。这种轮烷看起来是由一个分子构成的，连接的共价键使环和轴之间的转动行为受到限制。刘育等人[39]也利用叠氮基团取代的 β-CD 与末端为炔基的偶氮苯衍生物，通过水热法合成了类似的[1]轮烷(图 1.18)。ROESY 光谱表明，在水溶液中此[1]轮烷中的偶氮苯基团同时钻入自身环糊精空腔和另一个[1]轮烷空腔内部，彼此通过尾对尾(tail-to-tail)的形式形成了一种新的“双分子胶囊”；而在 DMSO 中，双分子胶囊又会离散成单个的[1]轮烷。Harada 等人则对以二苯乙炔刚性基团为轴的轮烷的转动行为进行研究[40]，发现天然 α-CD 以及不同取代基修饰的 α-CD 与轴的相对转动受位阻效应的影响，转动速度大大降低(图 1.19)。

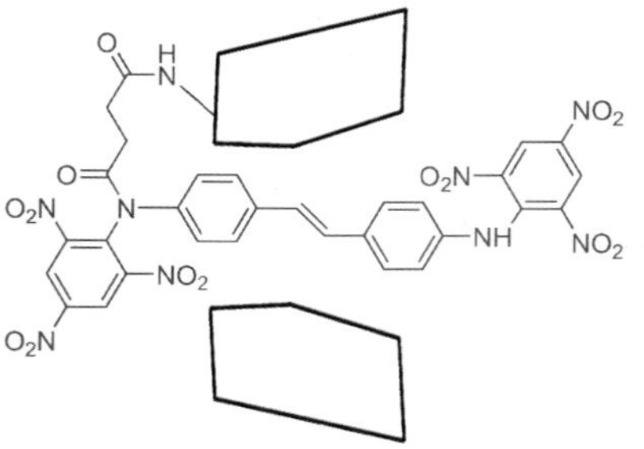

图 1.17 Easton 等人制备的基于 α-CD 的[1]轮烷[38]

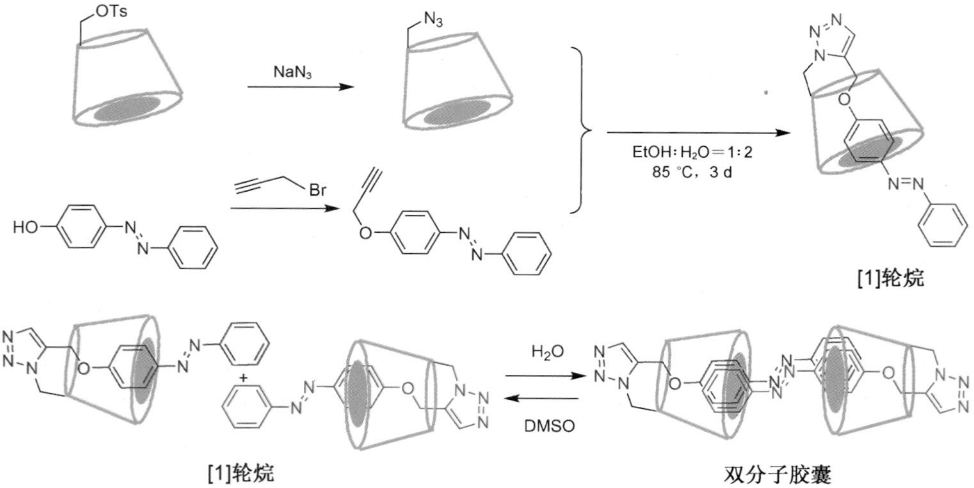

图 1.18 刘育等人制备的基于 β-CD 的[1]轮烷及双分子胶囊[39]

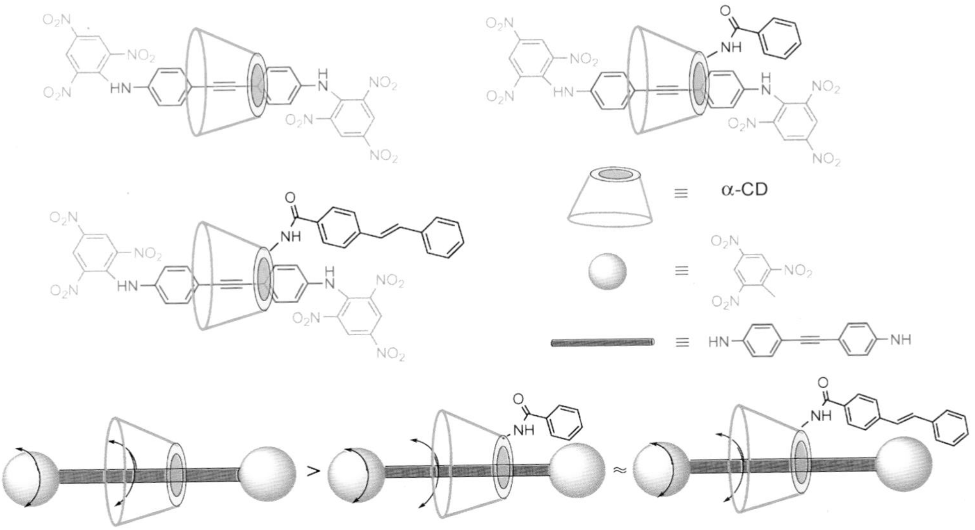

图 1.19 Harada 等人对以二苯乙炔刚性基团为轴的轮烷及其转动行为的研究[40]

与常规的由大环、线性轴和封端基团三组分合成轮烷思路不同，Kaneda 等人通过两分子含偶氮基团的疏水链修饰的环糊精彼此包结制得准轮烷二聚体，再由封端基团进行封端来制备环状二聚体[2]轮烷[41]，结构式见图 1.20。此种轮烷的前体准轮烷只有在偶氮基团是反式的时候才能形成[42]。当光照使其变为顺式，形成的准轮烷分子就发生分解。这样，可借助光照实现准轮烷二聚体的类似分子开关的行为。

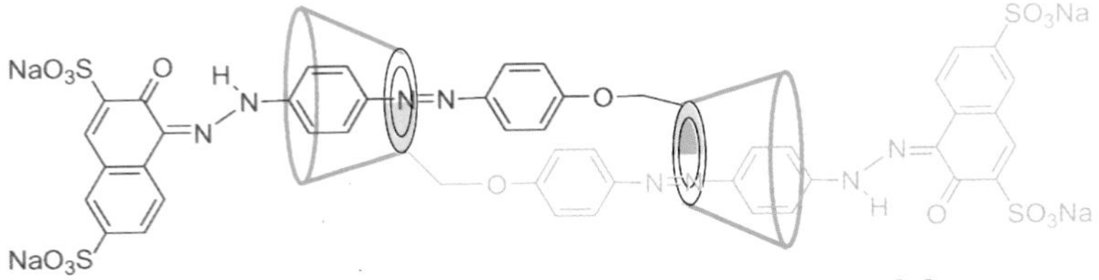

图 1.20 Kaneda 等人制备的环状二聚体[2]轮烷[41]

Harada 等人[43]就如何在组装轮烷中控制环糊精的朝向问题进行了研究(图 1.21)。他们通过调整连接在长链烷烃两端的吡啶盐基团上取代基的数目和位置，结合外部温度变化等因素实现对环糊精在轴分子上朝向分布的控制。核磁共振波谱结果表明，轴分子的两端吡啶基团分别为 2-甲基取代和 3-甲基取代，30℃条件下平衡 24 小时后，环糊精两种朝向的几率相等。当轴分子的两端吡啶基团分别为 2-甲基取代和 3,5-二甲基取代，30℃条件下环糊精大口仅朝向 3,5-甲基取代吡啶基团；温度升高至 70℃时则出现两种朝向，并最终缓慢达到等额分布。

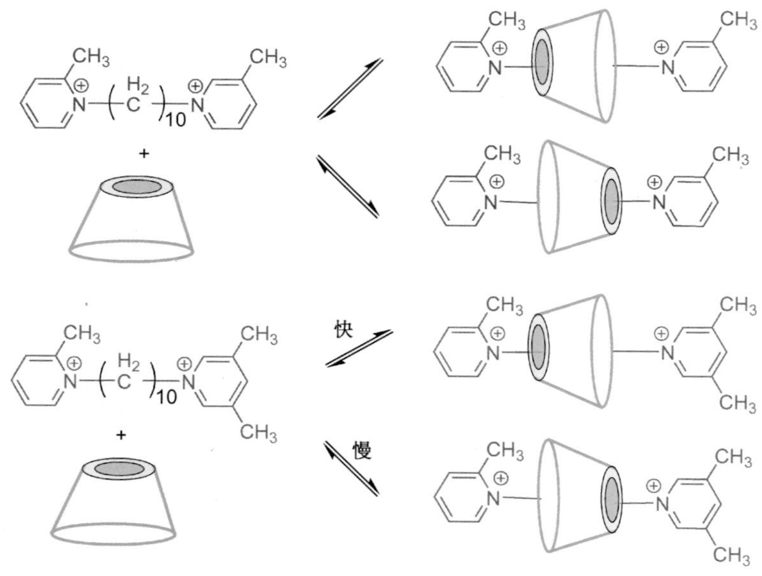

图 1.21　轮烷中环糊精朝向的控制[43]

环糊精不但可以作为轮烷中的环，还可以作为封端基团使用。Harada 等人以一端含有 β-CD 的长链为轴、α-CD 为大环、三硝基苯基为另一封端基团合成了一些轮烷[44]（图 1.22）。由 β-CD 上的长链取代基与 α-CD 进行包合，形成一边被封端的半轮烷，接着另一边被三硝基苯基封端而形成轮烷。他们研究发现，如果尺寸刚好合适，轮烷分子彼此之间还会进一步发生首尾封端基团相互包结，从而形成结构特殊的 β-CD 和 α-CD 交替重复的超分子轮烷聚合物。

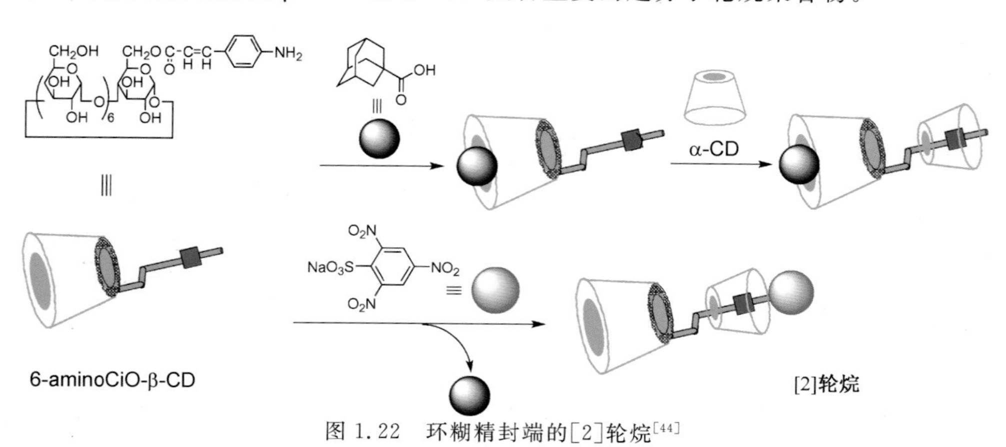

图 1.22　环糊精封端的[2]轮烷[44]

上述研究都是基于一对一的主客体识别来制备轮烷和准轮烷的。尽管之前化学家们对环糊精/双客体包结物进行了很多研究，但相应的双轴轮烷近期才开始有报道。Anderson 利用 Suzuki 偶联反应分两步制备了基于环糊精的双轴[3]轮烷(图 1.23)[45]。他们选择 γ-CD 为大环、碘代-三亚苯基-二羧酸为封端基团，以 1,2-二苯乙烯-二硼酸为轴穿插在 γ-CD 内腔并封端后制得[2]轮烷 **10**，继续引入花青染料并封端制得[3]轮烷 **11**。络合常数的测定表明第二步花青染料的络合能力比与自然状态的 γ-CD 络合增强 1000 倍。这说明第一步与高亲和力分子的络合增强了 γ-CD 空腔内的疏水环境，从而大大增强了进一步与其他尺寸匹配的分子结合的作用力。Anderson 的研究不仅为进一步合成更多此类轮烷提供了很好的方法，而且所得到的轮烷在传感器制备方面也有着潜在的应用价值。Kim 和 Inoue 等人[46]则首次报道在溶液中由两个疏水线性轴分子同时穿插在环糊精内腔中制得了双轴[3]准轮烷。进一步在此准轮烷中加入葫芦脲可形成单轴的[4]准轮烷，而继续加入精胺分子使葫芦脲脱落，就会恢复到[3]准轮烷(图 1.24)。这个可逆过程实现了单/双轴轮烷的相互转换。

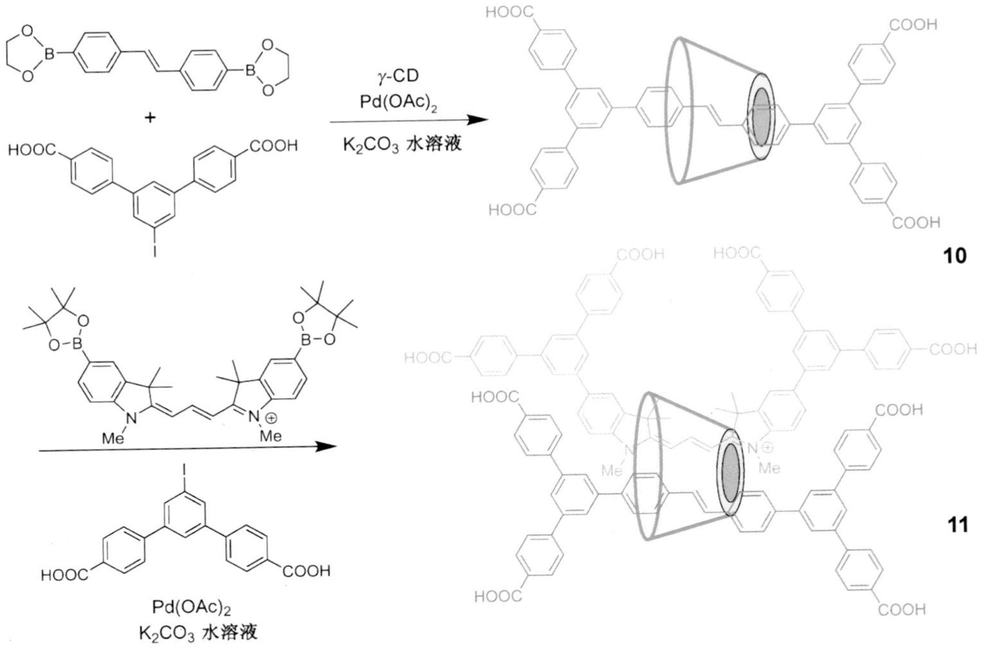

图 1.23　利用 Suzuki 偶联反应制备[2]轮烷 **10** 和[3]轮烷 **11**[45]

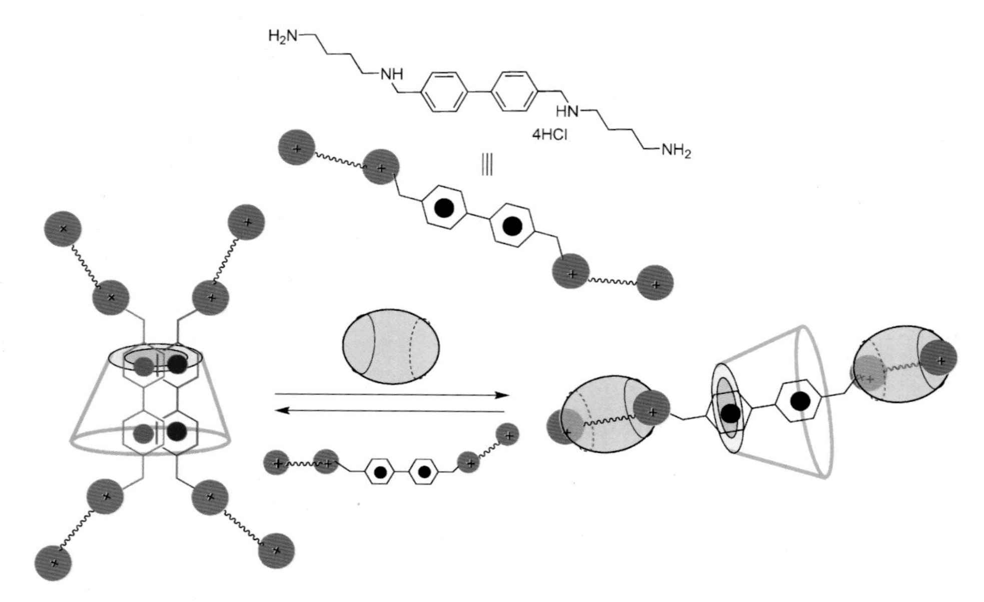

图 1.24　基于环糊精的[3]准轮烷和基于环糊精与葫芦脲的[4]准轮烷[46]

另外,一些化学家研究了光驱动的基于环糊精的分子机器。Anderson 以 α-CD为大环、含有反式 1,2-二苯乙烯线性分子为轴、3,5-二羧基苯的钠盐为封端剂制备了轮烷分子机器[47](图 1.25)。虽然反式 1,2-二苯乙烯位置的结合力较强,但当使用 340 nm 紫外光照射时,1,2-二苯乙烯发生顺反异构,令体积增大,结合位点就移至联苯位置;当以 265 nm 光照射,1,2-二苯乙烯变回反式结构,同时结合位点也回到原来位置。由此实现光驱动的结合位点的往复移动。田禾等人通过 Suzuki 偶联法制备了结构类似、但更为有趣的轮烷分子机器(图 1.26)[48]。它与 Anderson 的分子机器不同之处在于封端基团:靠近 1,2-二苯乙烯的封端基团的 2 位和 6 位为活性基团羧基取代,联苯一端的封端基团为磺酸钠盐所取代。他们发现,由于羧基取代基与环糊精外沿的羟基发生氢键作用,因此通过 335 nm 紫外光长时间地照射并不能使 1,2-二苯乙烯变为顺式。但当加入

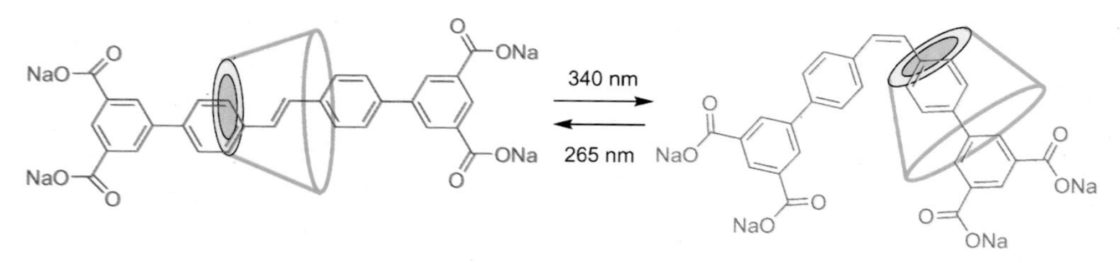

图 1.25　Anderson 制备的基于环糊精的光驱动分子机器[47]

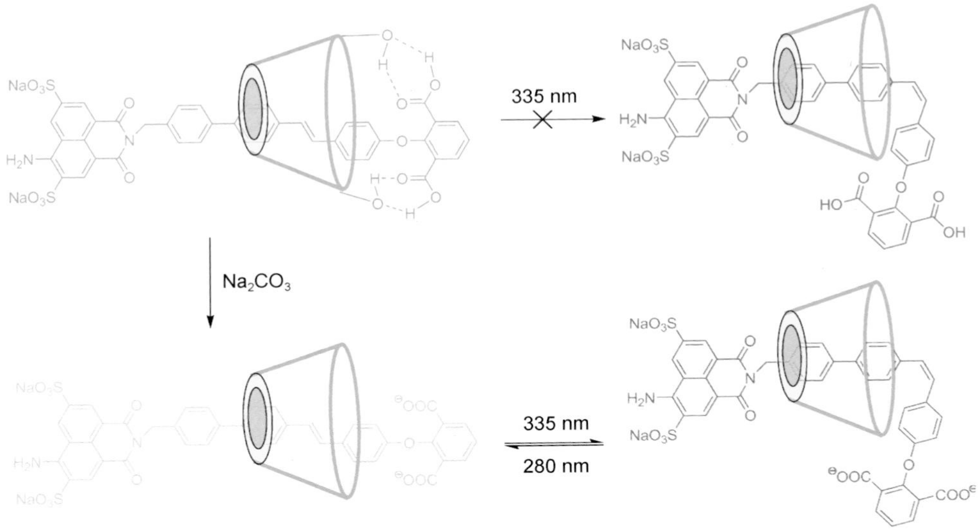

图 1.26　田禾等人制备的基于环糊精的分子机器[48]

弱碱 Na_2CO_3，光谱显示羧基变为钠盐；再用 335 nm 及 280 nm 光交替照射时，结合位点在联苯和 1,2-二苯乙烯处往复运动。而要终止此运动并回到最初状态，只需加酸即可。

Kim 等人利用葫芦脲(cucurbituril)与客体的疏水-亲水相互作用制备了准轮烷和轮烷。与环糊精或其他大环化合物相比，葫芦脲的一个重要特征是具备更加刚性的结构。当与客体结合时，葫芦脲不会为了适应客体而改变自身的形状，因而体现了更高的选择性和极高的络合常数，这使得葫芦脲在超分子化学中发挥出独特的作用。

Kim 等人发现葫芦脲[7]可以络合一个顺式或反式二氨基-1,2-二苯乙烯二盐酸化物客体，形成准轮烷。被络合在葫芦脲[7]中的反式客体可以在光照下变为顺式客体，而被络合在葫芦脲[7]中的顺式客体不可以在室温下自发变为反式客体，这主要是因为顺式客体和葫芦脲[7]之间的强络合作用抑制了这种顺反异构的发生[49a](图 1.27)。而葫芦脲[8]则可以结合两分子反式二氨基-1,2-二苯乙烯二盐酸化物客体，形成[3]准轮烷。光照下准轮烷中两客体会发生光加成反应，加入碱后又可使加成的客体从主体中解离出来[49b]，同时保持其加成反应后产物的立体结构规整性(图 1.28)。而当客体分子的首尾包含两个不同基团，它的首端和尾端分别可与一个葫芦脲[8]形成包合，然后重复首尾相连形成分子项链轮烷[50](图 1.29)。他们还利用葫芦脲[8]为主体、2,6-二羟基萘和 N,N'-二甲基-4,4'-联吡啶盐为客体，形成基于葫芦脲的一主体/两客体的[3]准轮烷[51](图 1.30)。

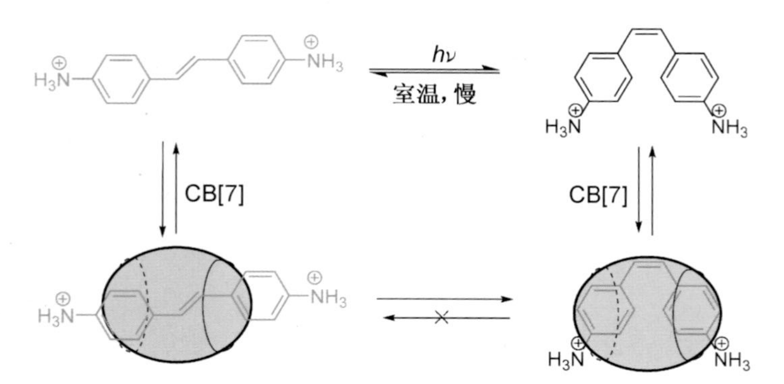

图1.27　与葫芦脲[7]形成准轮烷对1,2-二苯乙烯衍生物顺反异构的影响[49a]

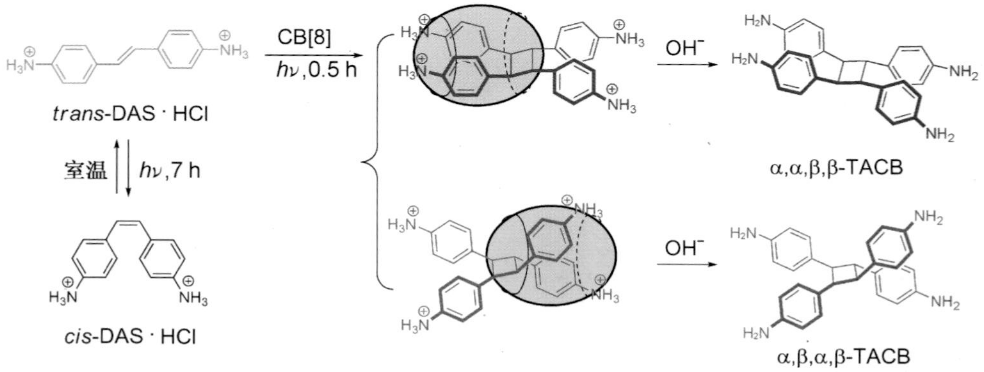

$H_3\overset{\oplus}{N}$
$\overset{\oplus}{N}H_3$
CB[8]
hν,0.5 h
trans-DAS · HCl
室温
hν,7 h
$H_3\overset{\oplus}{N}$
$\overset{\oplus}{N}H_3$
cis-DAS · HCl
$H_3\overset{\oplus}{N}$
$\overset{\oplus}{N}H_3$
$H_3\overset{\oplus}{N}$
$\overset{\oplus}{N}H_3$
OH^-
H_2N
H_2N
NH_2
NH_2
α,α,β,β-TACB
$H_3\overset{\oplus}{N}$
$\overset{\oplus}{N}H_3$
$H_3\overset{\oplus}{N}$
$\overset{\oplus}{N}H_3$
OH^-
H_2N
NH_2
NH_2
H_2N
α,β,α,β-TACB

图1.28　用葫芦脲[8]控制1,2-二苯乙烯衍生物光照二聚反应产物的立构规整性[49b]

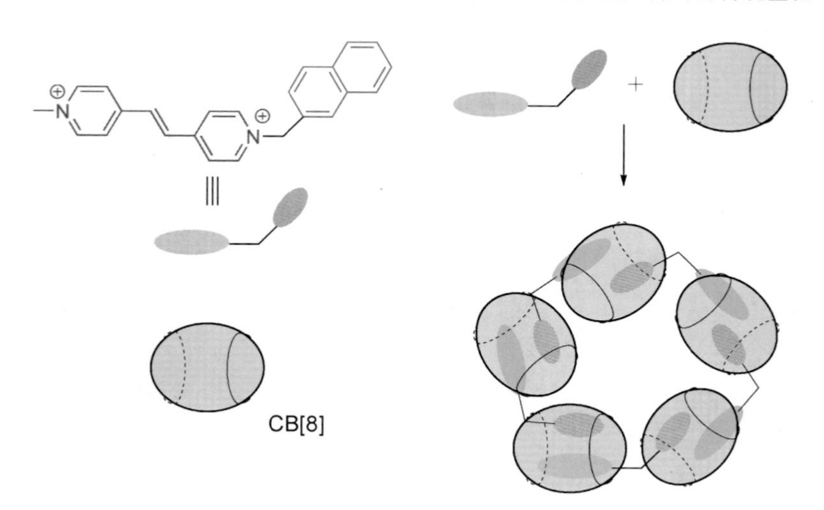

图1.29　分子项链轮烷[50]

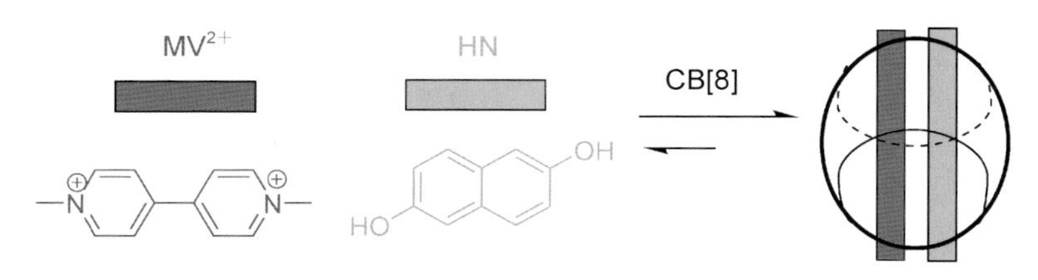

图 1.30 基于葫芦脲的一主体/两客体的轮烷[51]

刘育等人考察了环糊精络合驱动的、基于葫芦脲的准轮烷分子机器的移动行为[52]，提供了一种制备分子机器的新思路。如图 1.31 所示，他们通过向基于葫芦脲的准轮烷中加入环糊精，从而驱使葫芦脲在准轮烷线性轴上发生移动。在两端为辛基取代的 4,4′-联吡啶盐的线性轴上，葫芦脲与末端辛基结合形成[2]准轮烷，当加入 α-CD，两端的辛基即与 α-CD 结合，而将葫芦脲驱赶至轴中间的双吡啶盐基团上，从而形成一种[4]准轮烷。

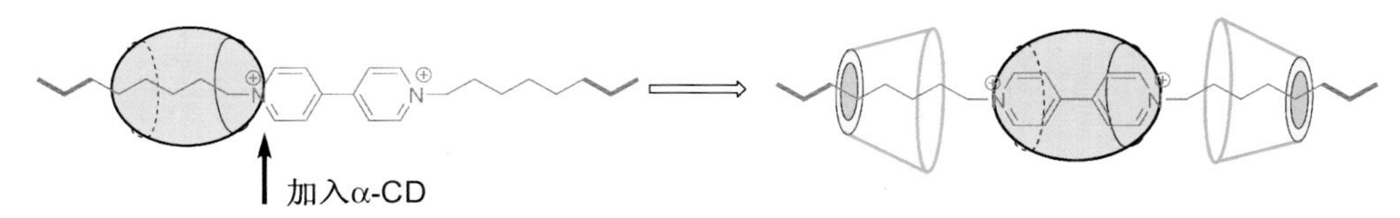

图 1.31 环糊精络合驱动的基于葫芦脲的准轮烷分子机器[52]

1.2.5 基于金属配位作用制备准轮烷和轮烷

过渡金属离子参与的卟啉及其类似物的电荷转移在生物学上有着重要的应用，因此对这一现象的研究非常重要。Sauvage 课题组致力于这方面的研究。为了研究电子供体、受体间的电荷转移，他们合成了一系列包含一个或两个 Zn(Ⅱ)卟啉单元(供体)和一个 Au(Ⅲ)卟啉单元(受体)的金属配位的轮烷，得到三种类型的此类轮烷[53~59]：如图 1.32 中 a 所示，当供体和受体通过共价键连接，它们既可通过共价键，也可通过空间的相互作用进行电荷转移；而如图中 b、c 所示，供体和受体没有共价键连接，则只能在空间上进行电荷转移。

金属离子的模板作用是形成基于金属配位作用的准轮烷和轮烷的关键。如果引入一些外界因素可引发此类轮烷结构的改变，从而成为具有应用潜力的分子机器。比如，Sauvage[60]等人利用化学法改变了轮烷中金属配位的结合位点(图 1.33)。他们制备了由 Cu^{+} 形成 1,10-菲咯啉双齿螯合的二聚轮烷 **12**，三齿的 2,2′∶6′,2″-三联吡啶基团处于自由状态；如果加入过量的 KCN，随后再与 $Zn(NO_3)_2$ 中的 Zn^{2+} 发生配位作用，则可重新进行螯合而形成轮烷 **13**，结合位点转移到三齿的 2,2′∶6′,2″-三联吡啶基团上。加入过量的$[Cu(CH_3CN)_4]^+$又恢复为轮烷 **12**。根据 CPK 模型估算，整个二聚轮烷的长度在上述过程中实现了 85 Å 与 65 Å 的来回往复变化，轮烷分子的行为类似肌肉伸缩运动，简称“分子肌肉”。

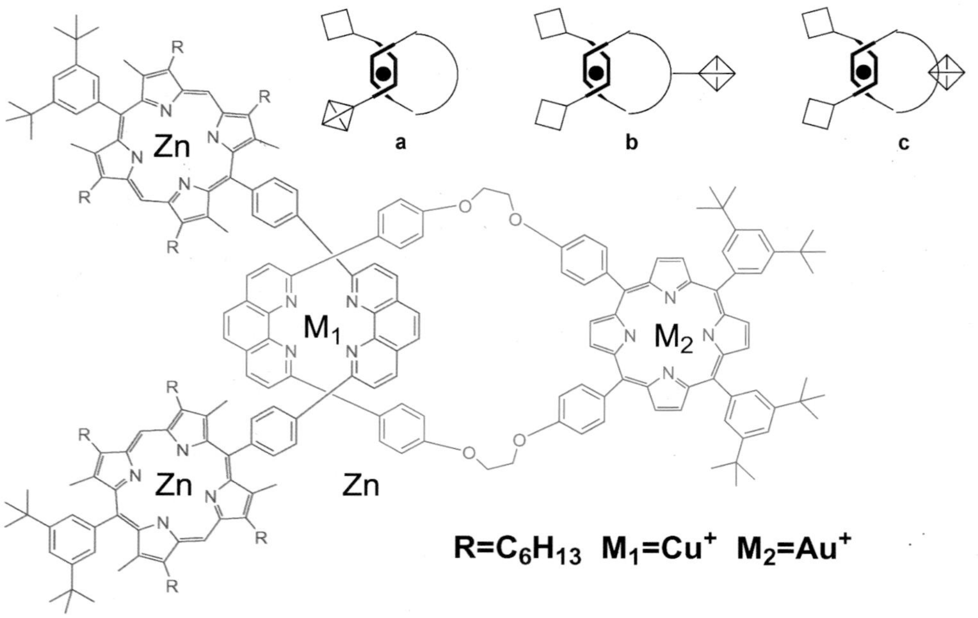

图 1.32　Sauvage 课题组制备的金属配位轮烷(粗线表示螯合部分，黑色实心圆点表示金属离子，空心菱形表示 Zn(Ⅱ)卟啉，十字填充菱形表示 Au(Ⅲ)卟啉)[59]

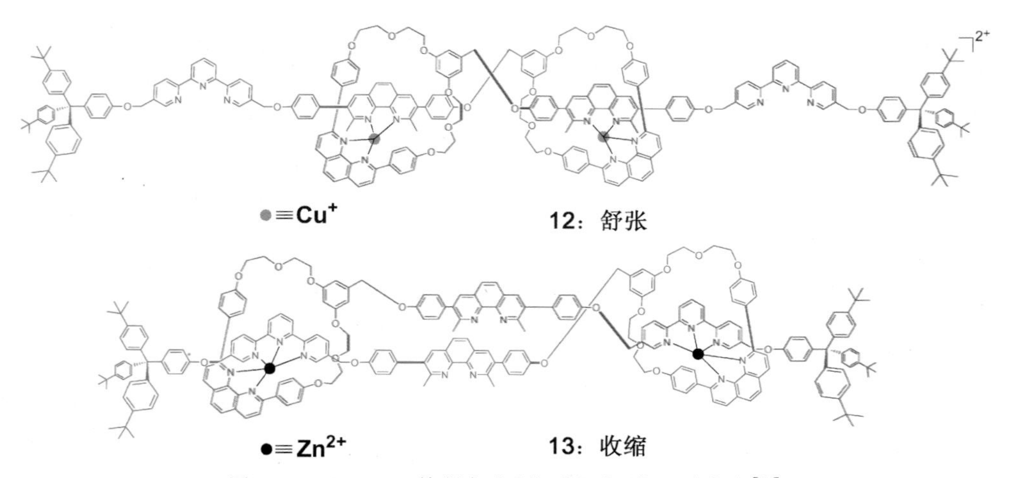

图 1.33　Sauvage 等制备的“分子肌肉”的两种状态[60]

也可利用电化学手段改变结合位点[61]。如图1.34所示，Sauvage利用轴与大环依靠一价铜离子的配位作用得到1,10-菲咯啉双齿螯合的轮烷$\mathbf{14^{+}}$。当铜离子氧化为二价时，大环相对于轴发生旋转，转为三齿的2,2′：6′,2″-三联吡啶基团，与轴分子上的氮原子共同配位形成轮烷$\mathbf{14^{2+}}$。

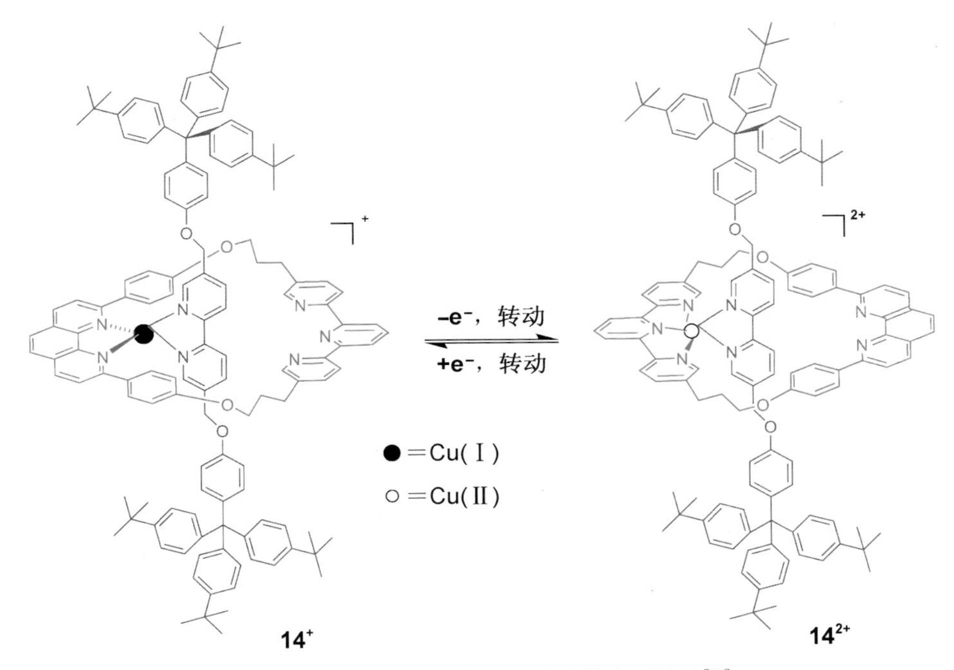

图1.34　电化学驱动轮烷$\mathbf{14^{n+}}$中的大环旋转[61]

近年来，Leigh小组发现了一系列活性金属模板作用下的轮烷合成新方法。他们以铜和钯等活性过渡金属为模板，同时也将它们作为催化剂，催化炔烃偶联、1,3-偶极加成等反应，以较高的产率制备了多种不同的[2]轮烷和[3]轮烷[62]。

1.2.6　基于π-π堆积相互作用和电荷转移制备准轮烷和轮烷

以Stoddart为代表的化学家利用π-π堆积相互作用和电荷转移制备了很多轮烷和准轮烷。比如他们[63]利用四硫富瓦烯(TTF)与四价阳离子百草枯环番($CBPQT^{4+}$)的模板效应合成了一些两亲性轮烷(图1.35a)。其中，哑铃分子中的TTF富含π-电子，$CBPQT^{4+}$缺电子，两者分别作为电子的供体和受体，形成了具有电化学氧化还原活性的轮烷。轮烷两端特意采用了不同的封端剂，一个是疏水基团，另一个是具有亲水性的树枝状基团，因此这是一种独特的、结构不对称的两亲性轮烷。

他们还利用哑铃状分子中的 TTF 和 1,5 -二氧萘(DNP)作为两个结合位点,合成了电化学(氧化还原)控制的双稳态轮烷[64](图 1.35b)。$CBPQT^{4+}$ 在氧化条件下向 DNP 运动,在还原条件下向 TTF 运动。两种状态类似于计算机二进制中的 0 和 1,因此可被应用于分子开关和新型信息存储器的研制。他们进一步通过共价键将这些轮烷与经修饰的二氧化硅基底连接得到规整的自组装膜,从而制备了分子电子器件。在此类两亲性双稳态轮烷中增加刚性基团,有利于在气-液界面上组装形成致密、有序的 Langmuir-Bloddget 膜[65,66]。

此外,他们制得了慢转换的双稳态轮烷[67,68](图 1.35c)。随着时间的推移,

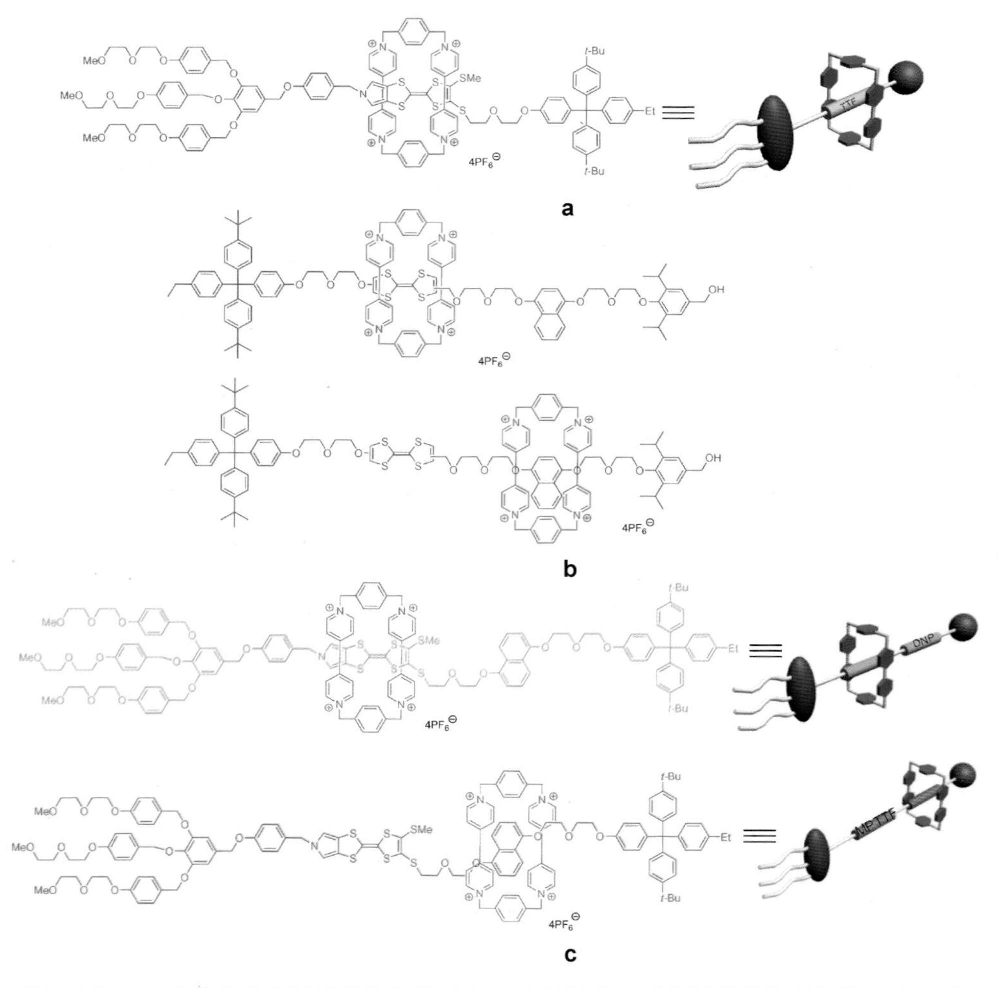

图 1.35 (a) 电化学氧化还原活性轮烷;(b) 电化学氧化还原控制的双稳态轮烷;(c) 两亲性双稳态轮烷[63,64,67,68]

结合位点从 TTF 位置逐渐转移到 DNP 位置，溶液的颜色逐渐由绿色转为红色。最近，他们又通过半封端的哑铃状分子与 $CBPQT^{4+}$ 的自组装，制得相应的双稳态准轮烷。光谱和电化学实验结果表明，这两个准轮烷在绿色状态下体现了准轮烷的行为，而红色状态的准轮烷则几乎表现出轮烷的性质。

依靠 π－π 堆积相互作用和电荷转移形成轮烷的还有一些其他体系，如哑铃状分子含联苯二胺供电子基团[69]和 2,7－二氮杂芘盐缺电子基团[70]等轮烷和准轮烷，以及较少见的中性轮烷[71]（图 1.36）。

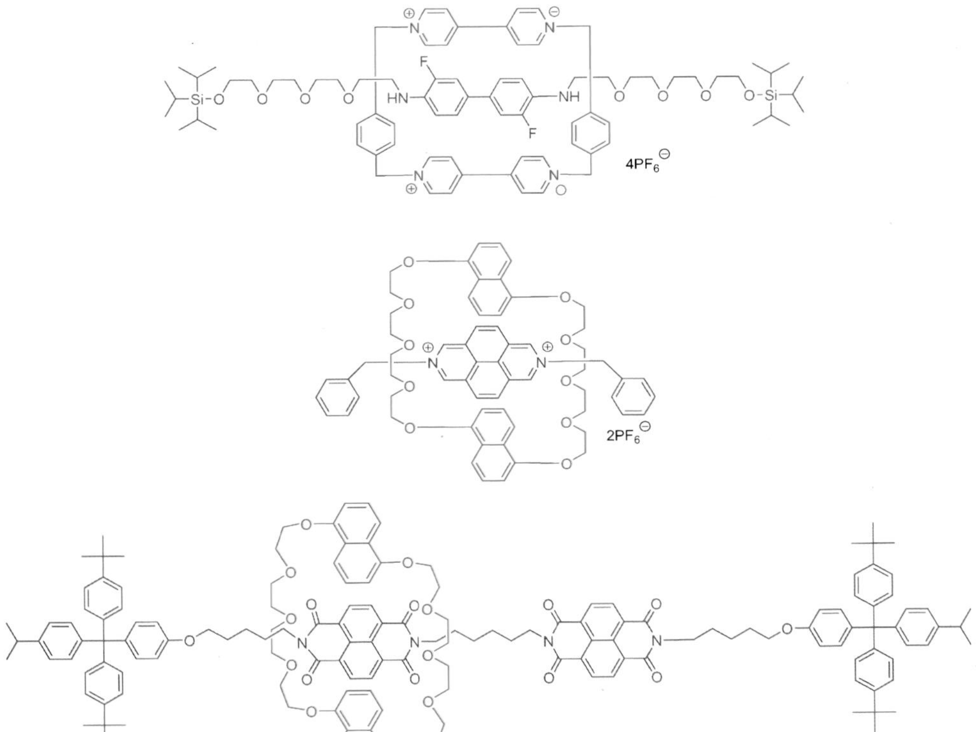

图 1.36　依靠 π－π 堆积相互作用和电荷转移形成轮烷的其他体系[69~71]

Stoddart 等人还利用点击化学（click chemistry）方法[72]，用叠氮化物与含两个或三个炔烃取代基的化合物合成了[3]轮烷和[4]轮烷（图 1.37）。

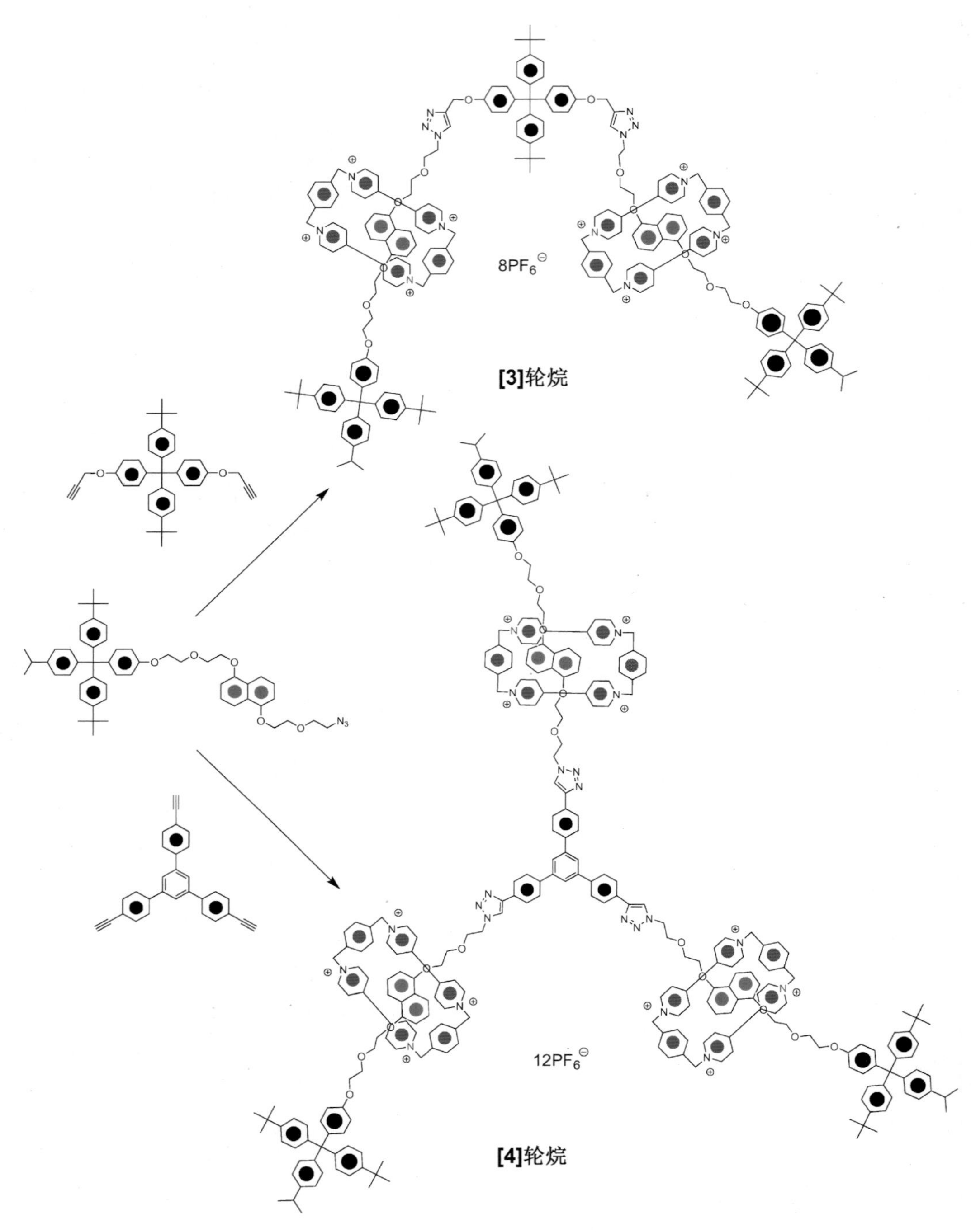

图 1.37　利用点击化学合成[3]轮烷和[4]轮烷[72]

1.3　索烃的合成和应用

与轮烷不同的是，索烃是环环相扣的大环分子，始终处于机械互锁状态，无论在固体状态还是溶液中，都没有游离的大环分子存在。最简单的例子是[2]索烃（2代表索烃中环的数目）。

1958年，Luttringhaus等人尝试利用环糊精合成第一个索烃[73]（图1.38）。其思路是，将环糊精看作一个环，由中间亲脂两端接亲水长链的“分子绳”（molecular string）与环糊精依靠疏水相互作用组装在一起，然后对两端的长链进行关环，从而形成两个相互锁扣的环。可惜文中实验由于所使用的“分子绳”链长未能达到足够的长度而失败了。但是这次尝试却为合成基于环糊精的索烃提供了思路，这里环糊精不仅作为一个环，而且还起到了一定的模板作用。

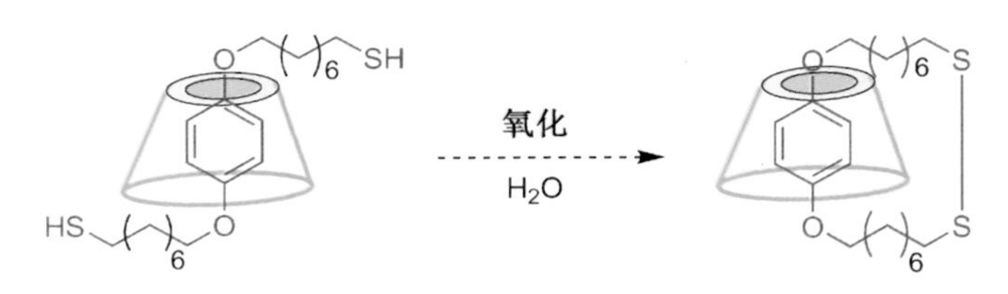

图1.38　Liittringhaus等人尝试合成首个索烃[73]

直到1993年，才由Stoddart等人成功地合成了基于环糊精的索烃[74]。它由“分子绳”的刚性芳香核与DM-β-CD包结，末端为氨基的聚醚链在碱性条件下与二酰氯发生关环反应而得到（图1.39a）。经过尝试，他们发现利用含4,4′-联苯的分子绳与DM-β-CD，可制备较稳定的索烃（图1.39b～d）。

还有一大类索烃是基于芳香环之间的π-π相互作用和电荷转移作用制备的。Stoddart等[75]用$CBPQT^{4+}$环番与DNP的π-π堆积作用和电荷转移形成准轮烷，再进一步通过DNP的醚链末端的炔烃之间的炔基偶联反应或炔烃与叠氮之间的点击化学方法合成索烃（图1.40）。最近，他们还发现可以通过动态共价化学来合成索烃。$CBPQT^{4+}$环番在TBAI（四丁基碘化铵）的催化作用下开环，同时与冠醚络合形成包夹结构，继而关环制得索烃[76]（图1.41）。Stoddart等又进一步合成了电化学控制的三稳态[2]索烃[77]（图1.42）。在电化学控制下，$CBPQT^{4+}$环番可在醚链连接的TTF、DFBZ和DNP三站点间循环运动，从而得到颜色在绿、蓝、红之间变换的索烃染料。它们有望被应用于分子开关、分子存储器和纳米器件等方面。

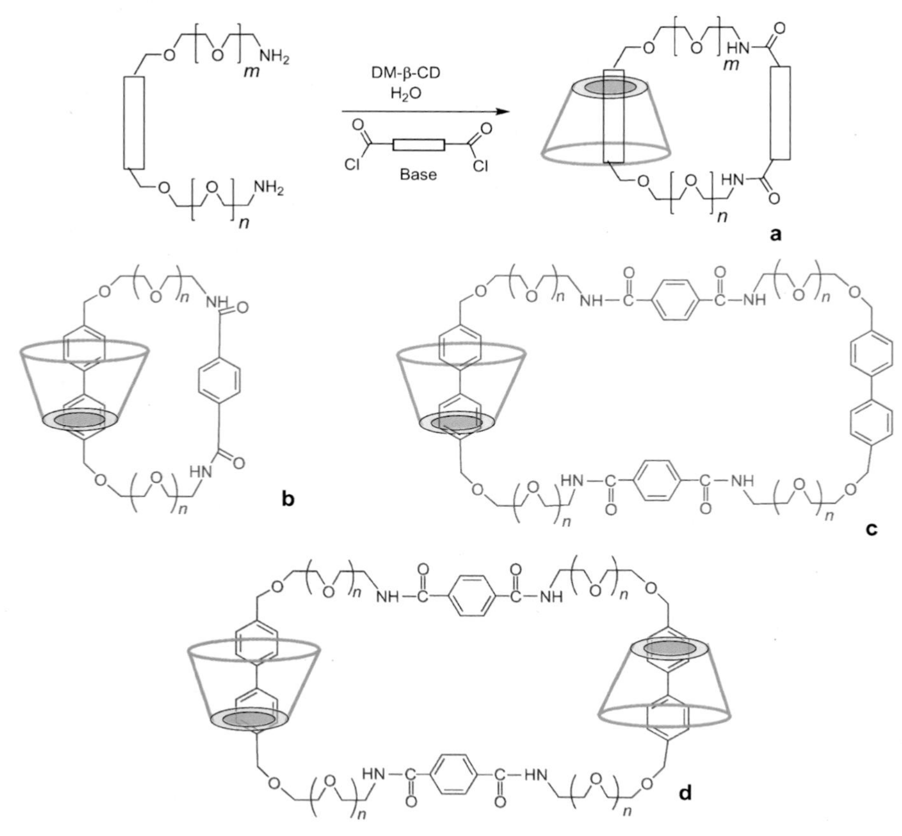

图 1.39 利用 Schotten-Baumann 反应制备环糊精索烃[74]

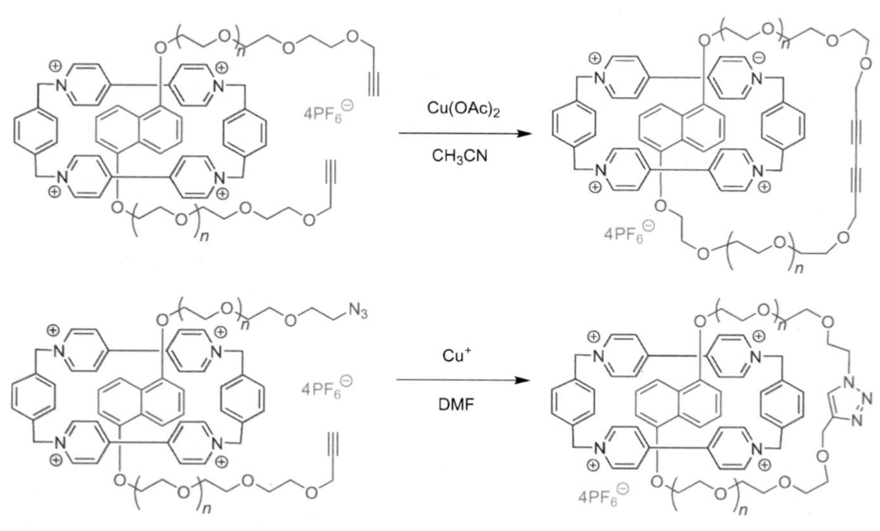

图 1.40 利用炔基偶联反应和点击化学合成索烃[75]

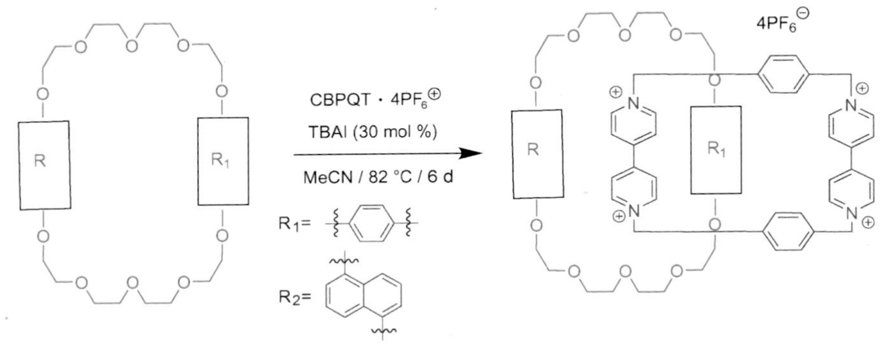

图 1.41 动态亲核取代法制备[2]索烃[76]

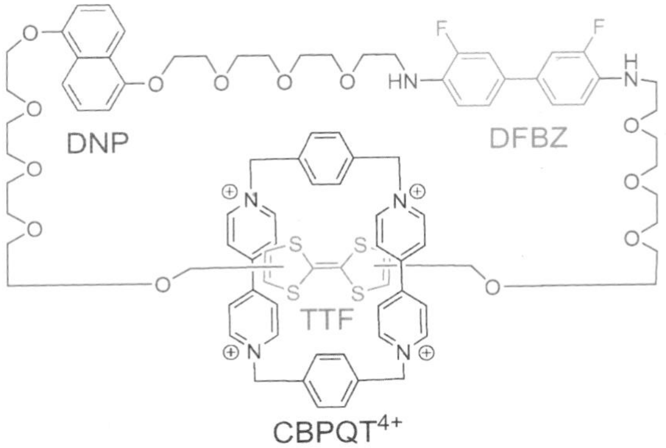

图 1.42 电化学控制的三稳态[2]索烃[77]

金属离子也常被用作模板来合成索烃。通常是先利用含氮杂环上的杂原子与过渡金属离子的螯合形成准轮烷或金属配合物，然后再关环，即可以制得相应的索烃。如 Sauvage 等人[78]利用一价铜离子作为配位作用的中心，合成了基于 2,9 -联苯- 1,10 -邻二氮杂菲的索烃的前体，然后在碱性条件下与双碘取代的醚链发生关环反应，制得索烃(图 1.43)。

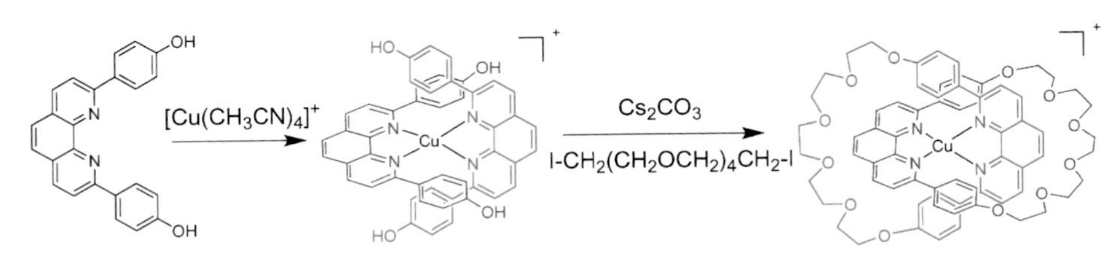

图 1.43 利用一价铜离子配位作用合成[2]索烃[78]

由上面可以看出，醚链是最常用到的形成索烃互锁环的组成部分。它柔软，链的长度易于调节，同时又具有亲水性，无论是对第一个环还是第二个环的关环都非常有利。此外,醚链因其亲水性不会和芳香环产生作用,从而在索烃分子机器中可以作为几个站点之间的连接基团。

1.4 结论与展望

超分子化学为现代有机合成提供了新思路,把超分子化学的研究成果引入其中,可得到传统有机合成方法很难制备的具有新颖拓扑结构的分子,同时模板效应也可以令这类复杂分子的制备效率大大提高。准轮烷、轮烷和索烃等机械互穿结构不但是基本的超分子体系,而且是重要的拓扑结构单元,经历了从简单到复杂、从单一响应到多重响应的演变。冠醚和穴醚可通过氢键、$\pi-\pi$ 堆积和电荷转移等非共价键相互作用,实现对有机盐客体的识别,也可以通过配位作用实现对金属阳离子的络合。环糊精和葫芦脲在水溶液中与客体在亲-疏水作用下可发生包结络合。这些典型的主客体分子识别都可以用来构筑准轮烷、轮烷和索烃等机械互穿结构。多种非共价键相互作用力的引入、不同非共价键相互作用力之间的合理搭配和协同配合、构筑基元的巧妙设计,使得这些机械互穿结构越发可控,逐步实现从结构新颖性往功能新颖性过渡。关于轮烷和索烃等机械互锁结构在分子开关、分子机器等方面的应用的探索已经起步,朝着突破物理尺度的限制、作为下一代计算机存储信息单元的目标迈进。在逐步接近这一目标的过程中,准轮烷、轮烷和索烃等机械互穿结构的研究还有着广阔的拓展空间。更深入、更系统地研究现有体系,对其有更深刻的了解是一项任重而道远的任务;发展新的组装原理、寻找新的识别体系、制备新的拓扑结构及测试其性能在今后仍是化学家所面临的艰巨任务,这需要通过多学科之间的相互交叉和协同合作才能够完成,这既是机遇也是挑战。

参考文献

[1] (a) Yoon I, Narita M, Shimizu T, Asakawa M. Threading-followed-by-shrinking protocol for the synthesis of a [2]rotaxane incorporating a Pd(Ⅱ)-salophen moiety. J. Am. Chem. Soc., 2004, 126: 16740-16741. (b) Chiu C W, Lai C C, Chiu S H. Threading-followed-by-swelling: A new protocol for rotaxane synthesis. J. Am. Chem. Soc., 2007, 129: 3500-3501.
[2] Harrison I T, Harrison S. Synthesis of a stable complex of a macrocycle and a threaded chain. J. Am. Chem. Soc., 1967, 89: 5723-5724.
[3] Schill G, Luttringhaus A. The preparation of catena compounds by directed

synthesis. Angew. Chem. Int. Ed. Engl., 1964, 3(8): 546-551.

[4] Rowan S J, Cantrill S J, Stoddart J F, Triphenylphosphonium-stoppered [2]rotaxanes. Org. Lett., 1999, 1(1): 129-132.

[5] Chang T, Heiss A M, Cantrill S J, Fyfe M C T, Pease A R, Rowan S J, Stoddart J F, White A J P, Williams D J. Ammonium ion binding with pyridine-containing crown ethers. Org. Lett., 2000, 2(19): 2947-2950.

[6] Elizarov A M, Chang T, Chiu S H, Stoddart J F. Self-assembly of dendrimers by slippage. Org. Lett., 2002, 4(21): 3565-3568.

[7] Haussmann P C, Khan S I, Stoddart J F. Equilibrating dynamic [2]rotaxanes. J. Org. Chem., 2007, 72: 6708-6713.

[8] Chang T, Heiss A M, Cantrill S J, Fyfe M C T, Pease A R, Rowan S J, Stoddart J F, Williams D J. Toward interlocked molecules beyond catenanes and rotaxanes. Org. Lett., 2000, 2(19): 2943-2946.

[9] Badjic J D, Ronconi C M, Stoddart J F, Balzani V, Silvi S, Credi A. Operating molecular elevators. J. Am. Chem. Soc., 2006, 128: 1489-1499.

[10] Diederich F, Echegoyen L, Gomez-Lopez M, Kessinger R, Stoddart J F. The self-assembly of fullerene-containing [2]pseudorotaxanes: formation of a supramolecular C_{60} dimer. J. Chem. Soc., Perkin Trans., 1999, 2: 1577-1586.

[11] (a) Amabilino D B, Stoddart J F. Interlocked and intertwined structures and superstructures. Chem. Rev., 1995, 95: 2725-2828. (b) Ashton P R, Chrystal E J, Glink T, Menzer P, Schiavo T S, Spencer C N, Stoddart J F, Tasker P A, White A J P, Williams D J. Molecular meccano 6. Pseudorotaxanes formed between secondary dialkylammonium salts and crown ethers. Chem. Eur. J., 1996, 2: 709-728. (c) Raymo F M, Stoddart J F. Interlocked macromolecules. Chem. Rev., 1999, 99: 1643-1663. (d) Cantrill S J, Pease A R, Stoddart J F. A molecular meccano kit. J. Chem. Soc., Dalton Trans., 2000, 3715-3734. (e) Hubin T J, Busch D H. Template routes to interlocked molecular structures and orderly molecular entanglements. Coord. Chem. Rev., 2000, 200-202: 5-52. (f) Takata T, Kihara N. Rotaxanes synthesized from crown ethers and sec-ammonium salts. Rev. Heteroatom Chem., 2000, 22: 197-218. (g) Panova I G, Topchieva I N. Rotaxanes and polyrotaxanes. Their synthesis and the supramolecular devices based on them. Russ. Chem. Rev., 2001, 70: 23-44.

[12] (a) Schill G, Beckmann W, Vetter W. Statistical syntheses of rotaxanes. Chem. Ber., 1980, 113: 941-54. (b) Schill G, Beckmann W, Schweickert N, Fritz H. Studies on the statistical synthesis of rotaxanes. Chem. Ber., 1986, 119: 2647-2655.

[13] Tokunaga Y, Yoshioka M, Nakamura T, Goda T, Nakata R, Kakuchi S, Shimomura Y. Do dibenzo[22-30]crown ethers bind secondary ammonium ions to form pseudorotaxanes? Bull. Chem. Soc. Jpn., 2007, 80: 1377-1382.

[14] Zhang C, Li S, Zhang J, Zhu K, Li N, Huang F. Benzo-21-crown-7/secondary dialkylammonium salt [2]pseudorotaxane-and [2]rotaxane-type threaded structures. Org. Lett., 2007, 9(26): 5553-5556.

[15] (a) Huang F, Fronczek F R, Gibson H W. A cryptand/bisparaquat [3] pseudorotaxane by cooperative complexation. J. Am. Chem. Soc., 2003, 125: 9272-9273. (b) Huang F, Gibson H W, Bryant W S, Nagvekar D S, Fronczek F R. First pseudorotaxane-like [3]complexes based on cryptands and paraquat: self-assembly and crystal structures. J. Am. Chem. Soc., 2003, 125: 9367-9371. (c) Huang F, Zhou L, Jones J W, Gibson H W, Ashraf-Khorassani M. Formation of dimers of inclusion cryptand/paraquat complexes driven by dipole-dipole and face-to-face *p*-stacking interactions. Chem. Commun., 2004, 2670-2671. (d) Huang F, Switek K A, Zakharov L N, Fronczek F R, Slebodnick C, Lam M, Golen J A, Bryant W S, Mason P, Rheingold A L, Ashraf-Khorassani M, Gibson H W. Bis-(*m*-phenylene)-32-crown-10-based cryptands, powerful hosts for paraquat derivatives. J. Org. Chem., 2005, 70: 3231-3241. (e) Huang F, Guzei I A, Jones J W, Gibson H W. Remarkably improved complexation of a bisparaquat by formation of a pseudocryptand-based [3]pseudorotaxane. Chem. Commun., 2005, 1693-1695. (f) Huang F, Switek K A, Gibson H W. pH-Controlled assembly and disassembly of a cryptand/paraquat [2] pseudorotaxane. Chem. Commun., 2005, 3655-3657. (g) Gibson H W, Wang H, Slebodnick C, Merola J, Kassel W S, Rheingold A L. Isomeric 2, 6-pyridino-cryptands based on dibenzo-24-crown-8. J. Org. Chem., 2007, 72: 3381-3393. (h) Zhang J, Huang F, Li N, Wang H, Gibson H W, Gantzel P, Rheingold A L. Paraquat substituent effect on complexation with a dibenzo-24-crown-8-based cryptand. J. Org. Chem., 2007, 72: 8935-8938. (i) Huang F, Slebodnick C, Switek K A, Gibson H W. Inclusion [2]

complexes based on the cryptand/diquat recognition motif. Tetrahedron, 2007, 63: 2829-2839. (j) Huang F, Slebodnick C, Mahan E J, Gibson H W. [3] Pseudorotaxanes based on the cryptand/monopyridinium salt recognition motif. Tetrahedron, 2007, 63: 2875-2881. (k) Pederson A M P, Vetor R C, Rouser M A, Huang F, Slebodnick C, Schoonover D V, Gibson H W. A new functional bis(*m*-phenylene)-32-crown-10-based cryptand host for paraquats. J. Org. Chem., 2008, 73: 5570-5573.

[16] (a) Huang F, Zakharov L N, Rheingold A L, Jones J W, Gibson H W. Water assisted formation of a pseudorotaxane and its dimer based on a supramolecular cryptand. Chem. Commun., 2003: 2122-2123. (b) He C, Shi Z, Zhou Q, Li S, Li N, Huang F. Syntheses of *cis*- and *trans*-dibenzo-30-crown-10 derivatives via regioselective routes and their complexations with paraquat and diquat. J. Org. Chem., 2008, 73: 5872-5880.

[17] (a) Li S, Liu M, Zhang J, Zheng B, Zhang C, Wen X, Li N, Huang F. High-yield preparation of [2]rotaxanes based on the bis(*m*-phenylene)-32-crown-10-based cryptand/paraquat derivative recognition motif. Org. Biomol. Chem., 2008, 6: 2103-2107. (b) Li S, Liu M, Zhang J, Zheng B, Wen X, Li N, Huang F. Preparation of bis(*m*-phenylene)-32-crown-10-based cryptand/bisparaquat [3]rotaxanes with high efficiency. Eur. J. Org. Chem., 2008, 6128-6133. (c) Liu M, Li S, Zhang M, Zhou Q, Wang F, Hu M, Fronczek F R, Li N, Huang F. Three-dimensional bis-(*m*-phenylene)-32-crown-10-based cryptand/paraquat catenanes. Org. Biomol. Chem., 2009, 7: 1288-1291. (d) Li S, Liu M, Zheng B, Zhu K, Wang F, Li N, Zhao X L, Huang F. Taco complex templated syntheses of a cryptand/paraquat [2]rotaxane and a [2]catenane by olefin metathesis. Org. Lett., 2009, 11: 3350-3353. (e) Liu M, Li S, Hu M, Wang F, Huang F. Selectivity algorithm for the formation of two cryptand/paraquat catenanes. Org. Lett., 2010, 12: 760-763.

[18] Zong Q S, Zhang C, Chen C F. Self-assembly of triptycene-based cylindrical macrotricyclic host with dibenzylammonium ions: construction of dendritic [3]pseudorotaxanes. Org. Lett., 2006, 8(9): 1859-1862.

[19] Zhu X Z, Chen C F. A highly efficient approach to [4]pseudocatenanes by threefold metathesis reactions of a triptycene-based tris[2]pseudorotaxane. J. Am. Chem. Soc., 2005, 127(38): 13158-13159.

[20] Han T, Chen C F. A triptycene-based bis(crown ether) host: Complexation

with both paraquat derivatives and dibenzylammonium salts. Org. Lett., 2006, 8(6): 1069-1072.

[21] Zong Q S, Chen C F. Novel triptycene-based cylindrical macrotricyclic host: Synthesis and complexation with paraquat derivatives. Org. Lett., 2006, 8(2): 211-214.

[22] Wurpel G W H, Brouwer A M, van Stokkum I H M, Farran A, Leigh D A. Enhanced hydrogen bonding induced by optical excitation: Unexpected subnanosecond photoinduced dynamics in a peptide-based [2]rotaxane. J. Am. Chem. Soc., 2001, 123(45): 11327-11328.

[23] Bottari G, Leigh D A, Perez E M. Chiroptical switching in a bistable molecular shuttle. J. Am. Chem. Soc., 2003, 125: 13360-13361.

[24] Cecchet F, Rudolf P, Rapino S, Margotti M, Paolucci F, Baggerman J, Brouwer A M, Kay E R, Wong J K Y, Leigh D A. Structural, electrochemical, and photophysical properties of a molecular shuttle attached to an acid-terminated self-assembled monolayer. J. Phys. Chem. B, 2004, 108: 15192-15199.

[25] Fioravanti G, Haraszkiewicz N, Kay E R, Mendoza S M, Bruno C, Marcaccio M, Wiering P G, Paolucci F, Rudolf P, Brouwer A M, Leigh D A. Three state redox-active molecular shuttle that switches in solution and on a surface. J. Am. Chem. Soc., 2008, 130: 2593-2601.

[26] Zhou W D, Li J B, He X R, Li C H, Lv J, Li Y L, Wang S, Liu H B, Zhu D B. A molecular shuttle for driving a multilevel fluorescence switch. Chem. Eur. J., 2008, 14: 754-763.

[27] Sasabe H, Ikeshita K, Rajkumar G A, Watanabe N, Kihara N, Furusho Y, Mizuno K, Ogawa A, Takata T. Synthesis of [60] fullerene-functionalized rotaxanes. Tetrahedron, 2006, 62(9): 1988-1997.

[28] Ogino H. Relatively high-yield syntheses of rotaxanes. Syntheses and properties of compounds consisting of cyclodextrins threaded by α, γ-diaminoalkanes coordinated to cobalt(Ⅲ) complexes. J. Am. Chem. Soc., 1981, 103(5): 1303-1304.

[29] Ogino H, Ohata K. Syntheses and properties of rotaxane complexes. 2. Rotaxanes consisting of α- or β-cyclodextrin threaded by (μ-α, ω-diaminoalkane) bis[chlorobis(ethylenediamine) cobalt(Ⅲ)] complexes. Inorg. Chem., 1984, 23: 3312-3316.

[30] Yamanari K, Shimura Y. Stereoselective formation of rotaxanes composed

of polymethylenebridged dinuclear cobalt(Ⅲ) complexes and α- or β-cyclodextrin. Bull. Chem. Soc. Jpn., 1983, 56: 2283-2289.

[31] Yamanari K, Shimura Y. Stereoselective formation of rotaxanes composed of polymethylene-bridged dinuclear cobalt(Ⅲ) complexes and α-cyclodextrin. Ⅱ. Bull. Chem. Soc. Jpn., 1984, 57: 1596-1603.

[32] Steinbrunn M B, Wenz G. Synthesis of water-soluble inclusion compounds from polyamides and cyclodextrins by solid-state polycondensation. Angew. Chem. Int. Ed. Engl., 1996, 35(18): 2139-2141.

[33] Manka J S, Lawrence D S. Template-driven self-assembly of a porphyrin-containing supramolecular complex. J. Am. Chem. Soc., 1990, 112: 2440-2442.

[34] Rao T V S, Lawrence D S. Self-assembly of a threaded molecular loop. J. Am. Chem. Soc., 1990, 112: 3614-3615.

[35] Isnin R, Kaifer A E. A new approach to cyclodextrin based rotaxanes. Pure Appl. Chem., 1993, 65(3): 495-498.

[36] Seiler M, Duerr H, Willner I, Joselevich E, Doron A, Stoddart J F. Photoinduced electron transfer in supramolecular assemblies composed of dialkoxybenzene-tethered ruthenium(Ⅱ) trisbipyridine and bipyridinium salts. J. Am. Chem. Soc., 1994, 116: 3399-3404.

[37] Kawaguchi Y, Harada A. An electric trap: A new method for entrapping cyclodextrin in a rotaxane structure. J. Am. Chem. Soc., 2000, 122: 3797-3798.

[38] Onagi H, Blake C J, Easton C J, Lincoln S F. Installation of a ratchet tooth and pawl to restrict rotation in a cyclodextrin rotaxane. Chem. Eur. J., 2003, 9(24): 5978-5988.

[39] Liu Y, Yang Z X, Chen Y. Syntheses and self-assembly behaviors of the azobenzenyl modified-cyclodextrins isomers. J. Org. Chem., 2008, 73: 5298-5304.

[40] Nishimura D, Oshikiri T, Takashima Y, Hashidzume A, Yamaguchi H, Harada A. Relative rotational motion between α-cyclodextrin derivatives and a stiff axle molecule. J. Org. Chem., 2008, 73: 2496-2502.

[41] Fujimoto T, Sakata Y, Kaneda T. The first Janus [2]rotaxane. Chem. Commun., 2000, 2143-2144.

[42] Fujimoto T, Nakamura A, Inoue Y, Sakata Y, Kaneda T. Photoswitching of the association of a permethylated α-cyclodextrin-azobenzene dyad

forming a Janus [2]pseudorotaxane. Tetrahedron Lett., 2001, 42(45): 7987-7989.

[43] Oshikiri T, Takashima Y, Yamaguchi H, Harada A. Kinetic control of threading of cyclodextrins onto axle molecules. J. Am. Chem. Soc., 2005, 127: 12186-12187.

[44] Miyauchi M, Hoshino T, Yamaguchi H, Kamitori S, Harada A. A [2]rotaxane capped by a cyclodextrin and a guest: Formation of supramolecular [2]rotaxane polymer. J. Am. Chem. Soc., 2005, 127: 2034-2035.

[45] Klotz E J F, Claridge T D W, Anderson H L. Homo- and hetero-[3]rotaxanes with two π-systems clasped in a single macrocycle. J. Am. Chem. Soc., 2006, 128: 15374-15375.

[46] Yang C, Ko Y H, Selvapalam N, Origane Y, Mori T, Wada T, Kim K, Inoue Y. Dynamic switching between single- and double-axial rotaxanes manipulated by charge and bulkiness of axle termini. Org. Lett., 2007, 9(23): 4789-4792.

[47] Stanier C A, Alderman S J, Claridge T D W, Anderson H L. Unidirectional photoinduced shuttling in a rotaxane with a symmetric stilbene dumbbell. Angew. Chem. Int. Ed., 2002, 41(10): 1769-1772.

[48] Wang Q C, Qu D H, Ren J, Chen K C, Tian H. A lockable light-driven molecular shuttle with a fluorescent signal. Angew. Chem. Int. Ed., 2004, 43: 2661-2665.

[49] (a) Choi S, Park S H, Ziganshina A Y, Ko Y H, Lee J W, Kim K. A stable cis-stilbene derivative encapsulated in cucurbit[7]uril. Chem. Commun., 2003: 2176-2177. (b) Jon S Y, Ko Y H, Park S H, Kim H-J, Kim K. A facile, stereoselective [2+2] photoreaction mediated by cucurbit[8]uril. Chem. Commun., 2001: 1938-1939.

[50] Ko Y H, Kim K, Kang J K, Chun H, Lee J W, Sakamoto S, Yamaguchi K, Fettinger J C, Kim K. Designed self-assembly of molecular necklaces using host-stabilized charge-transfer interactions. J. Am. Chem. Soc., 2004, 126: 1932-1933.

[51] Lee J W, Samal S, Selvapalam N, Kim H-J, Kim K. Cucurbituril homologues and derivatives: new opportunities in supramolecular chemistry. Acc. Chem. Res., 2003, 36: 621-630.

[52] Liu Y, Li X Y, Zhang H Y, Li C J, Ding F. Cyclodextrin-driven

movement of cucurbit[7]uril. J. Org. Chem., 2007, 72: 3640-3645.

[53] Chambron J C, Harriman A, Heitz V, Sauvage J P. Ultrafast photoinduced electron transfer between porphyrinic subunits within a bis-(porphyrin)-stoppered rotaxane. J. Am. Chem. Soc., 1993, 115: 6109-6114.

[54] Chambron J C, Harriman A, Heitz V, Sauvage J P. Effect of the spacer moiety on the rates of electron transfer within bis-porphyrin-stoppered rotaxanes. J. Am. Chem. Soc., 1993, 115: 7419-7425.

[55] Amabilino D B, Sauvage J P. A transition metal ion assembled catenane bearing linearly-arranged donor and acceptor porphyrins. Chem. Commun., 1996: 2441-2442.

[56] Linke M, Chambron J C, Heitz V, Sauvage J P. Electron transfer between mechanically linked porphyrins in a [2]rotaxane. J. Am. Chem. Soc., 1997, 119: 11329-11330.

[57] Andersson M, Linke M, Chambron J C, Davidsson J, Heitz V, Sauvage J P, Hammarstrom L. Porphyrin-containing [2]-rotaxanes: metal coordination enhanced superexchange electron transfer between noncovalently linked chromophores. J. Am. Chem. Soc., 2000, 122: 3526-3527.

[58] Linke M, Chambron J C, Heitz V, Sauvage J P, Semetey V. Complete rearrangement of a multi-porphyrinic rotaxane by metallation-demetallation of the central coordination site. Chem. Commun., 1998: 2469-2470.

[59] Linke M, Chambron J C, Heitz V, Sauvage J P, Encinas S, Barigelletti F, Flamigni L. Multiporphyrinic rotaxanes: Control of intramolecular electron transfer rate by steering the mutual arrangement of the chromophores. J. Am. Chem. Soc., 2000, 122(48): 11834-11844.

[60] Jiménez M C, Dietrich-Buchecker C, Sauvage J P. Towards synthetic molecular muscles: Contraction and stretching of a linear rotaxane dimer. Angew. Chem., Int. Ed., 2000, 39(18): 3284-3287.

[61] Poleschak I, Kern J M, Sauvage J P. A copper-complexed rotaxane in motion: Pirouetting of the ring on the millisecond timescale. Chem. Commun., 2004: 474-476.

[62] (a) Aucagne V, Hänni K D, Leigh D A, Lusby P J, Walker D B. Catalytic "click" rotaxanes: A substoichiometric metal-template pathway to mechanically interlocked architectures. J. Am. Chem. Soc., 2006, 128: 2186-2187. (b) Aucagne V, Berná J, Crowley J D, Goldup S M,

Hänni K D, Leigh D A, P J Lusby, Ronaldson V E, Slawin A M Z, Viterisi A, Walker D B. Catalytic "active-metal" template synthesis of [2] rotaxanes, [3]rotaxanes, and molecular shuttles, and some observations on the mechanism of the Cu(I)-catalyzed azide-alkyne 1,3-cycloaddition. J. Am. Chem. Soc., 2007, 129: 11950-11963. (c) Berná J, Crowley J D, Goldup S M, Hänni K D, Lee A L, Leigh D A. A catalytic palladium active-metal template pathway to [2]rotaxanes. Angew. Chem. Int. Ed., 2007, 46: 5709-5713. (d) Goldup S M, Leigh D A, Lusby P J, McBurney R T, Slawin A M Z. Active template synthesis of rotaxanes and molecular shuttles with switchable dynamics by four-component Pd Ⅱ-promoted michael additions. Angew. Chem. Int. Ed., 2008, 47: 3381-3384. (e) Berná J, Goldup S M, Lee A L, Leigh D A, Symes M D, Teobaldi G, Zerbetto F. Cadiot-chodkiewicz active template synthesis of rotaxanes and switchable molecular shuttles with weak intercomponent interactions. Angew. Chem., Int. Ed., 2008, 47: 4392-4396. (f) Goldup S M, Leigh D A, Long T, McGonigal P R, Symes M D, Wu J. Active metal template synthesis of [2]catenanes. J. Am. Chem. Soc., 2009, 131: 15924-15929. (g) Goldup S M, Leigh D A, McGonigal P R, Ronaldson, Slawin A M Z. Two axles threaded using a single template site: Active metal template macrobicyclic [3]rotaxanes. J. Am. Chem. Soc., 2010, 132: 315-320.

[63] Jeppesen J O, Perkins J, Becher J, Stoddart J F. Self-assembly of an amphiphilic [2] rotaxane incorporating a tetrathiafulvalene unit. Org. Lett., 2000, 2(23): 3547-3550.

[64] Steuerman D W, Tseng H R, Peters A J, Flood A H, Jeppesen J O, Nielsen K A, Stoddart J F, Heath J R. Molecular-mechanical switch-based solid-state electrochromic devices. Angew. Chem. Int. Ed., 2004, 43: 6486-6491.

[65] Tseng H R, Vignon S A, Celestre P C, Perkins J, Jeppesen J O, Fabio A D, Ballardini R, Gandolfi M T, Venturi M, Balzani V, Stoddart J F. Redox-controllable amphiphilic [2]rotaxanes. Chem. Eur. J., 2004, 10 (1): 155-172.

[66] Mendes P M, Lu W, Tseng H R, Shinder S, Iijima T, Miyaji M, Knobler C M, Stoddart J F. A soliton phenomenon in langmuir monolayers of amphiphilic bistable rotaxanes. J. Phys. Chem. B, 2006, 110 (9): 3845-3848.

[67] Jeppesen J O, Perkins J, Becher J, Stoddart J F. Slow shuttling in an

amphiphilic bistable [2] rotaxane incorporating a tetrathiafulvalene. Angew. Chem. Int. Ed., 2001, 40(7): 1216-1221.

[68] Jeppesen J O, Nielsen K A, Perkins J, Vignon S A, Fabio A D, Ballardini R, Gandolfi M. T, Venturi M, Balzani V, Becher J, Stoddart J F. Amphiphilic Bistable Rotaxanes. Chem. Eur. J., 2003, 9: 2982-3007.

[69] Ikeda T, Aprahamian I, Stoddart J F. Blue-colored donor-acceptor [2]rotaxane. Org. Lett., 2007, 9(8): 1481-1484.

[70] Ballardini R, Balzani V, Credi A, Gandolfi M T, Langford S J, Menzer S, Prodi L, Stoddart J F, Venturi M, Williams D J. Simple molecular machines: Chemically driven unthreading and rethreading of a [2]pseudorotaxane. Angew. Chem. Int. Ed. Engl., 1996, 35(9): 978-981.

[71] Iijima T, Vignon S A, Tseng H R, Jarrosson T, Sanders J K M, Marchioni F, Venturi M, Apostoli E, Balzani V, Stoddart J F. Controllable donor-acceptor neutral [2]rotaxanes. Chem. Eur. J., 2004, 10: 6375-6392.

[72] Dichtel W R, Miljanic O S, Spruell J M, Heath J R, Stoddart J F. Efficient templated synthesis of donor-acceptor rotaxanes using click chemistry. J. Am. Chem. Soc., 2006, 128: 10388-10390.

[73] Luttringhaus A, Cramer F, Prinzbach H, Henglein. Cyclisationen von langkettigen dithiolen-versuche zur darstellung sich umfassender ring emit hilfe von einschlussyerbindungen. Liebigs Ann. Chem., 1958, 613: 185-198.

[74] (a) Armspach D, Ashton P R, Moore C P, Spencer N, Stoddart J F, Wear T J, Williamas D J. The self-assembly of catenated cyclodextrins. Angew. Chem. Int. Ed. Engl., 1993, 32: 854-858. (b) Armspach D, Ashton P R, Ballardini R, Balzani A, Godi C P, Moore C P, Prodi L, Spencer N, Stoddart J F, Tolley M S, Wear T J, Williams D J. Catenated cyclodextrins. Chem. Eur. J., 1995, 1: 33-55.

[75] Miljanic O S, Dichtel W R, Khan S I, Mortezaei S, Heath J R, Stoddart J F. Structural and co-conformational effects of alkyne-derived subunits in charged donor-acceptor [2]catenanes. J. Am. Chem. Soc., 2007, 129: 8236-8246.

[76] Miljanic O S, Stoddart J F. Dynamic donor-acceptor [2]catenanes. Proc. Nat. Acad. Sci. USA, 2007, 104: 12966-12970.

[77] Ikeda T, Saha S, Aprahamian I, Leung K C F, Williams A, Deng W, Flood A H, Oddard W A, Stoddart J F. Toward electrochemically

controllable tristable three-station [2]catenanes. Chem. Asian J., 2007, 2: 76-93.

[78] Chambron J C, Collin J P, Heitz V, Jouvenot D, Kern J M, Mobian P, Pomeranc D, Sauvage J P. Rotaxanes and catenanes built around octahedral transition metals. Eur. J. Org. Chem., 2004: 1627-1638.

第2章 准聚轮烷、聚轮烷和聚索烃

2.1 引　言

作为超分子化学和高分子化学有机结合的产物，超分子聚合物具有很多传统聚合物所没有的性质和功能。利用聚合物单体间的多种弱相互作用，如氢键、配位作用、主客体相互作用、电荷转移相互作用、π－π相互作用，超分子聚合物能对多种外界刺激产生很好的响应，这使它成为一种极好的智能材料，在药物缓释、日常保健及废物管理等方面得到广泛应用。准聚轮烷、聚轮烷和聚索烃是一类轮烷和索烃的高分子类似物，它们的出现大大扩展了超分子聚合物化学。这类通过非共价键相互作用组装成的一维或多维复杂功能体不仅在拓扑结构和化学性质上有重要的意义，在功能和潜在的应用方面也有不俗的表现。超分子聚合物的拓扑结构是影响超分子性能的一个重要参数，如果能控制高分子的拓扑结构，就可以控制高分子的性能。化学家们通过发展新的合成方法，制备了包括主链准聚轮烷、聚轮烷和聚索烃，侧链准聚轮烷、聚轮烷和聚索烃在内的多种拓扑学机构。另一方面，通过在聚合物中引入多种功能化基团或生物大分子，可获得可靠和多样的刺激响应型材料。

在本章中，我们将从准聚轮烷、聚轮烷和聚索烃的合成方法和应用，分别对它们加以阐述。

2.2 准聚轮烷和聚轮烷的合成和应用

准聚轮烷(pseudopolyrotaxane)和聚轮烷(polyrotaxane)的研究在当前是一个非常活跃的研究方向，属于高分子科学和超分子化学的交叉领域。顾名思义，准聚轮烷和聚轮烷是准轮烷和轮烷的高分子类似物(图 2.1a 和 2.1b)。传统聚合物仅以共价键相连，准聚轮烷和聚轮烷则不同，它们的主客体之间可通过非共价键相互作用而组装成一维、二维或三维有序的复杂功能超分子体系。这种新型聚合物不仅结构特殊而且由于非共价键相互作用的引入可以具有电子转移、能量传递、光、电、磁、机械运动等多种新颖的特殊性质。人们合成了许多不同种类的准聚轮烷和聚轮烷，图 2.2 归纳了目前的研究中所涉及的基本结构。

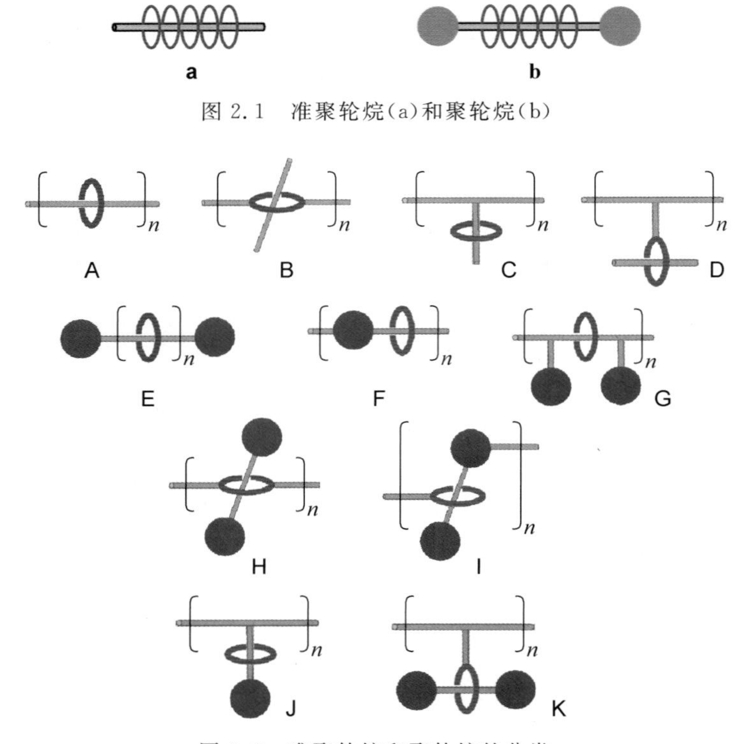

图 2.1　准聚轮烷(a)和聚轮烷(b)

图 2.2　准聚轮烷和聚轮烷的分类

轮烷的概念最早于 1961 年被提出[1]，仅六年后聚轮烷首次被合成[2]。随后，在 20 世纪 70 年代发现了多种具有包合能力的环状分子，如环糊精、冠醚、paraquat(4,4′-联吡啶盐)环番(即前一章中提到过的 CBPQT)和葫芦脲等。这些大环分子的共同特点是，有一个可以容纳其他分子而形成主客体包合物的内部空腔。从此，主客体化学开始兴盛，聚轮烷和准聚轮烷的研究也取得了长足进展[3,4]。

根据准轮烷和轮烷单元是否在主轴上，可将(准)聚轮烷划分为主链(准)聚轮烷和侧链(准)聚轮烷两大类。

2.2.1 主链准聚轮烷和聚轮烷的合成和应用

1. 基于环糊精的主链准聚轮烷和聚轮烷

1990 年，Harada 和 Kamachi 等[5]通过 α－CD 包合聚乙二醇(PEG)制得了准聚轮烷。实验表明，水溶性的 PEG 和环糊精的饱和水溶液在室温下混合后产生了不溶于水的白色沉淀，这个白色沉淀就是准聚轮烷。其产生机理是当很多环糊精分子环绕在 PEG 链上形成准聚轮烷的同时，彼此靠近的环糊精通过氢键或疏水相互作用发生了聚集。与此同时，Wenz 和他的合作者也报道了类似的工作[6~8]。

从理论上来说，在已经形成的准聚轮烷上进行封端，即可形成相应的聚轮烷。但实际上将准轮烷溶解于某些溶剂，如热水或 DMSO 中，溶液即变澄清，这意味着准聚轮烷重新分散成环糊精和聚合物[4,6]。而封端反应的选择也非易事：封端反应一般只有在非均相反应体系中才可以进行，而且封端基团必须对聚合物链终端具有良好的选择性，不能与环糊精反应。

最开始进行基于 PEG－环糊精聚轮烷研究的是 Harada[9,11~13]和 Wenz 等人[6,14]。1993 年，Harada 等[12]利用 α－CD 和胺标记的 PEG(NH_2-PEG-NH_2)合成了 PEG－环糊精准聚轮烷，并采用 2,4－二硝基氟代苯(DNFB)为封端剂制得了具有稳定机械互锁结构的聚轮烷。选择 2,4－二硝基氟代苯作为封端基团是因其对末端氨基具有良好的选择性，而且其体积足以阻止环糊精从 PEG 链上脱落。封端之后，再加入 NaOH 使相邻环糊精上的羟基彼此交联，通过加热抽掉 DNFB 基团和 PEG 轴，制得内径均一的交联环糊精。该交联环糊精被形象地称为分子管(molecule tube)，结构如图 2.3 所示。鉴于胺标记的 PEG 对很多功能基团的高选择性，许多研究者也随即开展了相关研究工作。他们报道了很多其他氨基选择性封端剂，如苯丙氨酸衍生物[15~17]、荧光素[18,19]和丹磺酰氯[20]等等。

刘育等制备了利用环糊精作为封端基团的聚轮烷[21](图 2.4)。他们将末端连接氨基的聚丙二醇(PPG)与 β－CD 在水溶液中识别后得到 PPR1，再用醛基取代的 β－CD 与氨基反应进行封端而得到 PR2，这样通过选择适当相对分子质量的线性轴，就可以控制所制得的聚轮烷的长度，最后通过 PR2 尾端环糊精与富勒烯进行线性组装。这种有机分子的非共价键组装延长了所能获得的聚合物链的长度。Ooya[22]等人也利用类似方法制备了以 β－CD 为大环、α－CD 为端基的 PEG-PPG-PEG 三嵌段聚轮烷(图 2.5)。

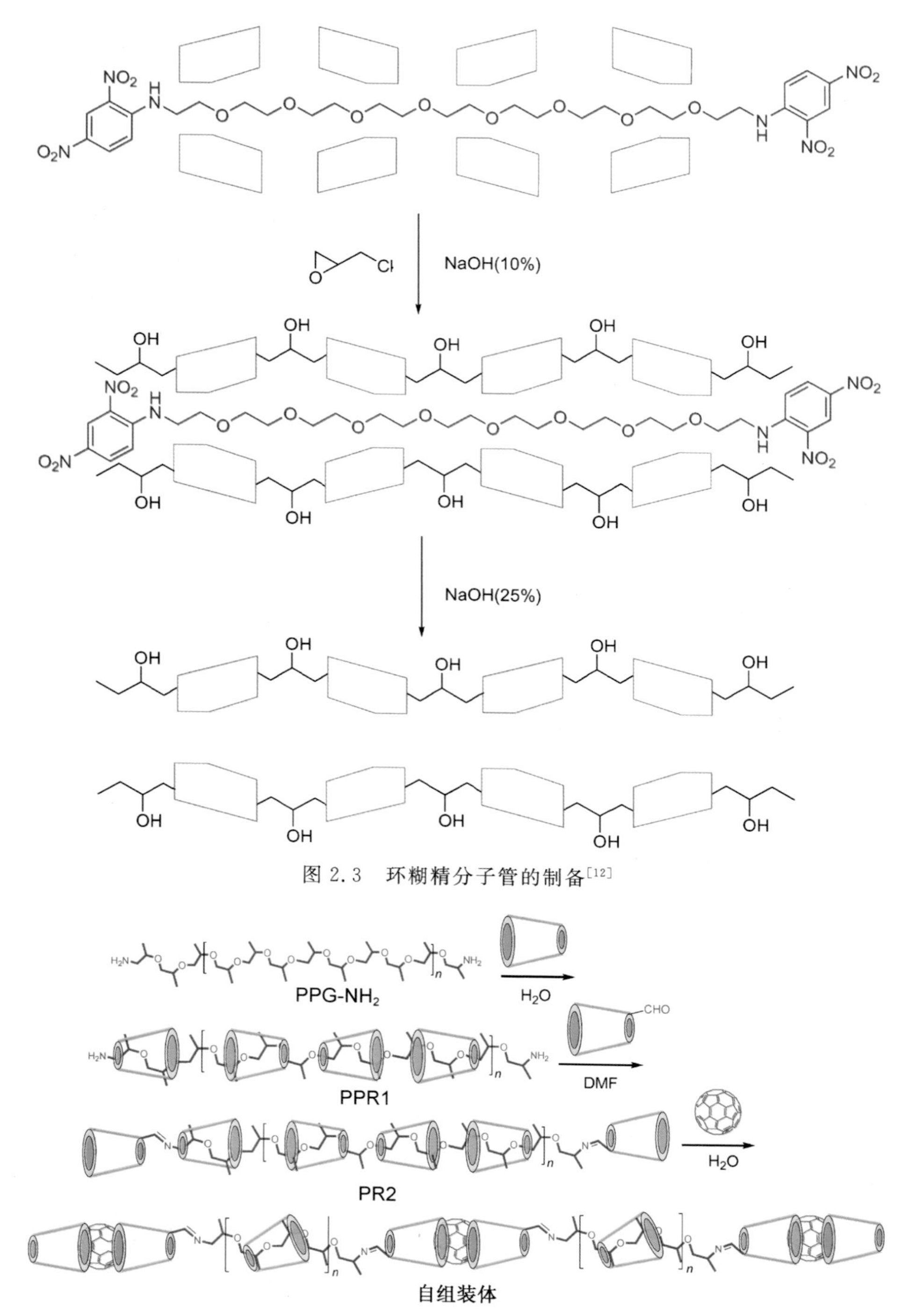

图 2.3　环糊精分子管的制备[12]

图 2.4　利用环糊精作为封端基团制备聚轮烷以及此聚轮烷和富勒烯的组装[21]

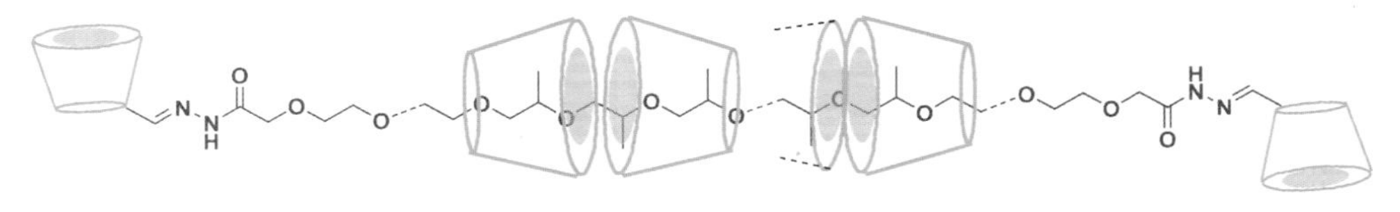

图 2.5 以 α-CD 封端、β-CD 为大环的 PEG-PPG-PEG 三嵌段聚轮烷[22]

日本的 Yui 研究小组在过去的十年中，报道了一系列以环糊精为大环分子、PEG 和 PPG 等为线性轴的准聚轮烷和聚轮烷[23~49]。他们所制备的基于环糊精的生物可降解聚轮烷经实验证明，可作为有效的药物传递和基因传递体系[23~28]。他们还利用荧光素-4-异硫氰酸盐对环糊精/PEG-PPG-PEG 三嵌段共聚物准聚轮烷进行封端，制得了一种温度响应型聚轮烷[28,29]（图 2.6）。当温度升高时，大多数环糊精从 PEG 位置平移到 PPG 位置。这种环境响应型聚轮烷可用来制备刺激响应型纳米器件。接着，他们研究了 pH 响应型的聚氮丙啶[30]和 PEI-嵌段-PEG-嵌段-PEI(PEI：聚二甲亚胺)准聚轮烷[31]（图 2.7）。他们还在水溶液中制备了 α-CD 和聚(ε-赖氨酸)的准聚轮烷[32]，并通过改变 pH 等来控制两者的包合[33]（图 2.8）。最近，他们制备了对酸、碱或二氟化物敏感的聚轮烷[34~37]，其端基是利用 Cu(Ⅰ)催化的 Huisgen 环化方法合成的乙烯醚胆固醇、二碳酸二叔丁酯-色氨酸和丁基甲硅烷基联苯三种基团。先将 PEG 末端氨基叠氮化，继而在 PEG 轴上穿入多个 α-CD，并分别用上述三种基团封端，制得聚轮烷 **1**、**2** 和 **3**（图 2.9）。GPC 和光散射研究表明，调节 pH 会引发 **1** 和 **2** 降解：在 pH=4 时，**1** 上的环糊精脱离 PEG 轴至完全降解；pH=12 时，**2** 快速降解。以氟化物为媒介时，**3** 在任何 pH 下都立即降解。此类研究在生物学上具有潜在应用价值。此外，其他相关结构的聚轮烷药物输送体系也被越来越多地合成[16,38~46]。

具有高电荷转移率等特殊光电性质的线性共轭聚合物称为"分子导线"(molecular wires)[47~49]。当导电共轭聚合物被大环分子包埋在内部时，犹如在外面增加了一个保护壳，称作"绝缘分子导线"(insulated molecular wires，简称 IMW)。Anderson[50~55]课题组合成了一系列基于环糊精的 IMW 聚轮烷。如图 2.10 所示，他们利用水相 Suzuki 偶联反应制备了基于联苯和其衍生物为重复单元的线性聚合物的聚轮烷 IMW(PPP⊂β-CD)[51]。他们还用类似方法制得了以聚(亚苯-1,2-乙烯)为中心轴的 PPV1⊂α-CD 和 PPV1⊂β-CD[50]、以聚芴为中心轴的 PF1⊂β-CD[52]、以聚(4,4′-二亚苯-1,2-二苯乙烯)为中心轴的 PDV1⊂α-CD 和 PDV1⊂β-CD[52]等聚轮烷 IMW。光谱研究表明，聚轮烷的形成改善了共轭中心轴的光电性质，使其获得了更高的量子产率，提高了导电性。通过其他方法也可以合成此类聚轮烷。比如，Hadziioannou 等人采用 Yamamoto 偶联方法合成了分别以聚芴和聚噻吩为中心轴的聚轮烷[56]（图 2.11）。Ito 等人则通过先合成基于 α-CD 的分子管，然后再用导电聚合物聚苯胺与之包合的方法来制

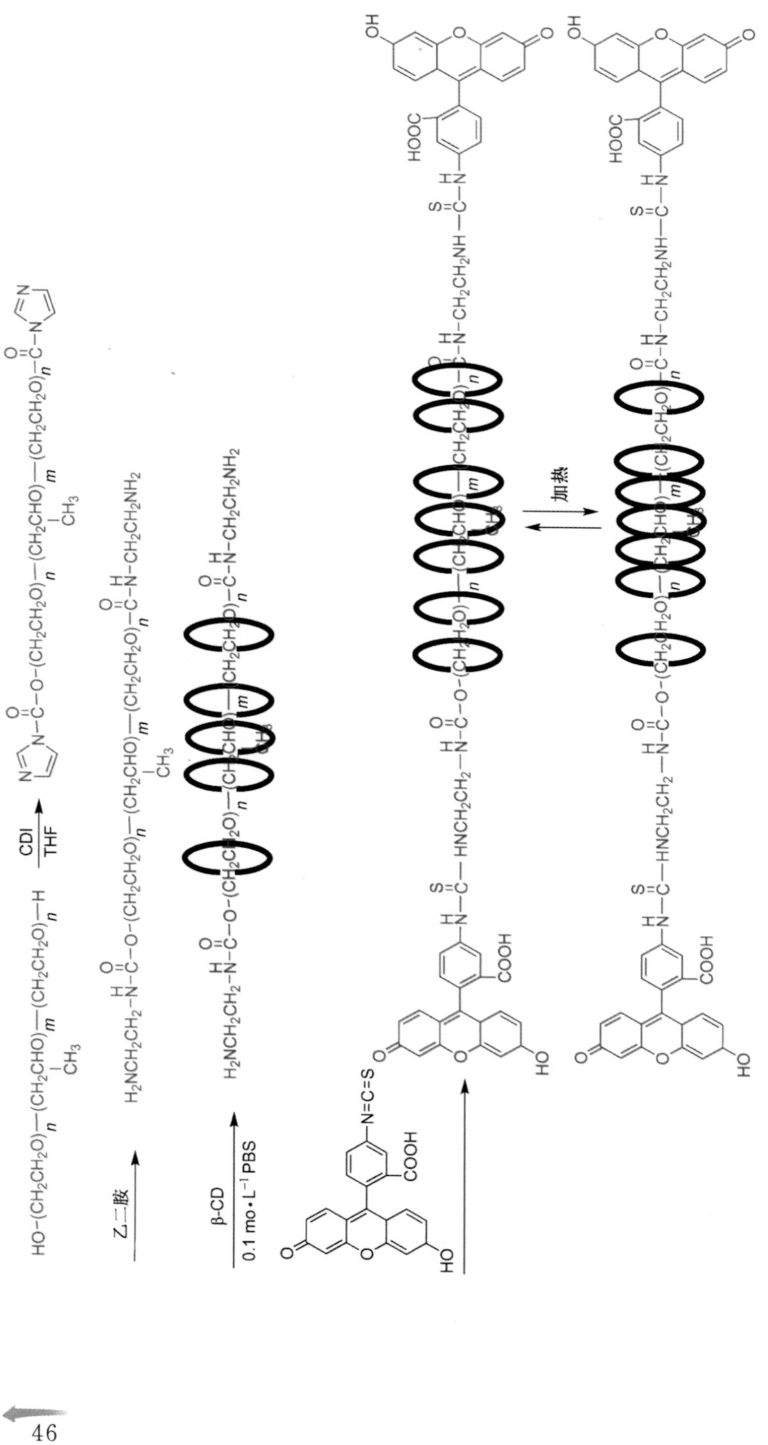

图 2.6 基于环糊精的温度响应型聚轮烷[28,29]

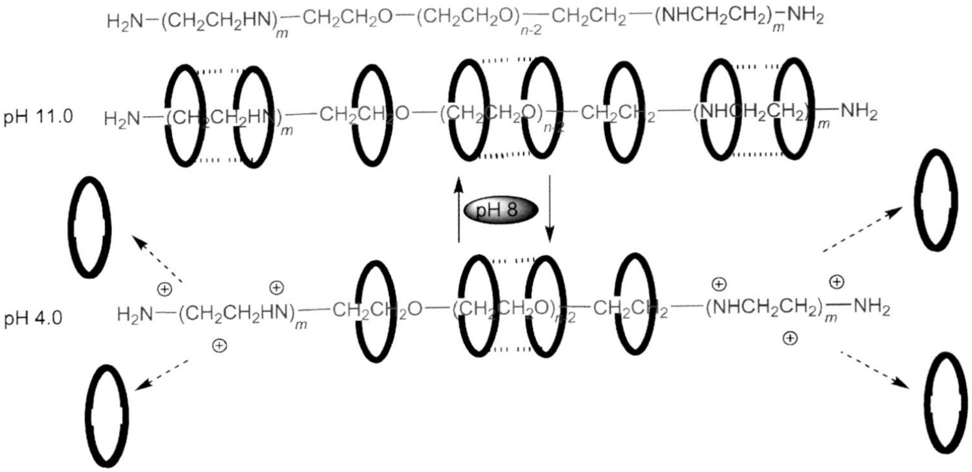

H2N−(CH2CH2HN)m—CH2CH2O—(CH2CH2O)n-2—CH2CH2—(NHCH2CH2)m−NH2
pH 11.0
pH 8
pH 4.0

图 2.7　基于环糊精的 pH 响应型的 PEI-嵌段-PEG-嵌段-PEI 准聚轮烷[31]

聚(ε-赖氨酸)
α-CD
α-CD
聚(ε-赖氨酸)
pH<8.5
8.5<pH<12
12<pH

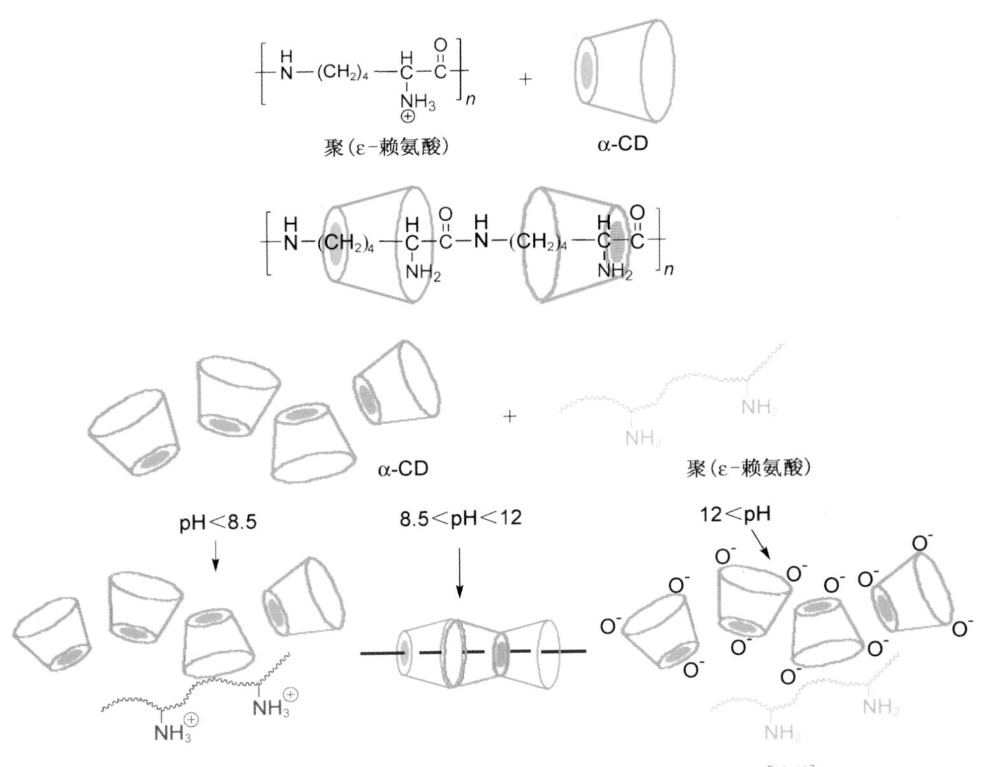

图 2.8　pH 变化影响 α-CD/聚(ε-赖氨酸)准聚轮烷形成[32,33]

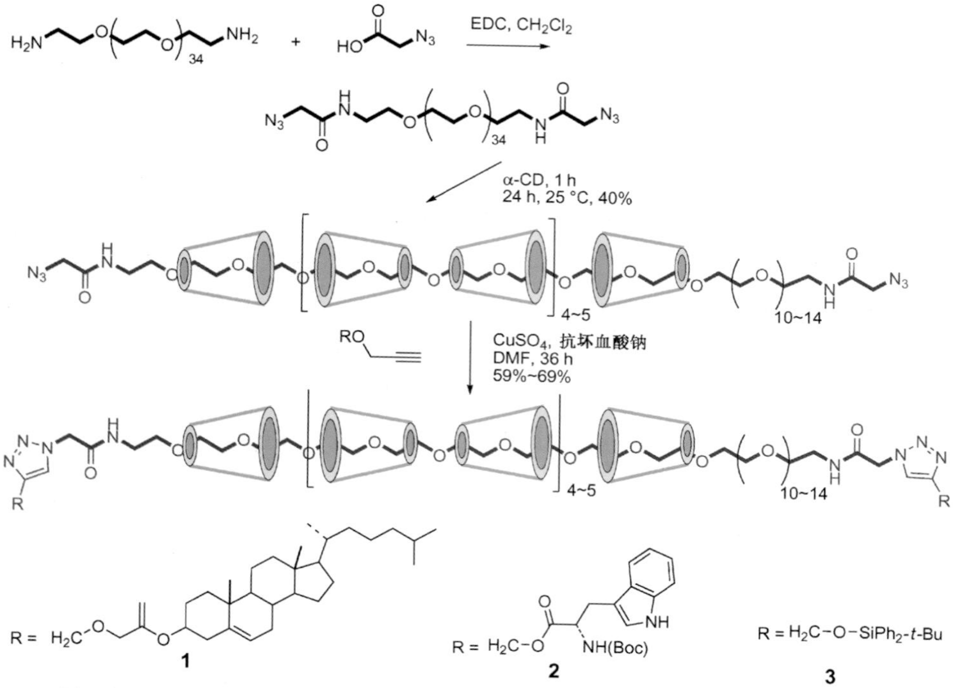

图 2.9 通过 Huisgen 环化方法合成分别对酸、碱或对氟化物敏感的聚轮烷[34~37]

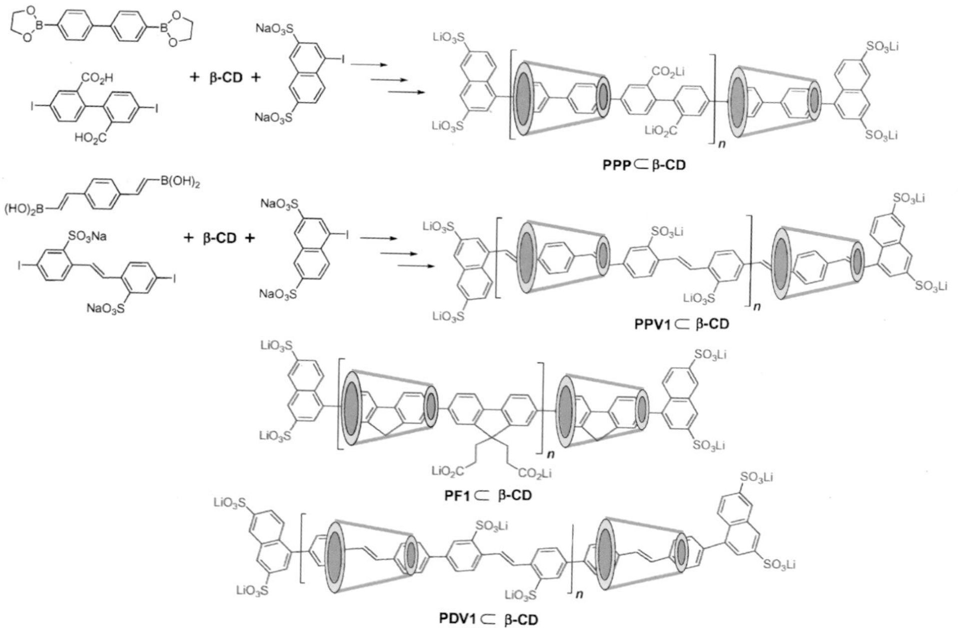

图 2.10 水相 Suzuki 偶联反应制备基于环糊精的聚轮烷绝缘分子导线[51]

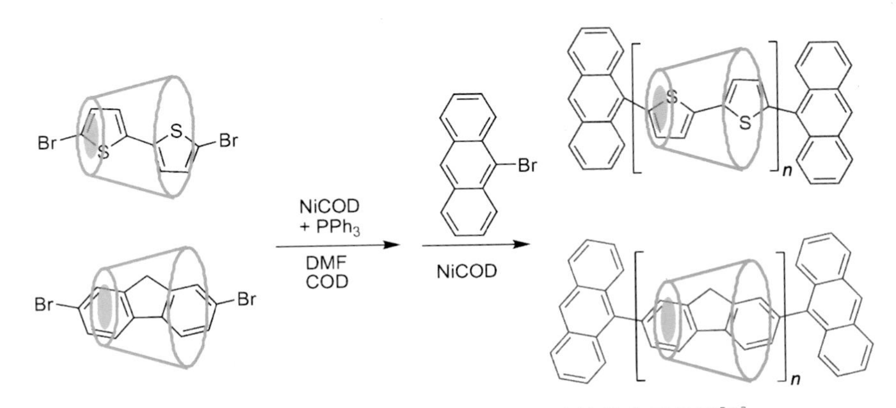

图 2.11　以聚芴和聚噻吩为中心轴的聚轮烷分子导线[56]

备准聚轮烷 IMW[57]。除了上述导电共轭聚合物之外，聚亚胺[58~61]、聚硅烷[62,63]和聚噻吩[64~74]等也被用来制备聚轮烷和准聚轮烷 IMW(图 2.12)。

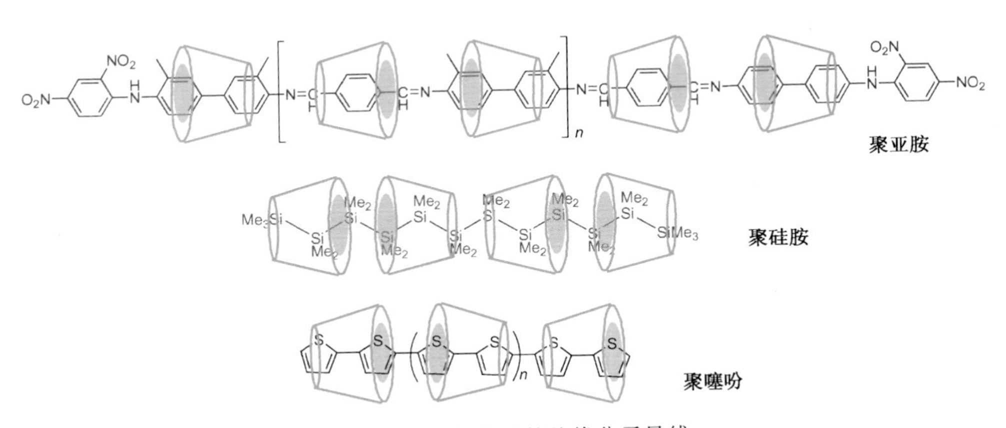

图 2.12　其他类型的绝缘分子导线

Ueno[20,75~77]与其合作者致力于开发基于环糊精的聚轮烷“分子天线”(molecular antenna)。例如，他们以萘环修饰的 α-CD 包合 NH_2-PEG-NH_2 链，制得准聚轮烷，再用蒽环封端，制备聚轮烷。他们发现此聚轮烷接受光照时，电子从萘环转移到尾端的蒽环，产生所谓的天线效应。实验还证明增加聚轮烷上修饰萘环的 α-CD 的数目会增强天线效应(图 2.13)。

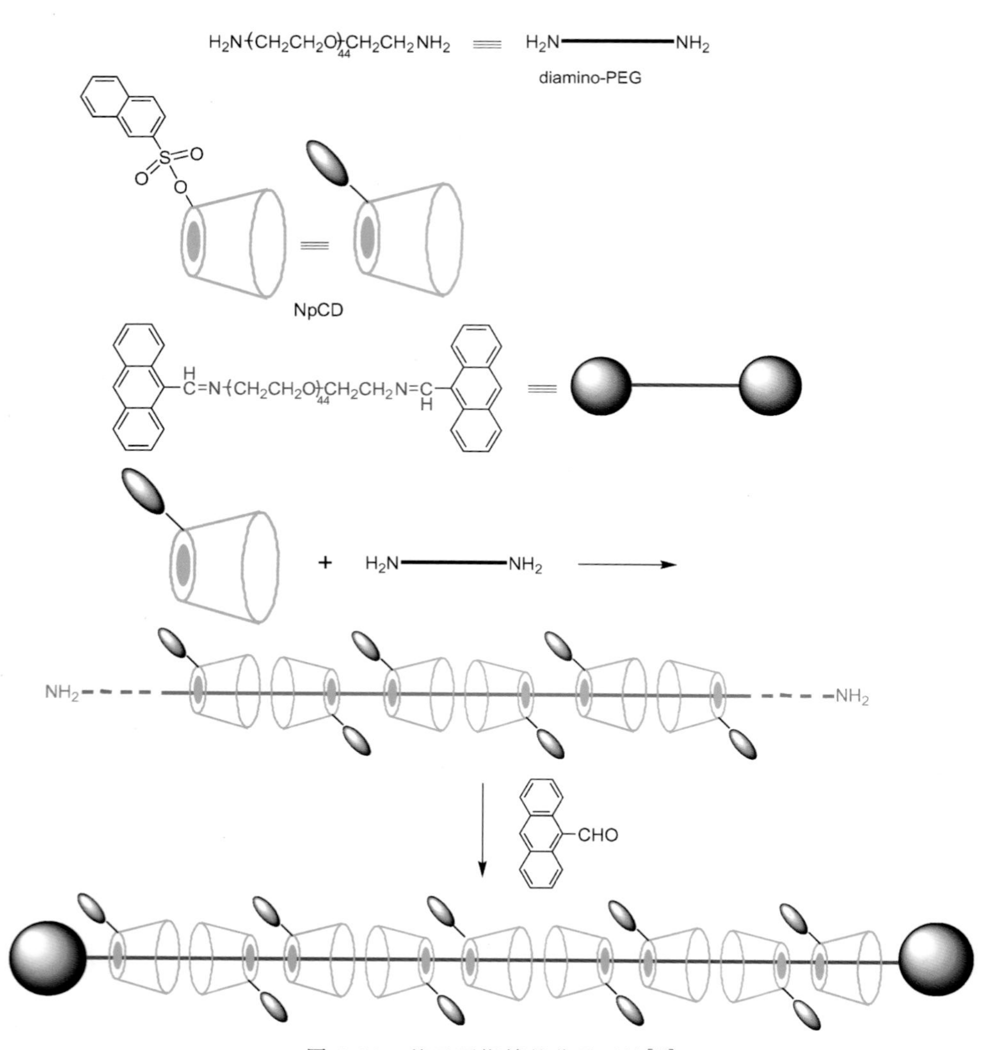

图 2.13　基于环糊精的分子天线[77]

合成含偶氮苯准聚轮烷和聚轮烷可应用于光响应材料[78~80]。例如，Yamamoto 课题组合成了含有 γ-CD 和偶氮苯聚酯的准聚轮烷[80]（图 2.14）。他们发现所合成的准聚轮烷经光照变为顺式后，偶氮苯基团与 γ-CD 发生氢键作用，使原本不稳定的顺式异构体变成稳定形式。

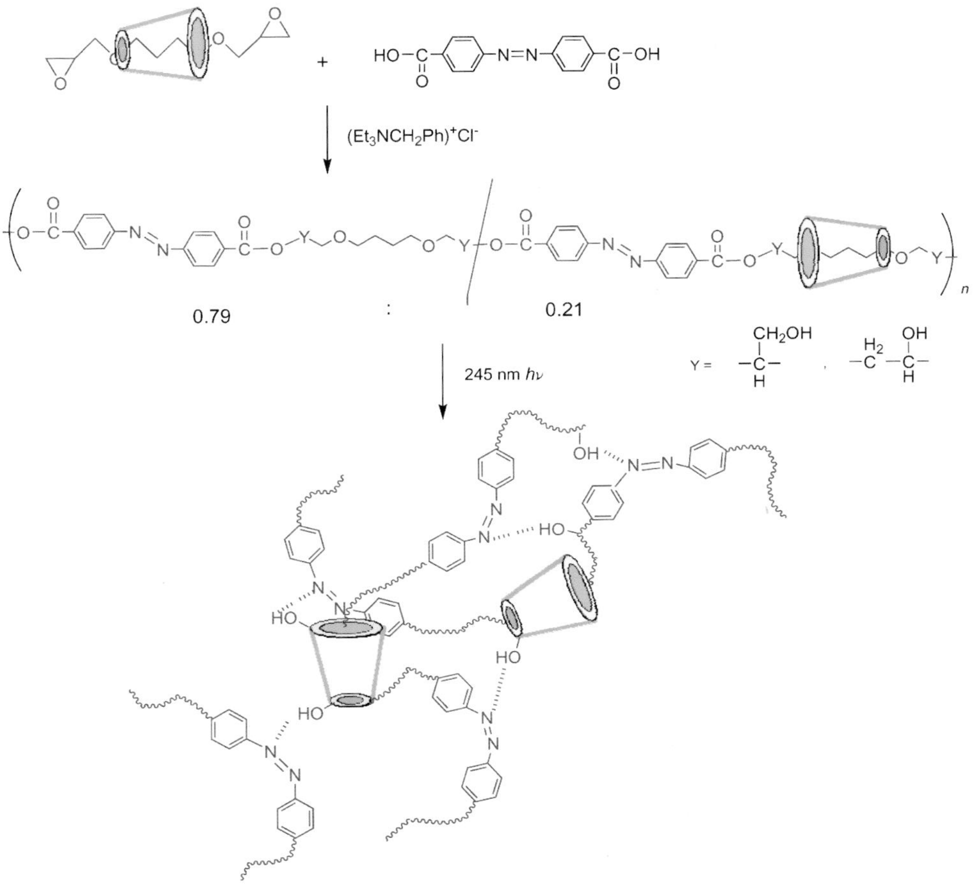

+
HO—C—⟨⟩—N=N—⟨⟩—C—OH
O O
$(Et_3NCH_2Ph)^+Cl^-$
0.79 : 0.21
n
Y = —C— (CH₂OH, H) , —C—C— (H_2, OH, H)
245 nm hν
OH HO HO HO HO
N=N

图 2.14 Yamamoto 课题组制备的含有 γ-CD 和偶氮苯聚酯的光响应准聚轮烷[80]

Harada 和合作者通过蒽环的光致二聚合成了一系列主链聚轮烷[81~83]。如图 2.15 所示，他们先合成了蒽环封端的聚轮烷，然后用可见光对其进行照射，使末端蒽环发生光致二聚，从而获得了一种特殊的聚(聚轮烷)[81]。他们还发现此过程具有可逆性，产物通过紫外光照射或加热可返回原来的聚轮烷状态。随后他们又通过光致二聚的方法合成了两种不同结构的基于 β-CD 的聚轮烷[82]及基于 γ-CD 的聚轮烷[83](图 2.16)。

Wenz 和 Keller[84]利用主链骨架上的光致加成反应，制备了一种主链线性轴同时包含 γ-CD 和 β-CD 的聚轮烷。合成方法见图 2.17。主链骨架上发生加成反应的部分体积变大，γ-CD 的空腔尺寸与其匹配，因而停留在这个部分；β-CD则包合在没有加成的线性轴部分。这为合成非单一种类的环糊精包合的主链聚轮烷提供了一种思路。

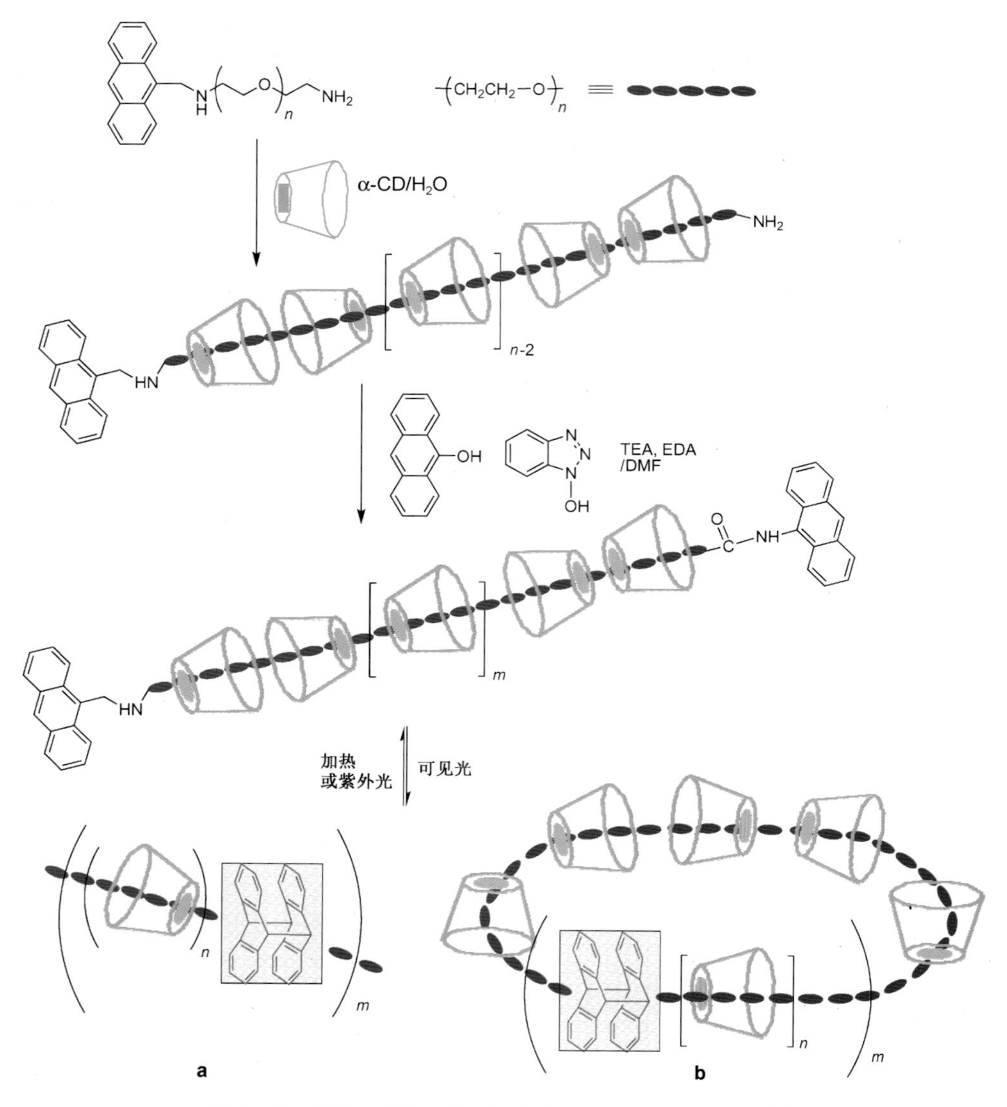

图 2.15　光致二聚法制备聚(聚轮烷)(a)和聚索烃(b)[81]

Araki 和 Ito 等人利用 PEG-COOH 代替 PEG-NH_2，发展了一种新颖的合成聚轮烷的方法。利用 TEMPO 自由基氧化 PEG-OH 的羟基得到 PEG-COOH，再与环糊精识别后，最后用 BOP 为氨基化试剂进行金刚烷胺封端即可[85](图 2.18)。这样做的好处是，PEG 线性轴和末端金刚烷之间连接有起稳定作用的酰胺键，有利于对聚轮烷进行进一步修饰。

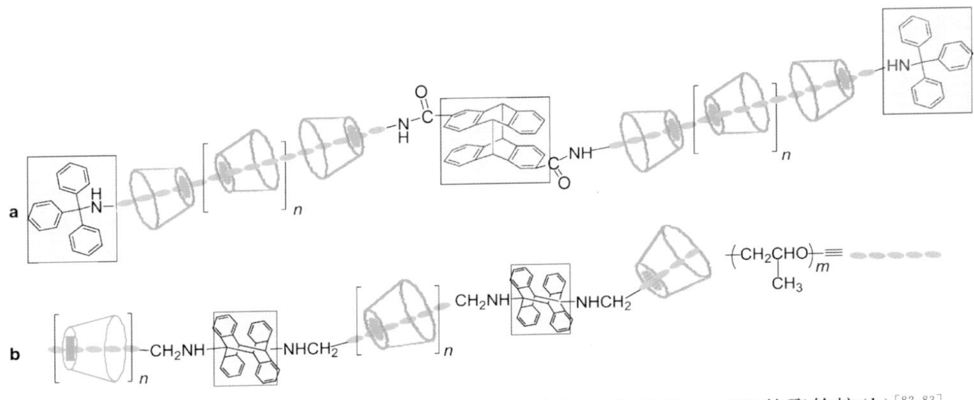

图 2.16　通过光致二聚法制备基于 β－CD 的聚轮烷(a)和基于 γ－CD 的聚轮烷(b)[82,83]

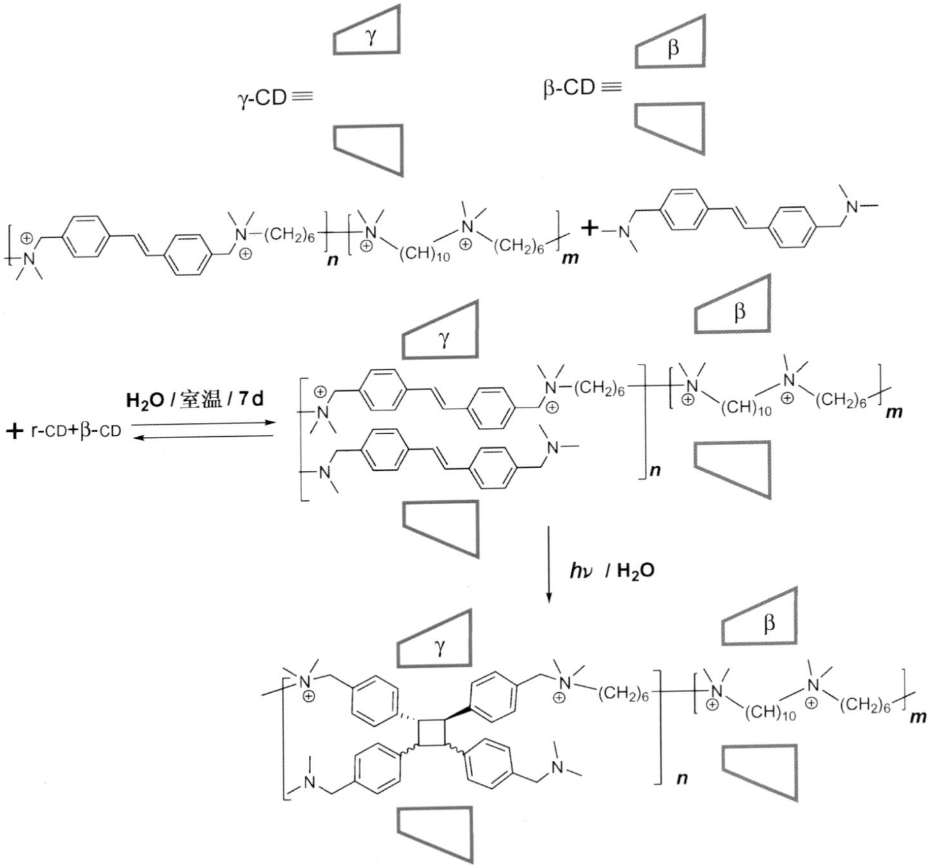

图 2.17　光致加成反应合成基于环糊精的聚轮烷[84]

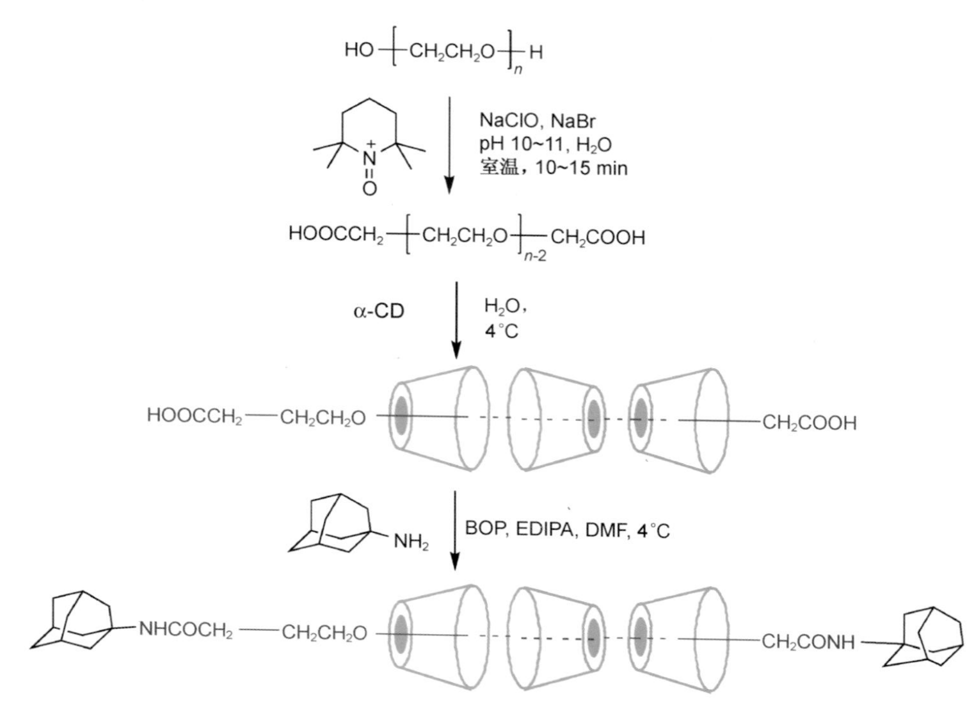

图 2.18　Araki 和 Ito 等人利用 PEG-COOH 制备聚轮烷[85]

刘育等人简便而高效地构筑了许多纳米级聚轮烷功能材料[86~92]。例如，他们利用 α-CD、β-CD 和 γ-CD 分别与 4,4′-联吡啶在水溶液中形成包合复合物，随后在 Ni^{2+} 和 Cu^{2+} 存在的情况下进行自组装，形成准聚轮烷[88]（图 2.19）。结果表明，环糊精环的尺寸不仅影响包合的 4,4′-联吡啶的数目，而且能控制 4,4′-联吡啶在复合物中的形态。他们还利用金属离子配位作用成功地合成了一种新颖的桥连双 β-CD 准聚轮烷[89]（图 2.20）。两条 PPG-NH_2 线性聚合物链分别穿过桥连双 β-CD 的两个内部空腔，将其串连起来，形成双主链的准聚轮烷。这项研究为我们提供了一个构筑复杂有序的超分子组装体系的简单方法。在此基础上，最近他们通过 Harada 方法[12]进一步得到了长度延长 10 倍的分子管，并试图用两个桥连双环糊精中间的空腔捕捉富勒烯[90]（图 2.21）。这种分子管含多个可容纳富勒烯的空腔，并有两个管道可识别多种有机、无机和生物分子，在材料和生物科学上有潜在应用价值。他们还报道了一种纳米级的环糊精-卟啉-富勒烯的互锁聚轮烷结构[92]（图 2.22）。这种以环糊精-卟啉共轭体系为骨架、以富勒烯与两个相邻聚轮烷上卟啉的相互作用为纽带的互锁双主链聚轮烷显示出了很强的手性和电化学性质，为设计和制备功能性纳米材料开启了一条新的途径。

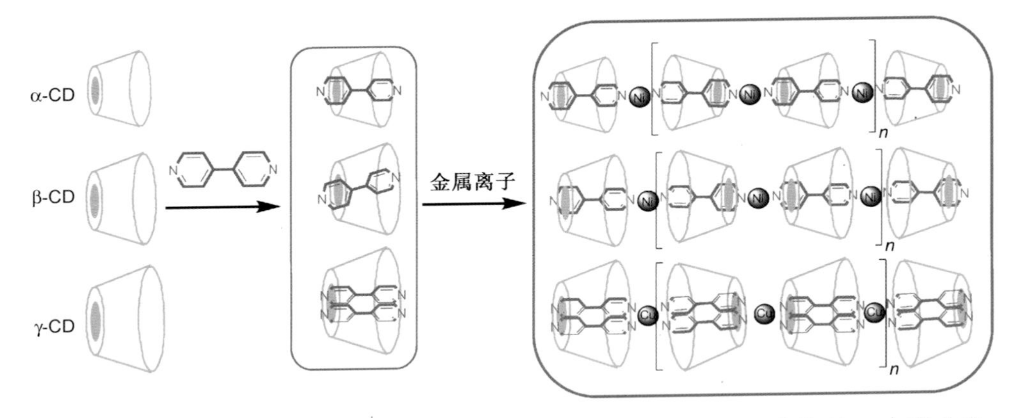

图 2.19　环糊精的环的尺寸不仅影响包合的 4,4′-联吡啶的数目，而且能控制 4,4′-联吡啶在复合物中的形态[88]

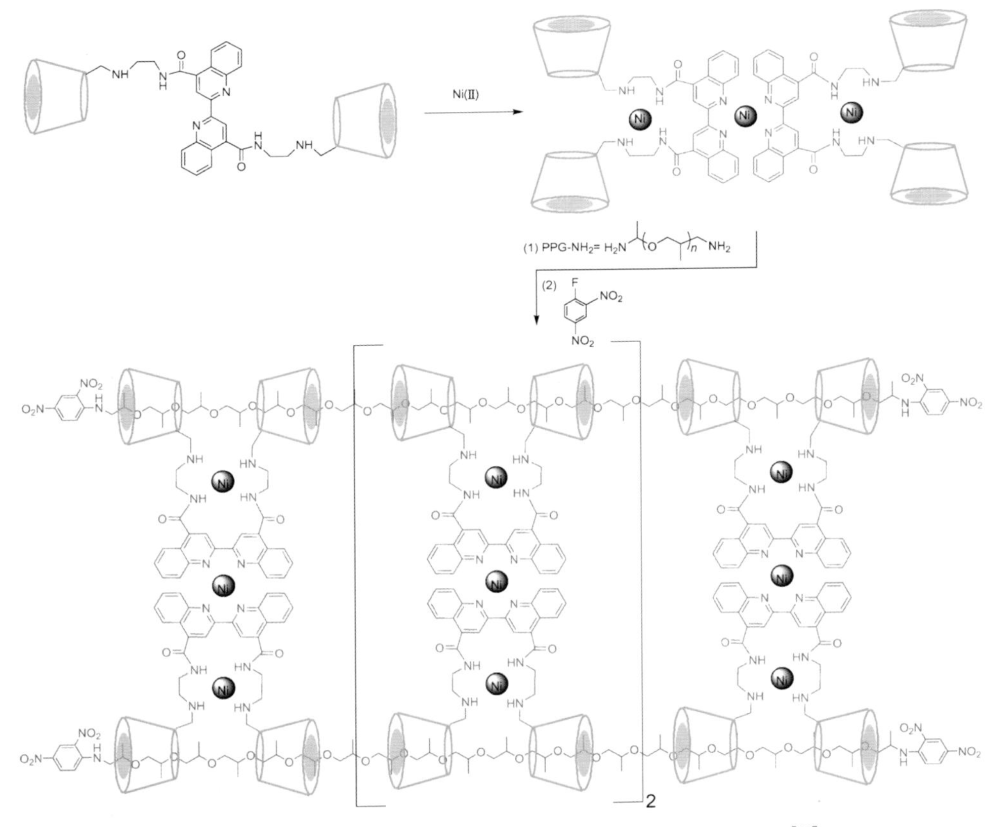

图 2.20　利用金属离子的配位作用形成双主链的准聚轮烷[89]

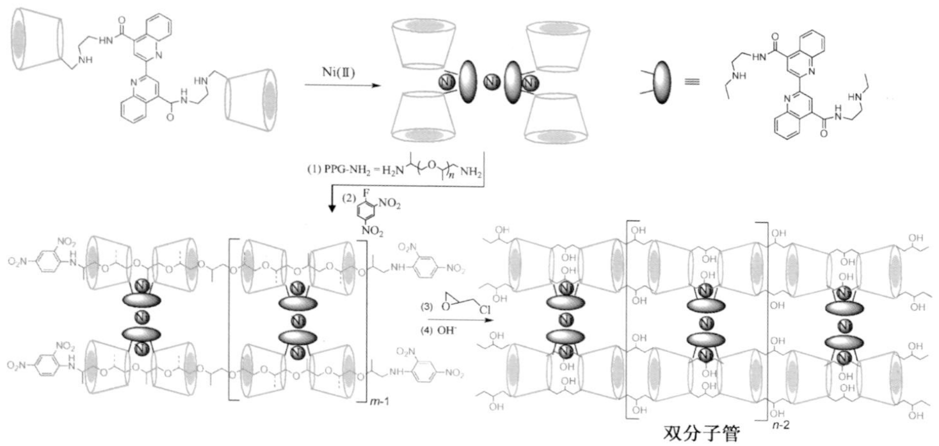

图 2.21　可以捕捉富勒烯的分子管的合成[90]

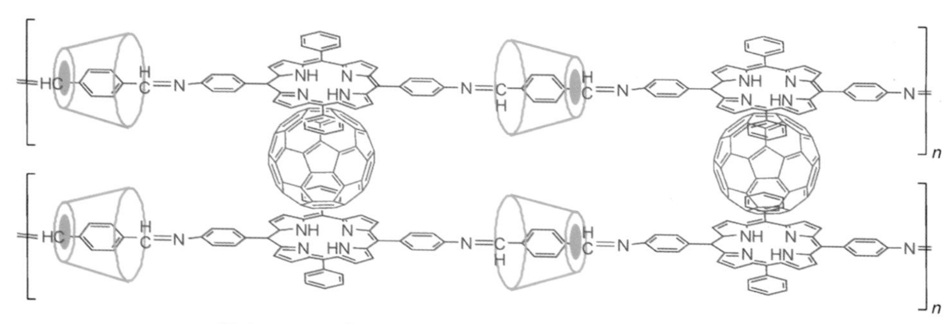

图 2.22　环糊精-卟啉体系引入富勒烯功能基团[92]

2. 基于冠醚的主链准聚轮烷和聚轮烷

冠醚主体在络合有机盐(如二级铵盐[93~103]和 paraquat 盐[104~112])等方面有着广泛的应用。过去十年，Gibson[113~135]课题组致力于以冠醚为大环的主链聚轮烷和准聚轮烷的合成。他们通过逐步增长聚合法(step-growth polymerization)制备了非官能团化的脂肪族[113~115](图 2.23)和聚氨基甲酸酯[116,117](图 2.24)等 A 类准聚轮烷。冠醚环绕在聚氨基甲酸酯上，依靠冠醚和聚氨基甲酸酯的—OH 或者—NH—/—NHCO—基团之间的氢键维持结构稳定。基于聚苯乙烯[118,119]的 E 类聚轮烷(图 2.25)及聚丙烯腈[120,121]体系的 A 类准聚轮烷(图 2.26)也使用逐步增长聚合的方法进行了合成。此外，他们还利用逐步增长聚合法合成了主链聚(酯轮烷)和聚(氨酯轮烷)等一系列 F 类聚轮烷[122~126](图 2.27)及 B 类准聚轮烷[127,128](图 2.28)。这种方法归结起来就是在冠醚存在的情况下，将两种不同官能团化合物单体进行缩聚而形成准聚轮烷和聚轮烷。

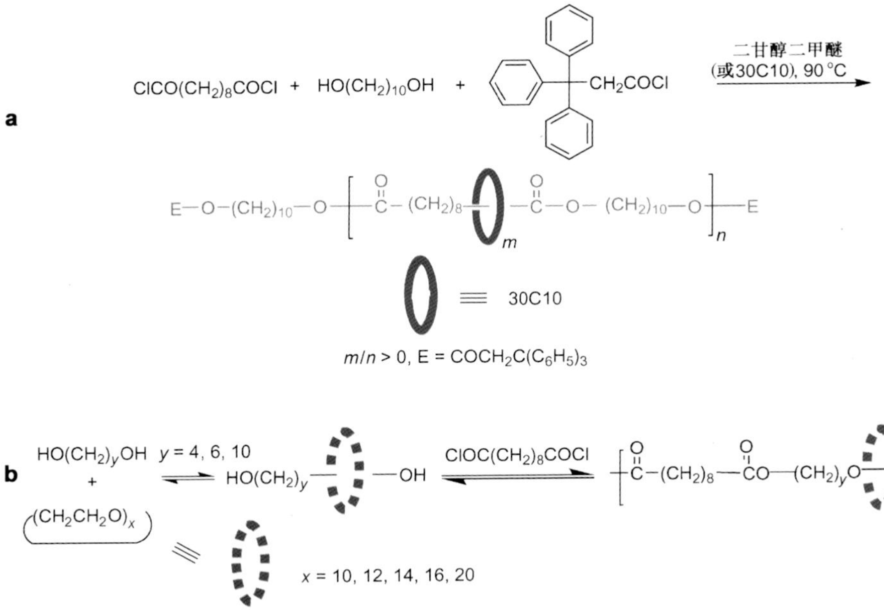

a

$ClCO(CH_2)_8COCl$ + $HO(CH_2)_{10}OH$ + $(C_6H_5)_3CCH_2COCl$ —二甘醇二甲醚 (或30C10), 90 °C→

$E—O—(CH_2)_{10}—O—[C(=O)—(CH_2)_8—C(=O)—O—(CH_2)_{10}—O]_n—E$（30C10 穿于链上, m）

≡ 30C10

$m/n > 0$, $E = COCH_2C(C_6H_5)_3$

b

$HO(CH_2)_yOH$ + $(CH_2CH_2O)_x$　y = 4, 6, 10　⇌　$HO(CH_2)_y$—(冠醚)—OH　—$ClOC(CH_2)_8COCl$⇌　$[C(=O)—(CH_2)_8—CO—(CH_2)_yO]_n$（冠醚, m）

≡　x = 10, 12, 14, 16, 20

图 2.23　逐步增长聚合法制备基于冠醚的非功能化脂肪族 A 类准聚轮烷[113~115]

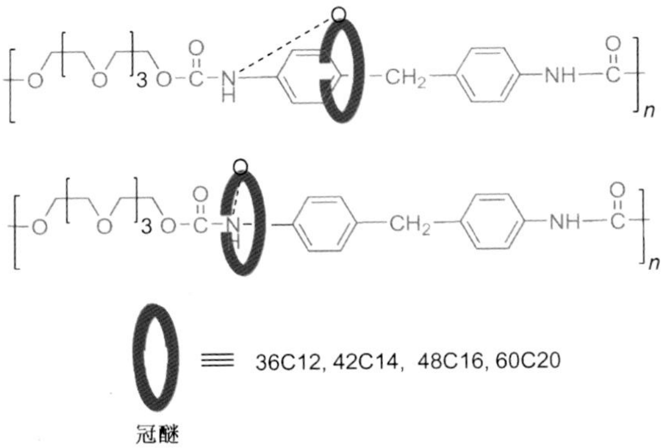

$[O—(CH_2CH_2O)_3—C(=O)—NH—C_6H_4—CH_2—C_6H_4—NH—C(=O)]_n$

≡ 36C12, 42C14, 48C16, 60C20

冠醚

图 2.24　逐步增长聚合法制备基于冠醚的非功能化聚氨基甲酸酯 A 类准聚轮烷[116,117]

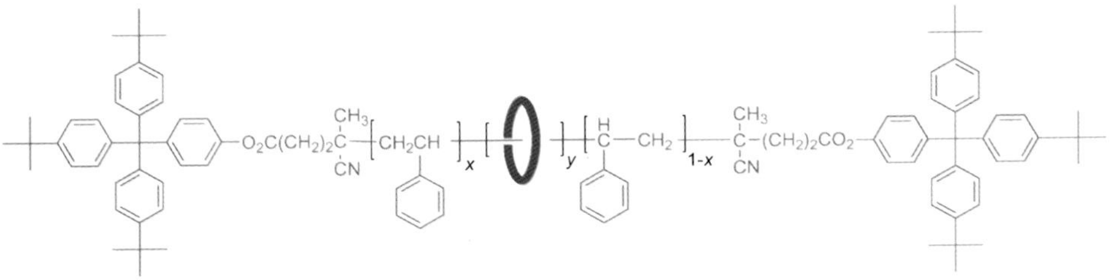

$O_2C(CH_2)_2C(CH_3)(CN)$—$[CH_2CH(C_6H_5)]_x$—[冠醚]$_y$—$[CH(C_6H_5)—CH_2]_{1-x}$—$C(CH_3)(CN)—(CH_2)_2CO_2$

图 2.25　逐步增长聚合法制备基于冠醚的 E 类聚轮烷[118,119]

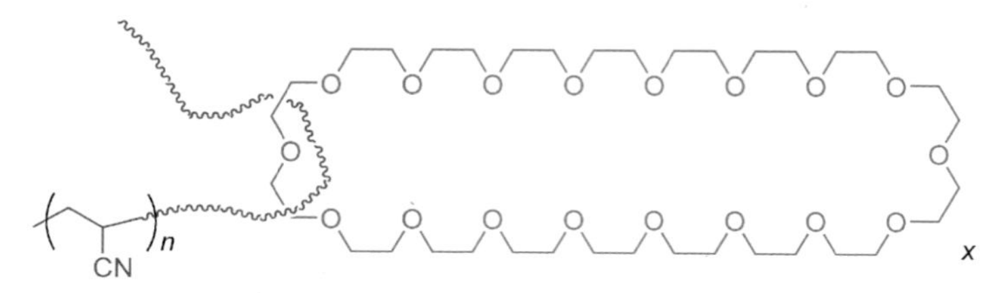

图 2.26　逐步增长聚合法制备基于冠醚的聚丙烯腈体系 A 类准聚轮烷[120,121]

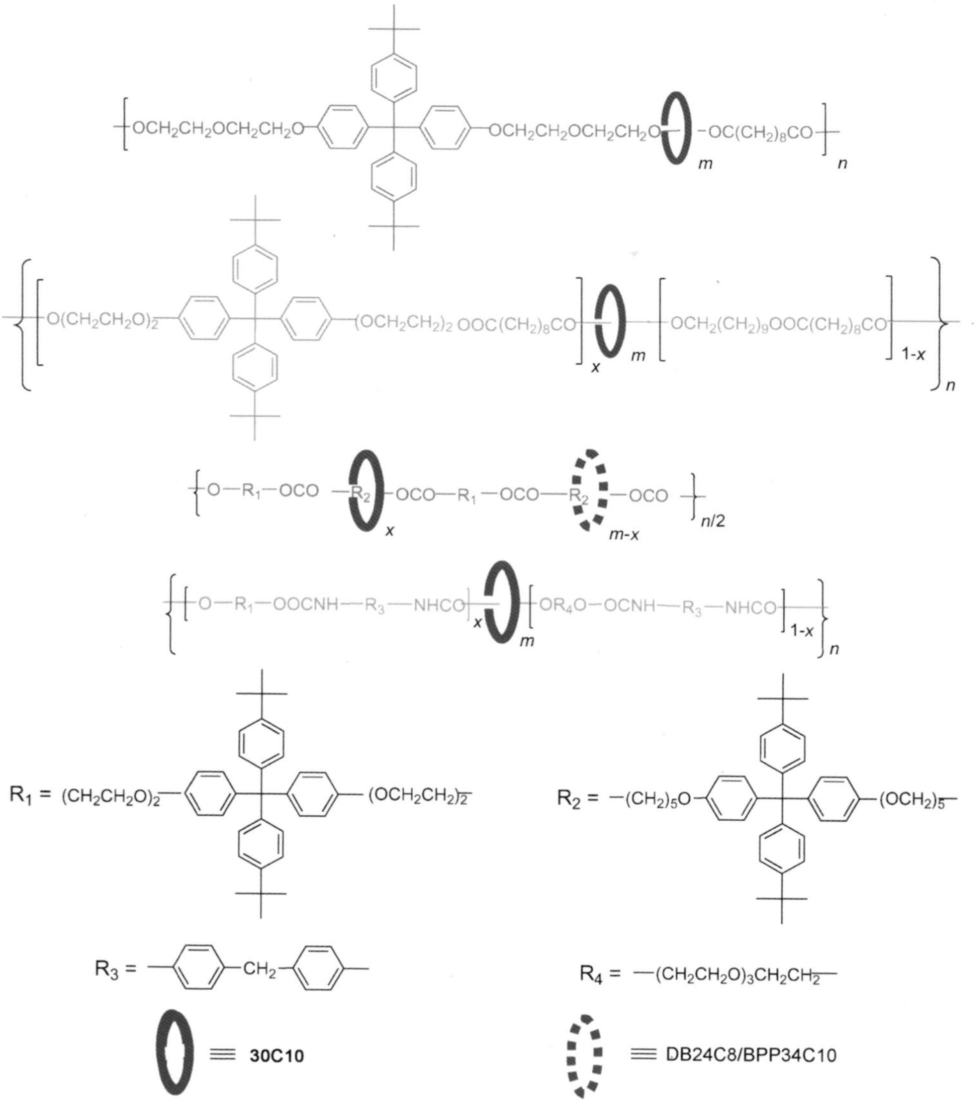

R_1 = $(CH_2CH_2O)_2$—

R_2 = —$(CH_2)_5O$—

R_3 = —⟨⟩—CH_2—⟨⟩—

R_4 = —$(CH_2CH_2O)_3CH_2CH_2$—

≡ 30C10

≡ DB24C8/BPP34C10

图 2.27　逐步增长聚合法制备基于冠醚的 F 类聚轮烷[122~126]

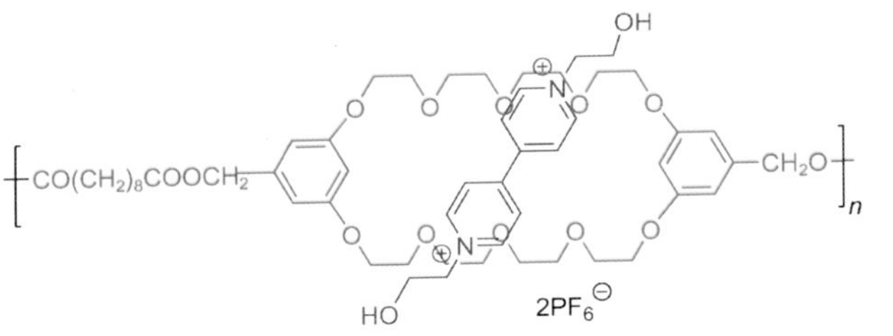

图 2.28　逐步增长聚合法制备基于冠醚的 B 类准聚轮烷[127,128]

Takata 等人[136]根据先合成轮烷再将其聚合制备聚轮烷的思路，通过乙烯功能化的轮烷和二卤代芳烃进行 Mizoroki-Heck 偶联反应制备双苯并-24-冠-8 (DB24C8)聚轮烷(图 2.29)。他们首先通过 Wittig 反应制备乙烯功能化的 DB24C8(**4**)，再以 **4** 为大环、二级铵盐 **5a** 为中心轴、3,5-二甲基安息香酸酐为封端试剂、三丁基膦为催化剂合成轮烷 **6**，产率达 72 %，又经三乙胺和乙酸酐处理得轮烷 **7**。他们利用类似的方法合成了叔丁基取代轮烷 **9**。最后，他们将轮烷 **7** 和二卤代物 **10** 在 $n-Bu_3N$ 作用下通过 Pd 催化的偶联反应制得 H 类聚轮烷 **11**。用类似的方法使 **7** 和 **9** 发生混合缩聚，可制得含两个不同客体的 H 类聚轮烷 **12**。这是首次通过上述方法来合成此类聚轮烷，为聚轮烷的合成提供了一种通用的新方法。

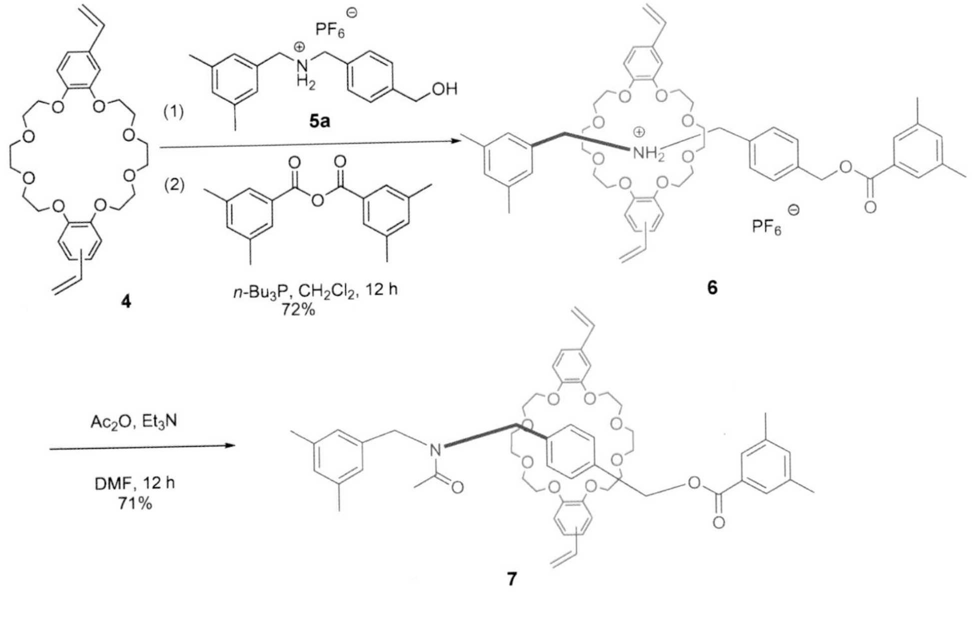

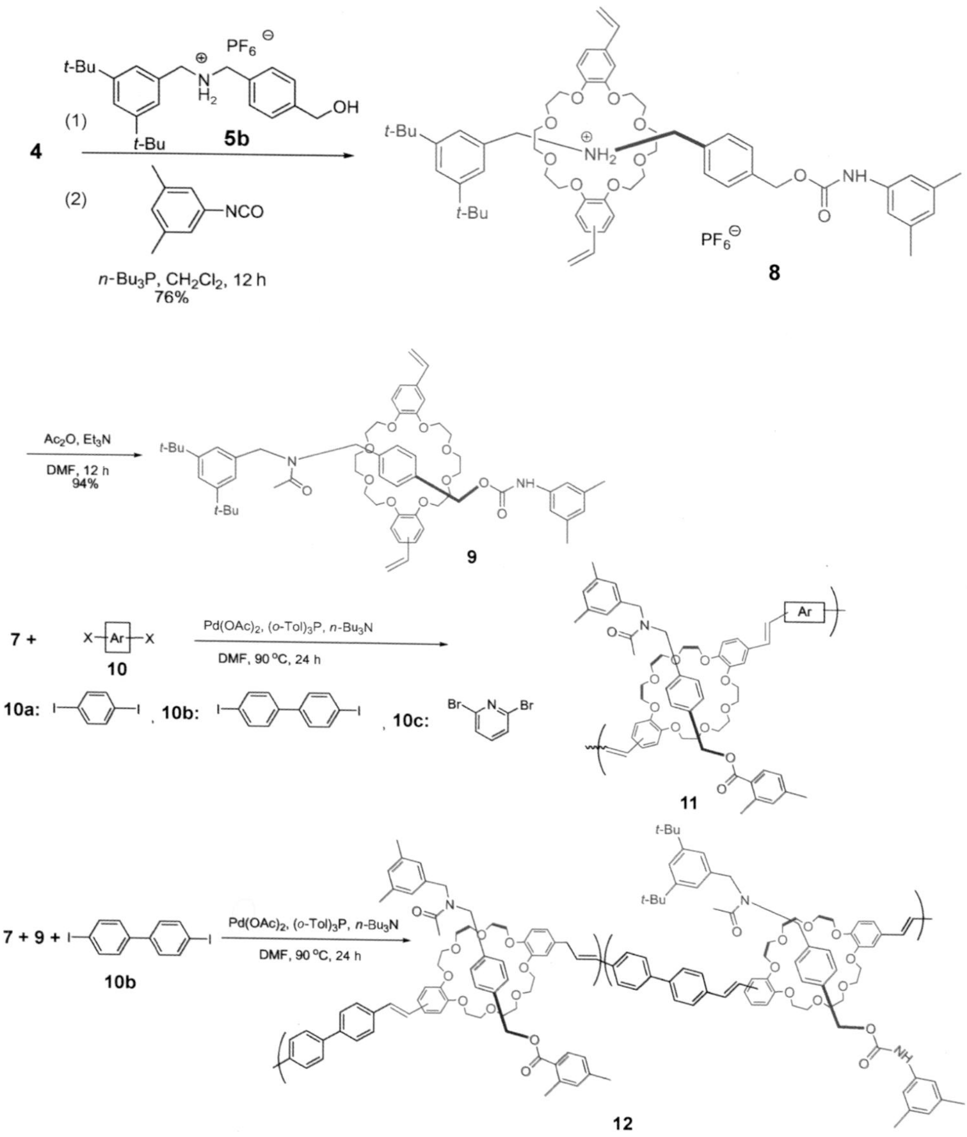

图 2.29　基于双苯并-24-冠-8的主链聚轮烷的制备[136]

3. 基于百草枯环番的主链准聚轮烷和聚轮烷

Paraquat 客体环化后的产物百草枯环番具有缺电子的共轭刚性结构，它与含芳香环的富电子客体之间可以发生 π-π 堆积相互作用和电荷转移。化学家们基于这些相互作用构筑了很多准聚轮烷。

Hodge 等[137,138]制备了一系列基于二(paraquat -亚苯基)环番的准聚轮烷(图 2.30)。结果显示,氢键相互作用、π - π 堆积相互作用及电荷转移是构筑准聚轮烷的有效驱动力。Mason 和其合作者也研究了类似体系,不过他们将研究的重点放在大环和线性轴识别的过程和分子的运动方式方面。二(paraquat -亚苯基)环番也可以用来制备机械耦合准聚轮烷[139,140](图 2.31)和基于共轭聚合物的高导电性准聚轮烷[141](图 2.32)。

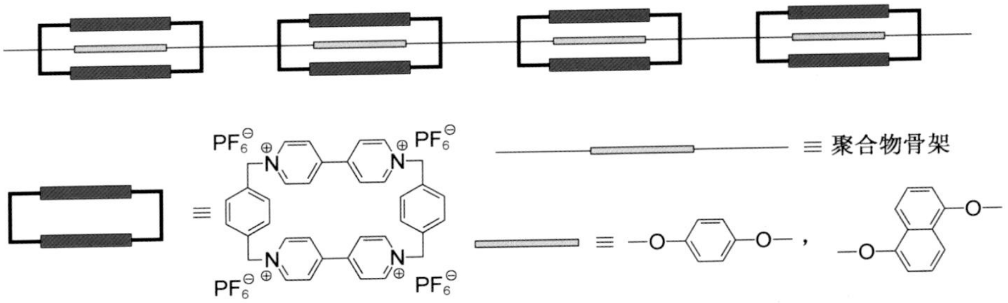

≡ 聚合物骨架

图 2.30　基于百草枯环番的准聚轮烷[137,138]

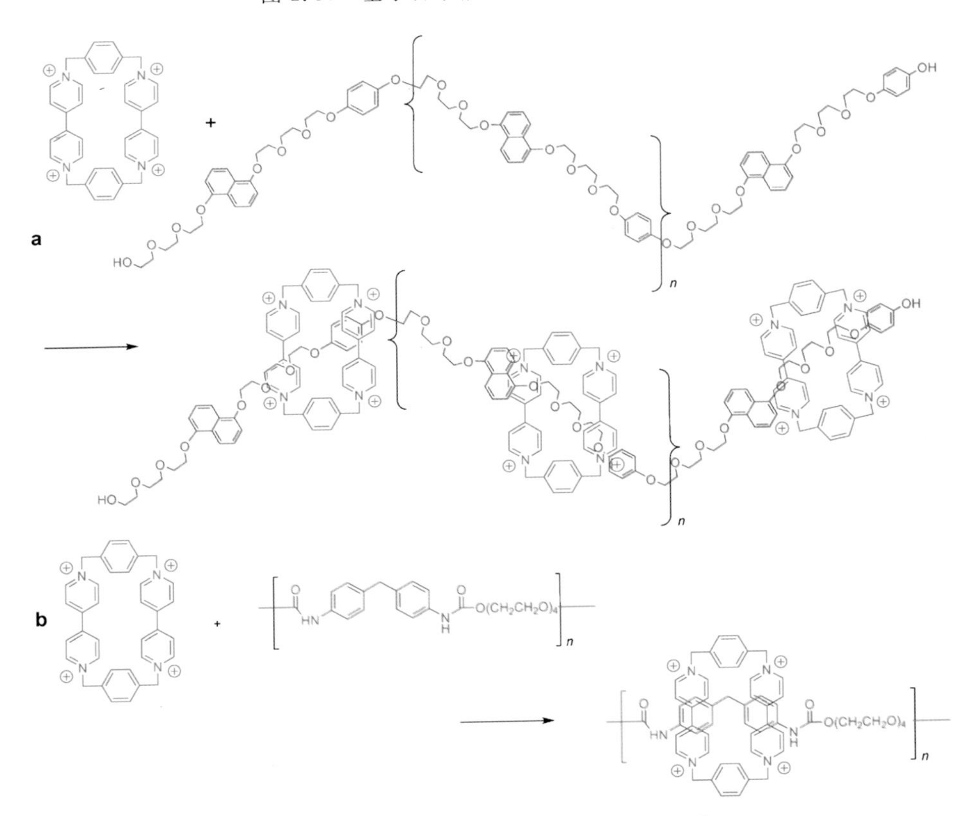

图 2.31　机械耦合准聚轮烷的制备[139,140]

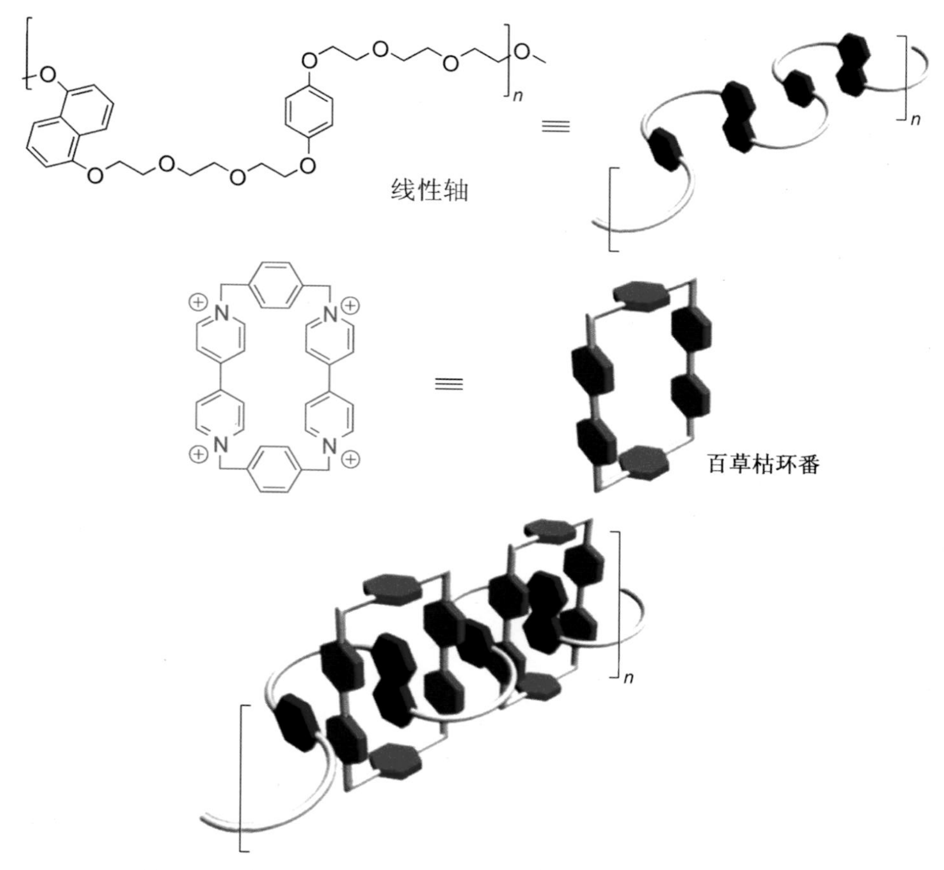

图 2.32　基于百草枯环番的共轭聚合物的高导电性准聚轮烷[141]

2.2.2　侧链准聚轮烷和聚轮烷的合成和应用

准轮烷或轮烷与侧链上含有反应活性功能基团的聚合物形成共价键是合成侧链准聚轮烷和聚轮烷的方法之一。如图 2.33 所示，Ritter 与其合作者在 1991 年首次利用此法制备了基于环糊精的聚轮烷[143]，将聚丙烯酸甲酯侧链上所带羧基经过氯代后与尾端带有氨基的准轮烷反应而制得。他们还利用侧链带羧基的聚醚砜来制备聚轮烷[144]（图 2.34）。Osakada 等人制备了基于冠醚的聚(苯并咪唑)侧链聚轮烷[145]（图 2.35）。最近，Tsutomu 等人利用自由基聚合反应合成了含二级铵盐、三苯甲基和石蜡的聚合物，并在卡宾催化剂存在的条件下与双苯并-24-冠-8 发生烯烃复分解反应，制备了包含一定交联结构的侧链聚轮烷[146]。

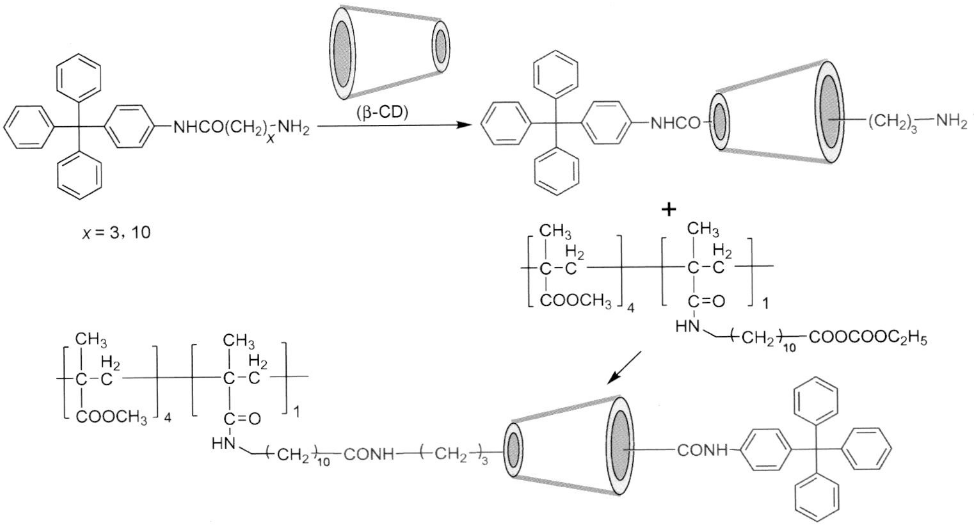

图 2.33　利用侧链带有羧基的聚丙烯酸甲酯和准轮烷反应制备 J 类侧链聚轮烷[143]

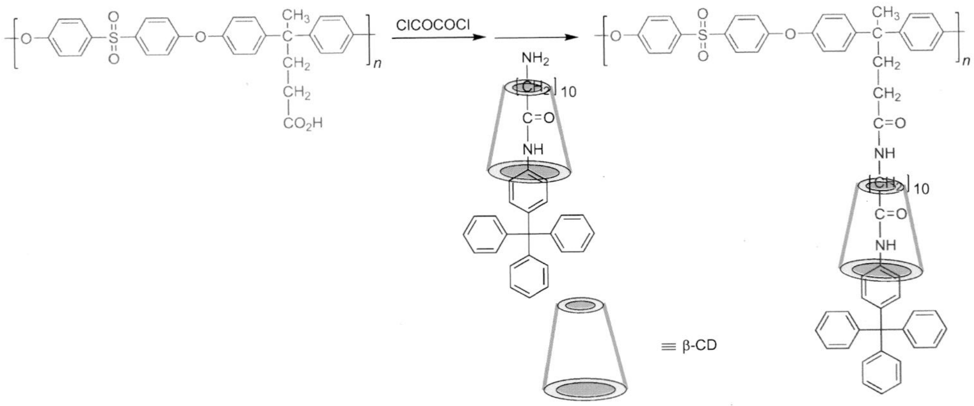

图 2.34　利用侧链带羧基的聚醚砜制备 J 类侧链聚轮烷[144]

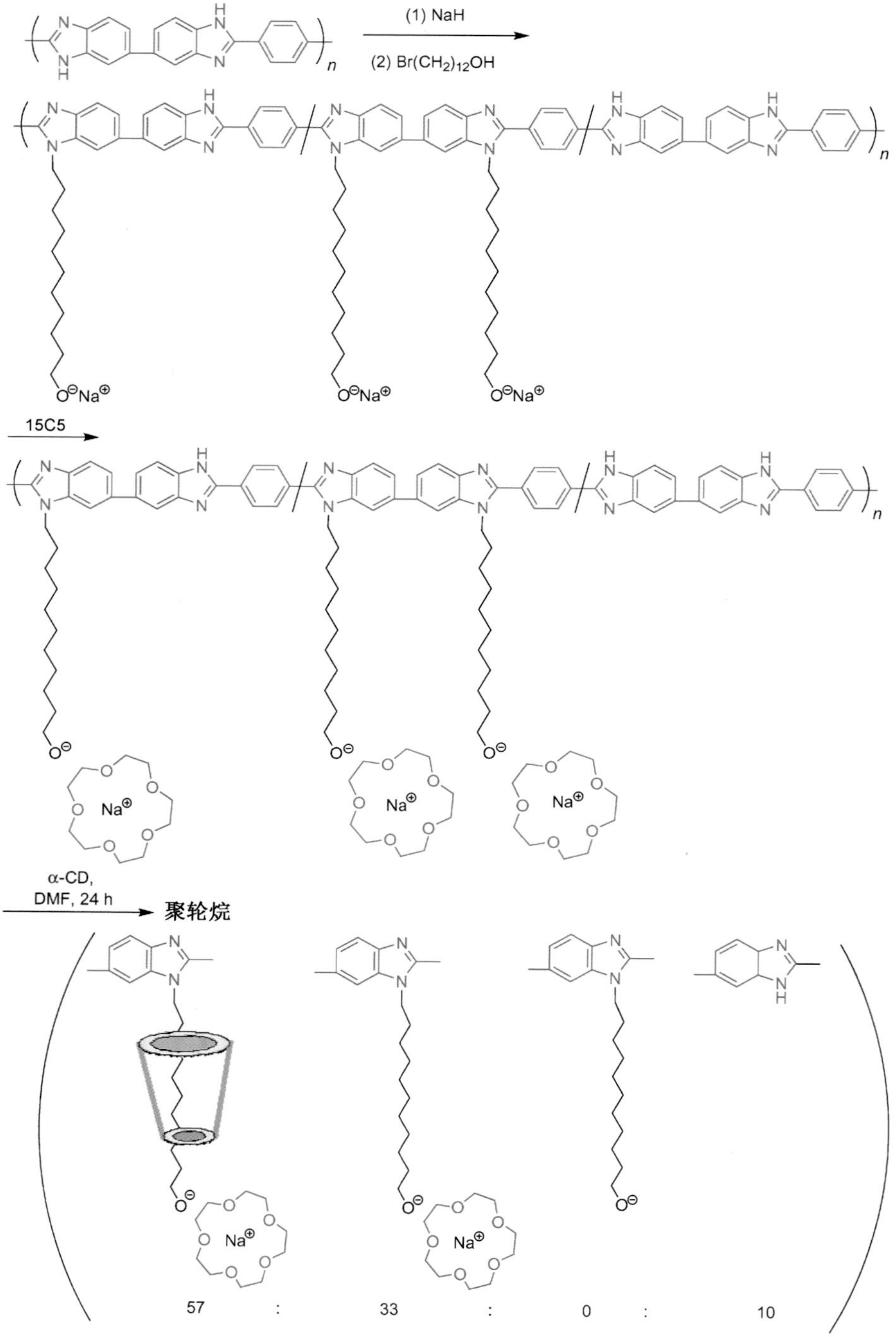

(1) NaH

(2) $Br(CH_2)_{12}OH$

15C5

α-CD,
DMF, 24 h

聚轮烷

57 : 33 : 0 : 10

图 2.35 制备基于环糊精的冠醚为封端基团的侧链聚轮烷[145]

利用准轮烷、半轮烷(semirotaxane)或轮烷单体的聚合,也可制备侧链准聚轮烷和聚轮烷。Takata 等人以冠醚为大环、丙烯酸酯为轴的半轮烷通过自由基聚合的方法制备侧链聚轮烷[147](图 2.36),将由百草枯环番与含乙烯基线性分子组成的准轮烷单体进行聚合制备聚轮烷[148]。Gibson 课题组也通过类似方法制备了基于冠醚的 D 类准聚轮烷[149](图 2.37)和 J 类聚轮烷[150](图 2.38)。

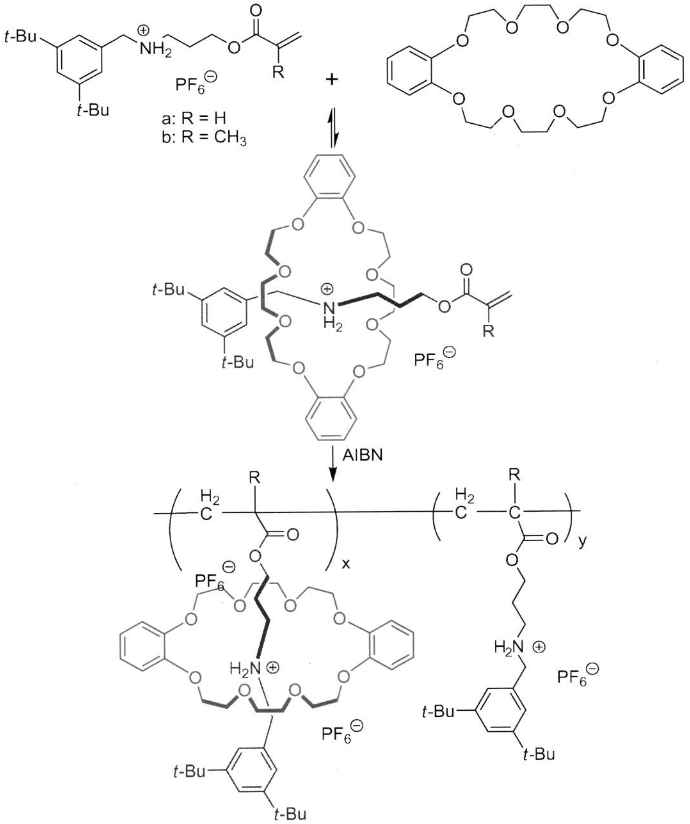

图 2.36　通过对冠醚为大环、含二级铵盐丙烯酸酯衍生物为轴的半轮烷进行聚合而制备侧链聚轮烷[147]

也有研究者先合成侧链带有大环的聚合物,再依靠分子识别在侧链上生成准轮烷的方法制备侧链准聚轮烷,然后封端制备聚轮烷。比如 Swager 等就利用此法合成了基于双官能团冠醚的侧链聚轮烷[151,152](图 2.39)。

利用精心设计的含有功能化基团的聚合物侧链与环糊精在水溶液中形成复合物,是一种制备聚轮烷和准聚轮烷的简单方法[153~157]。Ritter 等人通过自由基聚合,合成了具有亲水主链、疏水侧链的聚合物,甲基取代的环糊精与其侧链包合形成水溶性聚轮烷。这类水溶性聚合物近年来在家居和工业上都有广泛应用[157](图 2.40)。

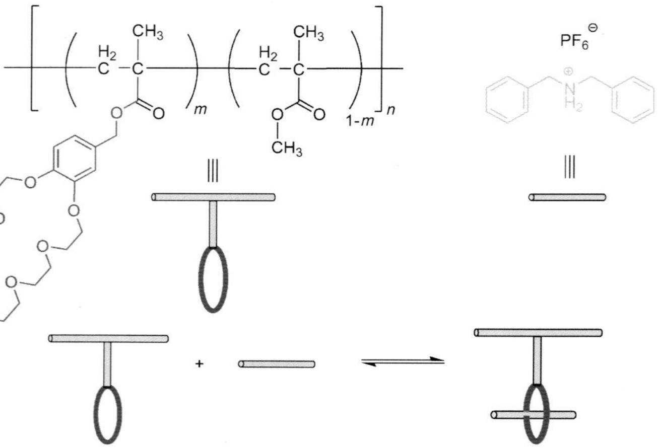

图 2.37　基于冠醚的 D 类准聚轮烷[149]

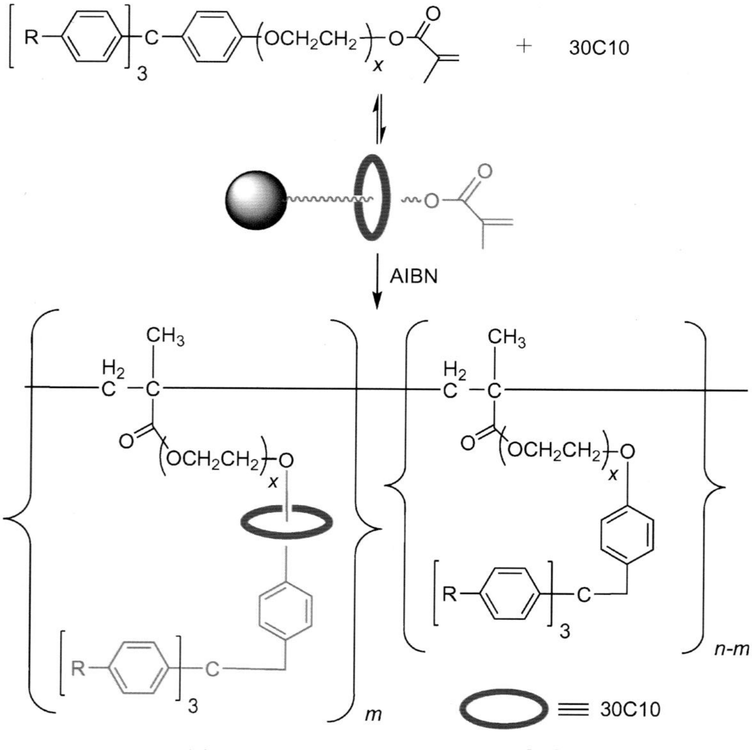

图 2.38　基于冠醚的 J 类聚轮烷[150]

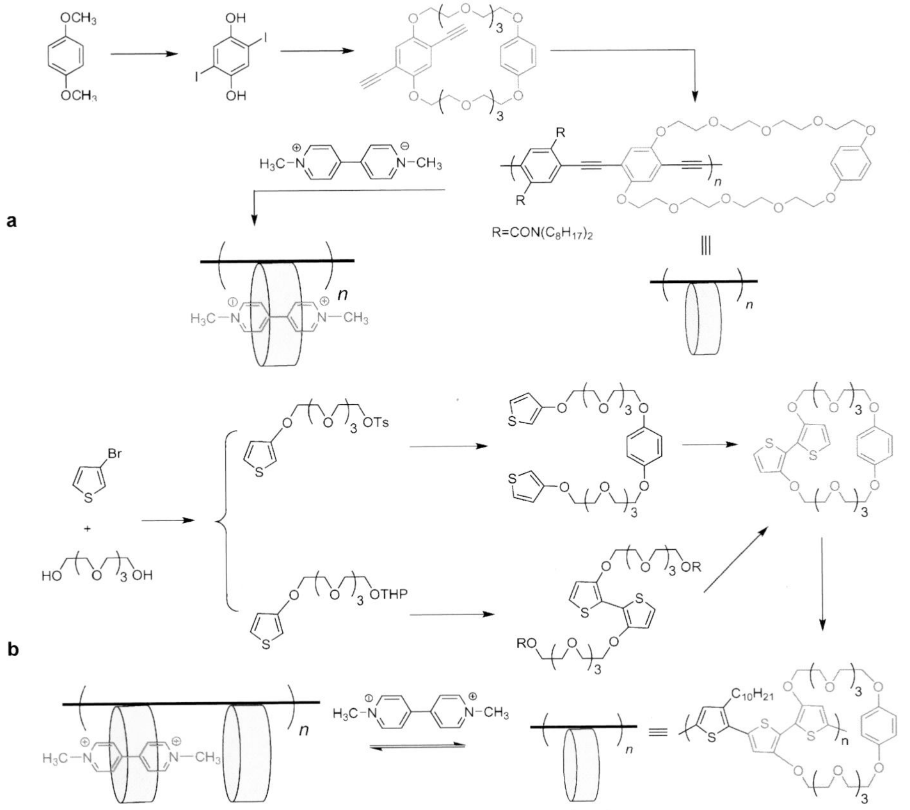

图 2.39　用先合成侧链带有大环的聚合物，再依靠分子识别在侧链上生成准轮烷的方法制备侧链准聚轮烷[151,152]

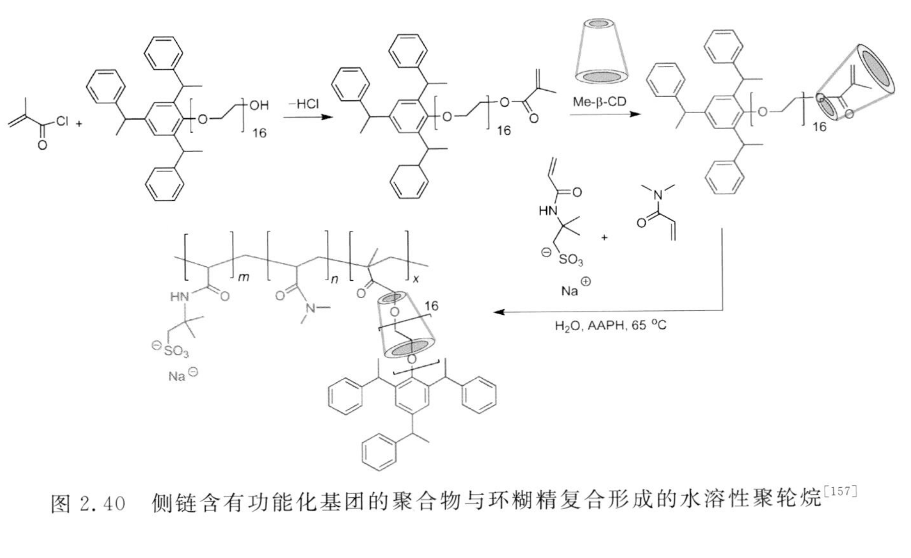

图 2.40　侧链含有功能化基团的聚合物与环糊精复合形成的水溶性聚轮烷[157]

2.2.3 其他准聚轮烷和聚轮烷及相关结构的合成和应用

葫芦脲是一种由甘脲或甘脲衍生物为重复单元所构成的葫芦状或南瓜状多元大环。含有5～10个重复单元的葫芦脲都已被制备出来,但这里我们仅以最常见的6个重复单元的葫芦脲来讨论,其结构见图2.41。葫芦脲具有与α-CD大小相近的疏水空腔、高度对称的结构及两个同样大的端口。端口的羰基会通过电荷-偶极相互作用和氢键相互作用与离子或分子结合。

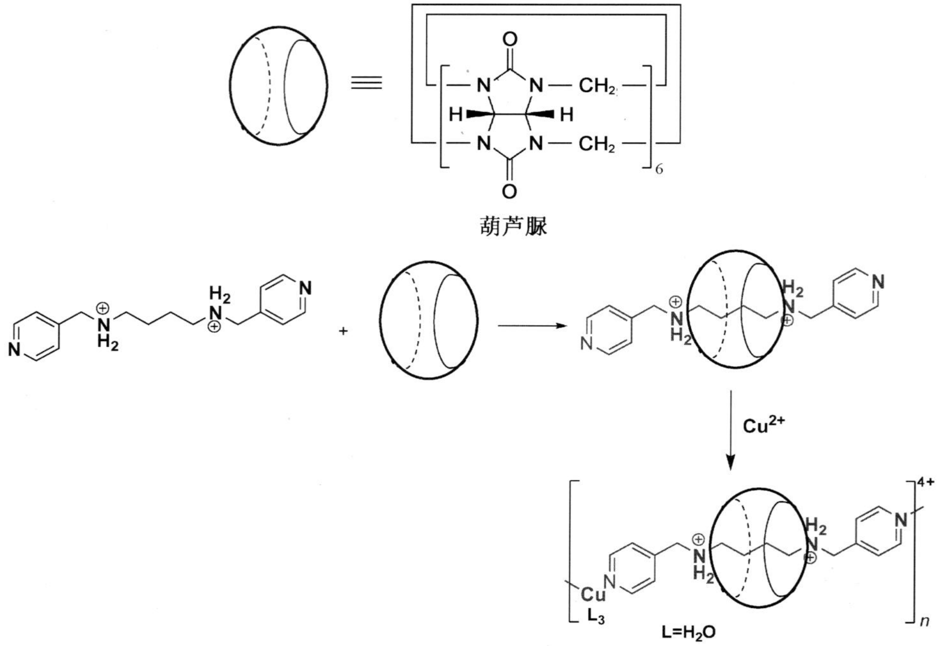

O
N N CH_2
H H
N N CH_2
O
6

葫芦脲

N H_2 N N H_2 +

Cu^{2+}

Cu L_3 N H_2 H_2 N $4+$ n

$L=H_2O$

图2.41 基于葫芦脲的一维聚轮烷的制备[158]

Kim课题组通过自组装和协同作用构筑了基于葫芦脲的一系列准聚轮烷和聚轮烷。这些研究的主导思想是,先将葫芦脲与两端含吡啶的线性分子组装成准轮烷,再利用金属配位作用将这些准轮烷组装成一维或二维聚轮烷。当葫芦脲和二级铵盐客体形成准轮烷后,加入$Cu(NO_3)_2$可制备一维聚轮烷[158](图2.41)。这是第一个依靠协同作用形成的、在每一个重复单元中都含有大环的聚合物,也是第一个有确切单晶结构的聚合物。在准轮烷中加入$AgNO_3$则得到二维聚轮烷[159](图2.42)。他们还用镧系离子作交联剂,从含有氰端基的准轮烷制备了三维聚轮烷[160](图2.43)。此后,他们还制备了基于葫芦脲的双链一维聚轮烷、zig-zag一维聚轮烷[161](图2.44)及侧链准聚轮烷[162,163](图2.45)。

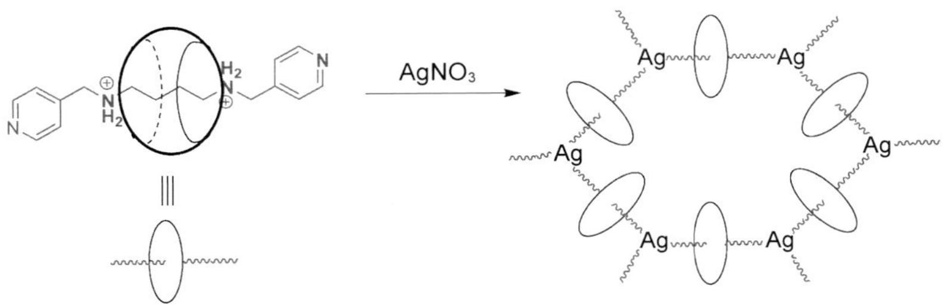

图 2.42　基于葫芦脲的二维聚轮烷的制备[159]

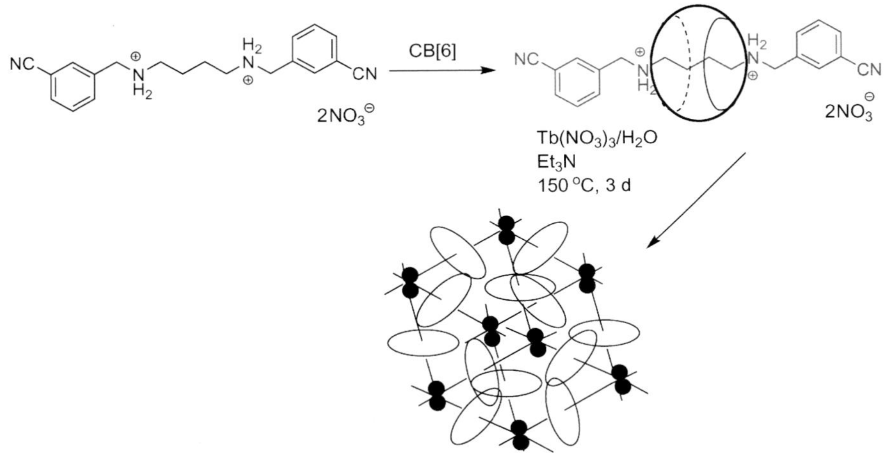

图 2.43　基于葫芦脲的三维聚轮烷的制备[160]

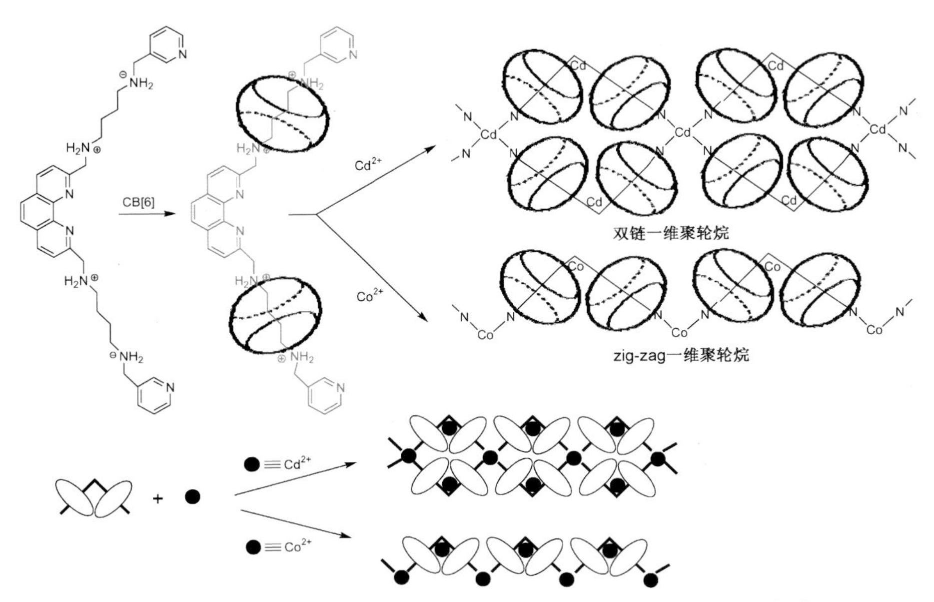

图 2.44　基于葫芦脲的双链一维聚轮烷和 zig-zag 一维聚轮烷[161]

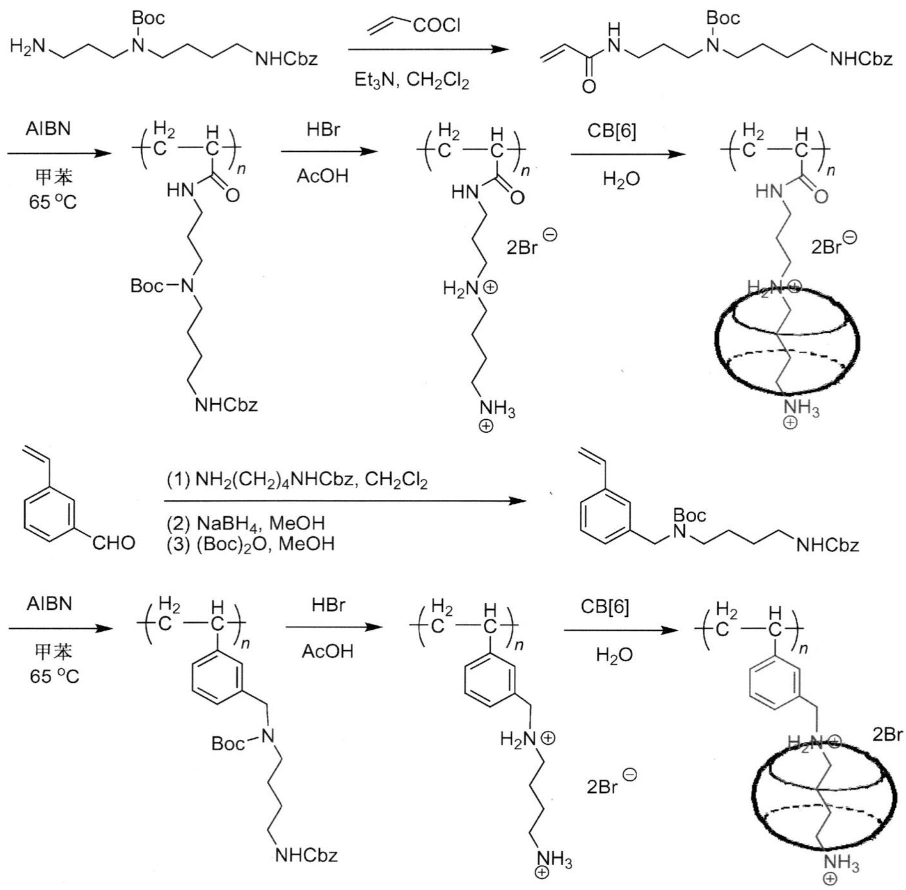

图 2.45 基于葫芦脲的侧链准聚轮烷[162,163]

葫芦脲也被用来通过界面缩聚制备基于聚酰胺的主链准聚轮烷和聚轮烷[164,165](图 2.46),通过催化自组装制备主链聚轮烷[166](图 2.47),以及通过将葫芦脲穿入预先制备的线性聚合物的方法(post-threading)制备主链准聚轮烷[167](图 2.48)。此外,Joachim 等人通过 1,3 -偶极环加成反应制备了 pH 响应的基于葫芦脲的准聚轮烷[168](图 2.49)。

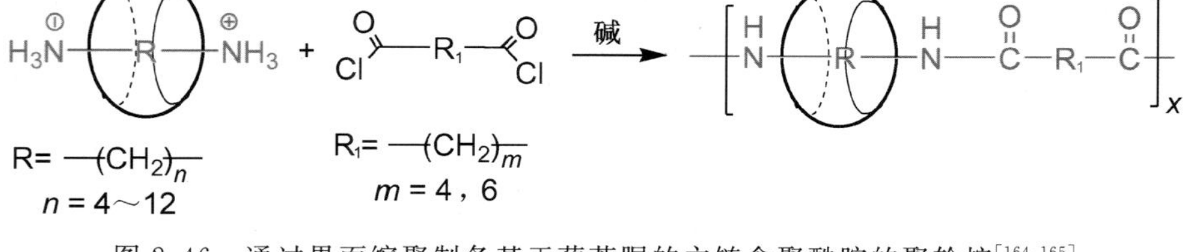

图 2.46 通过界面缩聚制备基于葫芦脲的主链含聚酰胺的聚轮烷[164,165]

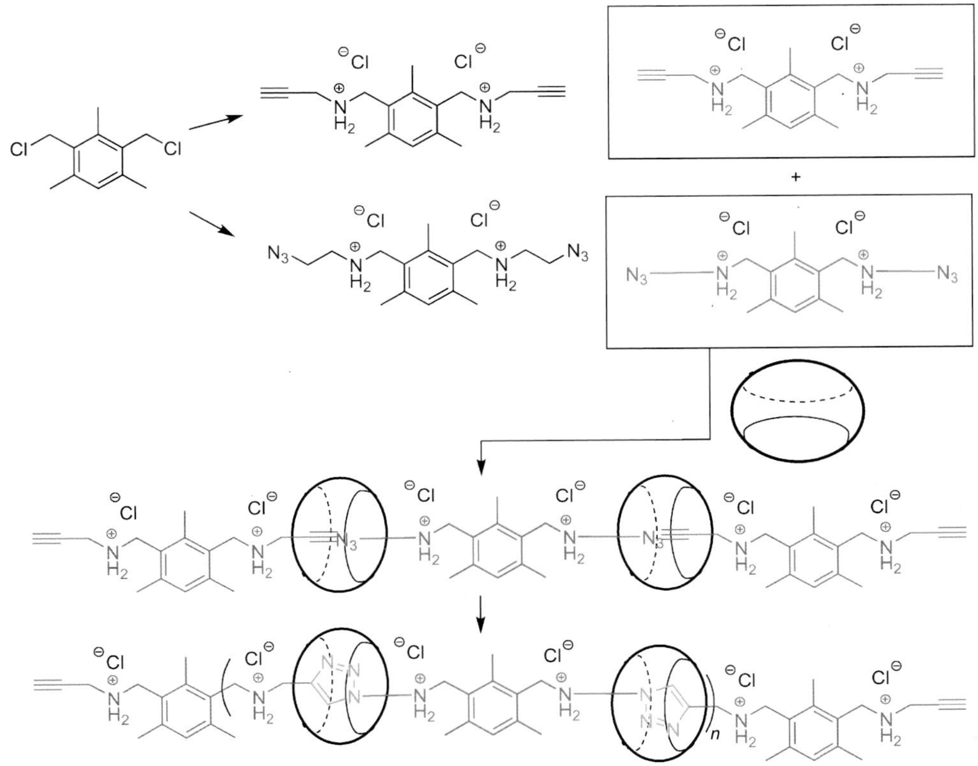

图 2.47　通过催化自组装制备基于葫芦脲的主链聚轮烷[166]

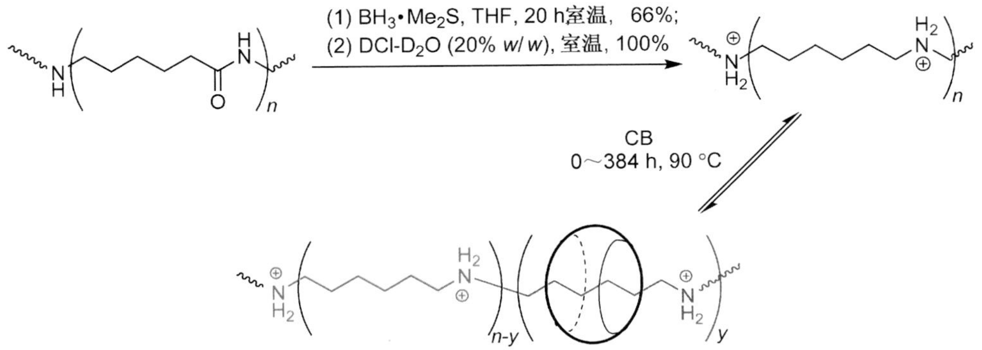

图 2.48　通过 post-threading 法制备基于葫芦脲的主链准聚轮烷[167]

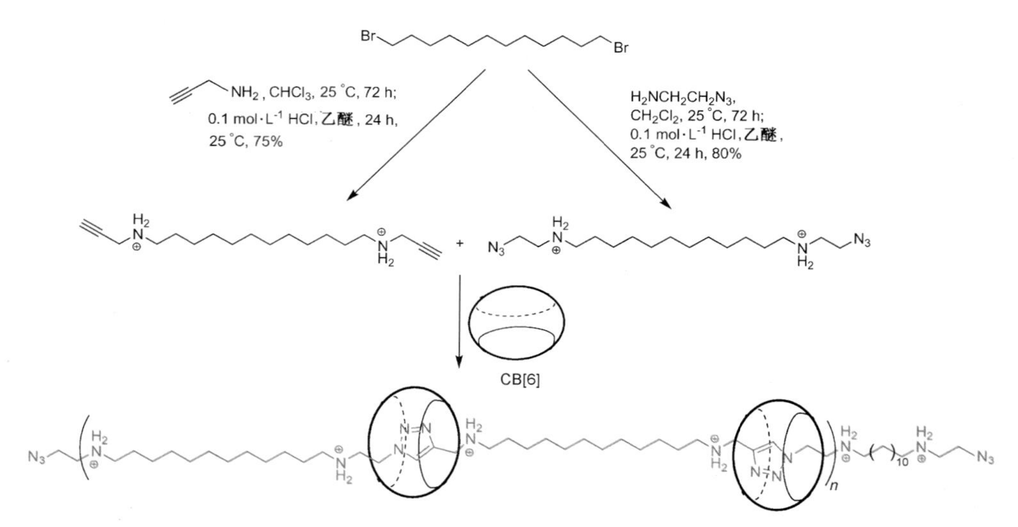

图 2.49　通过 1,3 -偶极环加成反应制备 pH 响应的葫芦脲的准聚轮烷[168]

2.3　聚索烃的合成和应用

聚索烃是索烃的高分子类似物，是一类新的聚合材料。依靠彼此独立且相扣的环，以非共价键相互作用作为支撑，n 个索烃单元聚合为聚索烃。目前关于聚索烃的研究成果还不太多，但它已经逐渐引起科学家们的重视。

聚索烃的制备方法总的来说可分为两种。

一种是在 20 世纪 90 年代由 Stoddart 等人发展起来的[169~175]，即在[2]索烃上引入双功能基团，再通过[2]索烃间共价键聚合或者共聚反应得到主链聚[2]索烃（图 2.50a、b）。另外，也可以通过单功能基团取代的索烃与聚合物骨架之间的接枝来得到侧链聚[2]索烃（图 2.50c）。

例如，他们通过图 2.50b 的方法，制备了基于百草枯环番和含萘环的聚醚的主链聚索烃（图 2.51）[176]。

第二种方法是将所有环以机械键结合连接。所制备的聚索烃可能的拓扑结构见图 2.52。

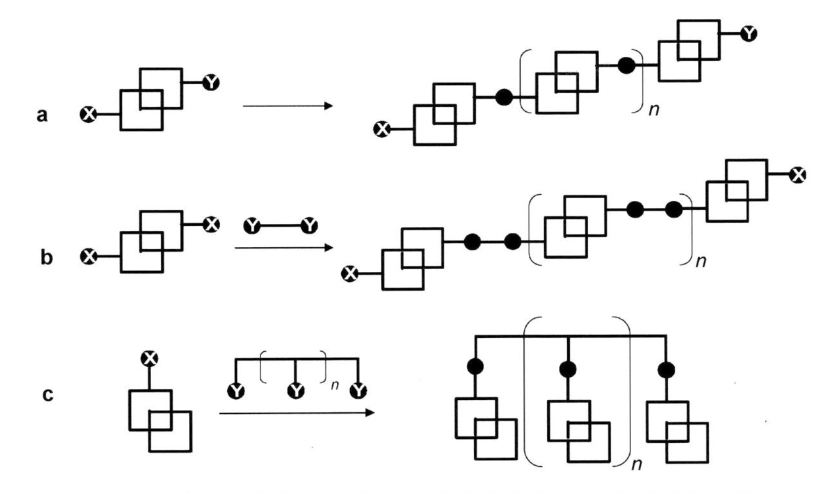

图 2.50　利用聚合[2]索烃方法合成主链聚索烃(a、b)和侧链聚索烃(c)

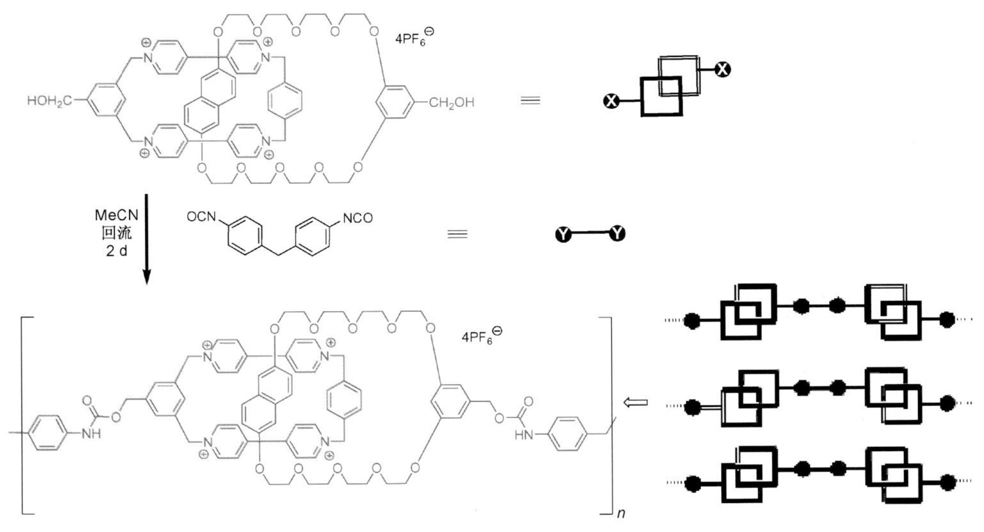

图 2.51　利用图 2.50b 所示方法制备主链聚索烃[176]

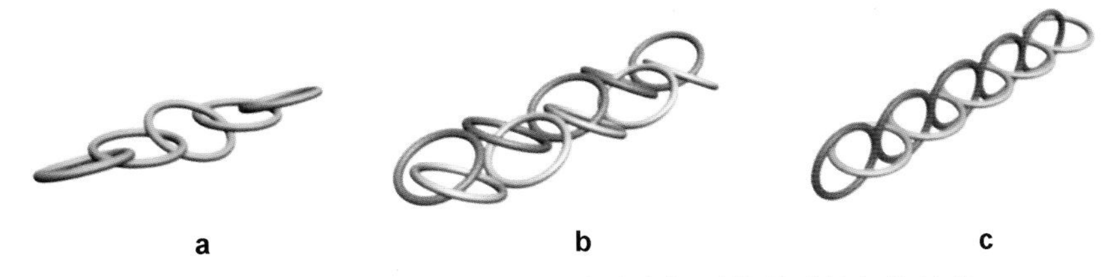

图 2.52　单纯机械键连接而形成聚索烃可能得到的拓扑结构

Fromm 等人利用 Ag 离子的配位作用制备了如图 2.52b 所示的聚索烃[177]。首先，他们将 $AgPF_6$ 的水溶液与四氢呋喃混合，然后向溶有配体 **1**(图 2.53a)的四氢呋喃和乙醇的有机混合溶液慢慢渗透，得到通过 Ag 离子的配位作用的一维环链状复合物(图 2.53b)。利用乙醇代替四氢呋喃作为帮助连接 N 原子和 Ag 离子的介质，则可得到图 2.52b 所示类型的二维聚索烃(图 2.53c)。

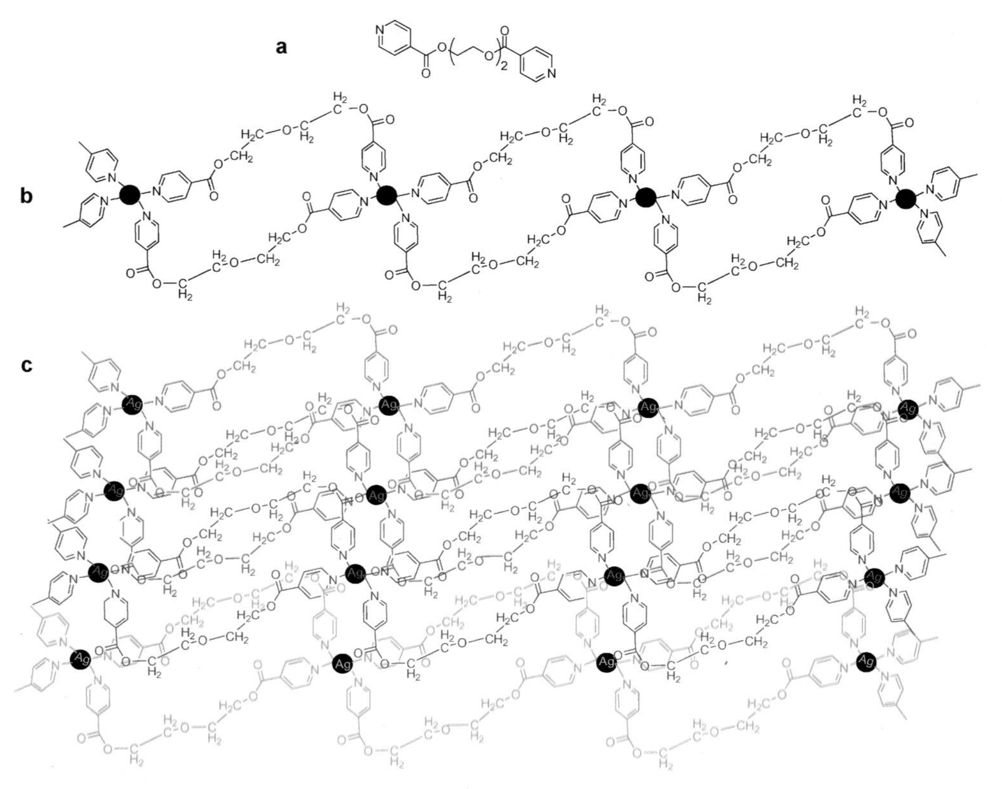

图 2.53　配体 1(a)、一维环链状复合物(b)、图 2.52b 所示类型的二维聚索烃(c)[177]

图 2.52c 所示的最常见的是分子梯(molecular ladder)型聚索烃。例如，孙等人[178]利用阶层法(layering method)制备了第一个基于强氢键的聚集作用、由两个分子梯(单个分子梯结构见图 2.54a)环环相套形成的聚索烃 $(NH_4)_{1.5}[1,3,5-C_6H_3(CH_2COOH)_{1.5}(CH_2COO)_{1.5}]$，两个分子梯之间的二面角为 83°(图 2.54b)。制备的具体方法为，在 1,3,5-乙酸基苯的丙酮溶液和新制备的 $[Ag(NH_3)_2]NO_3$ 水溶液与 DMSO 的混合溶液($V_水 : V_{DMSO}=1:4$)之间慢慢渗透，逐渐形成聚索烃晶体结构，产率为 40%。

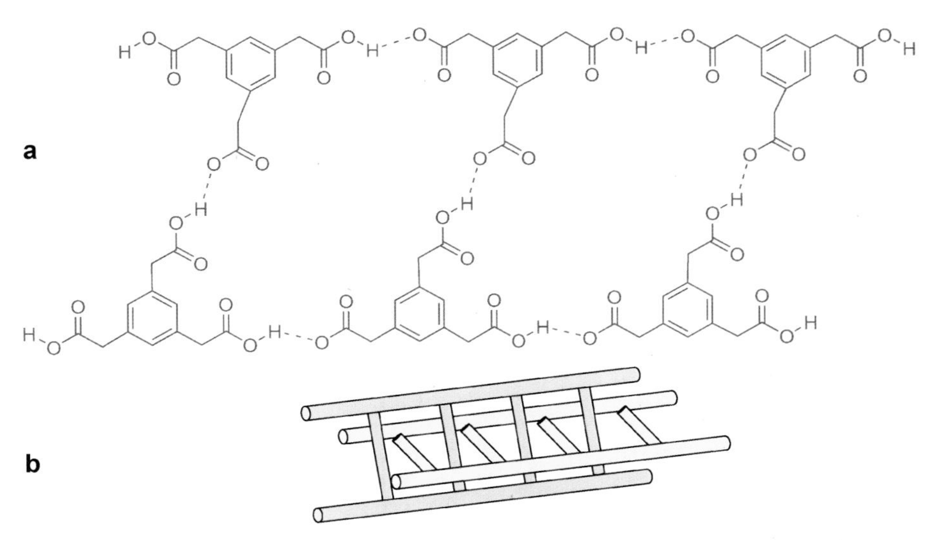

图 2.54　一维分子梯(a)、两个分子梯相互渗透形成的一维聚索烃(b)[178]

Champness 和 Schröder 等人报道了由一维分子梯制备二维聚索烃的例子[179]。聚索烃[$Cu_2(MeCN)_2L_3$]PF_6(L=1,4-二(4-吡啶)丁二炔)在一维方向上形成波浪形分子梯,而每个分子梯与旁边的两个分子梯形成二维缠绕的层状聚索烃(图 2.55)。

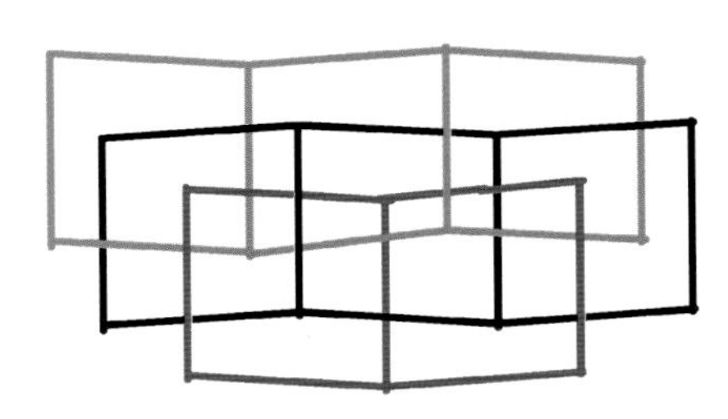

图 2.55　由一维分子梯制备的二维聚索烃结构单元[179]

Ciani 等人以 bpethy 配体通过 N 原子与 Zn^{2+} 和 Co^{2+} 配位,得到了金属离子与配体比例为 2∶3 的三维聚索烃[$M_2(bpethy)_3(NO_3)_4$]($M=Zn^{2+}, Co^{2+}$),结构见图 2.56[180]。Fujita 和 Ogura 等人则通过 $Cd(NO_3)_2$ 与含吡啶的配体 **2** 复合,利用配体 **2** 上的 N 原子与 Cd^{2+} 配位,得到了特殊的中间有长的两个锯齿状空间结构的分子梯[$Cd_2(\mathbf{2})_3$]$(NO_3)_4$(图 2.57a)。每个分子梯有可能聚合 4 个分子梯,形成三维聚索烃(图 2.57b),后者可通过培养单晶而得到[181]。

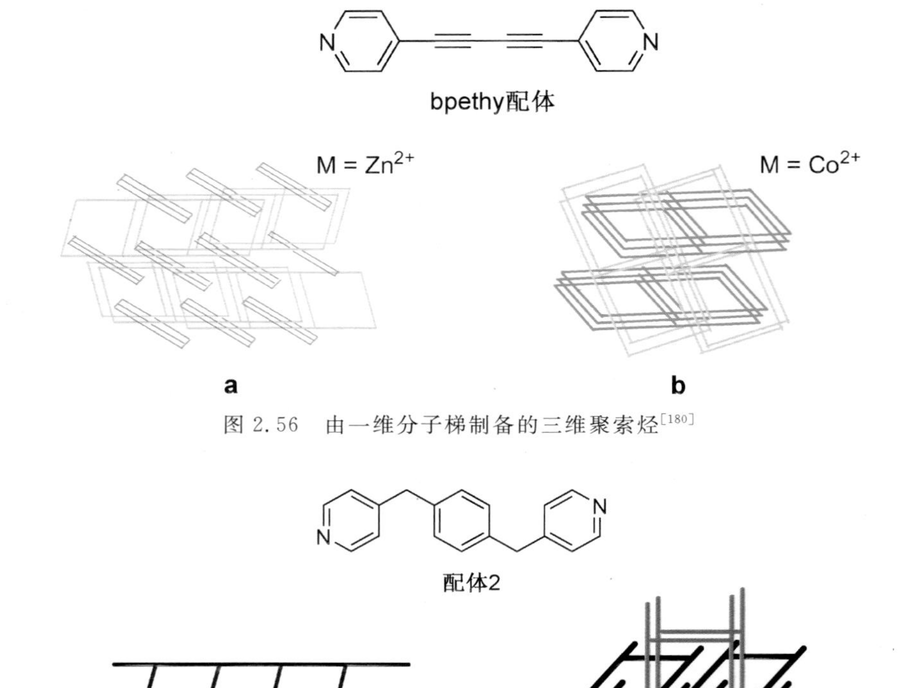

图 2.56　由一维分子梯制备的三维聚索烃[180]

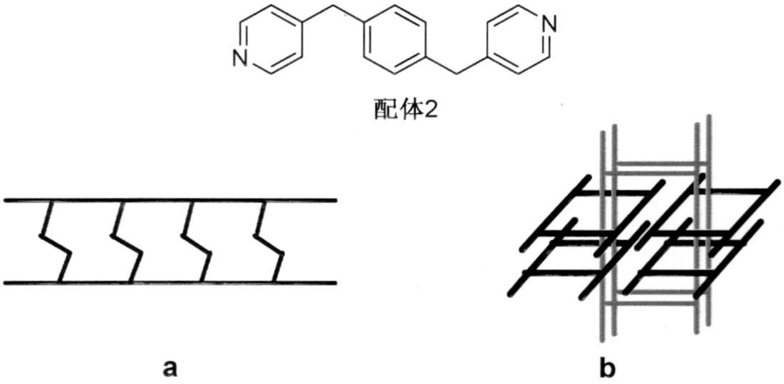

图 2.57　中间有两个锯齿状结构的分子梯(a)及相应的三维聚索烃(b)[181]

图 2.52a 所示类型的聚索烃是利用一个完整的环与末端带活性取代基的小分子片断发生[n]+[n]反应制得，过程如图 2.58a 所示。由于合成难度较大，目前合成的聚索烃不多。最著名的此类聚索烃是五个环聚在一起形成的奥林匹克环[182](图 2.58b)。

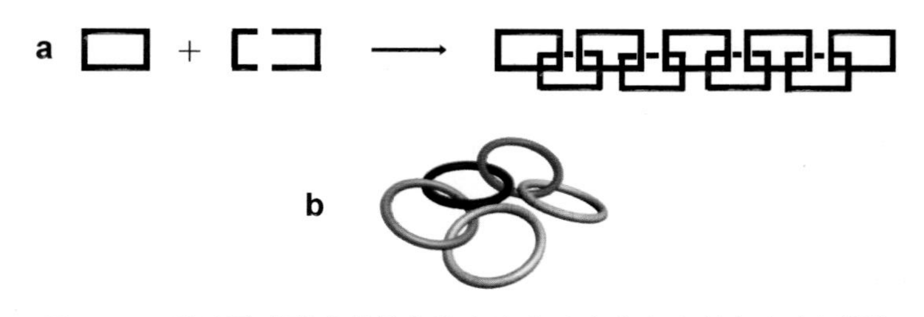

图 2.58　通过同时形成索烃和发生聚合反应的方法制备聚索烃[182]

2.4 结论与展望

目前的研究主要集中在冠醚、环糊精、双百草枯环番以及葫芦脲等大环分子通过非共价键相互作用穿套在不同高分子上而形成准聚轮烷和聚轮烷。它们特殊的拓扑结构使得准聚轮烷和聚轮烷具有不同于传统聚合物的特殊性质。根据大环分子和高分子两者在空间连接方式上的不同,准聚轮烷和聚轮烷可分为主链型和侧链型等类型。大环分子穿套在高分子主链上则属于前者,可形成分子管、绝缘分子导线等新颖高分子结构。这些准聚轮烷和聚轮烷具有降解性、温度响应性、pH值响应性等特性,可作为药物传输和基因传递的载体,拥有特殊的光电性质;大环分子穿套在高分子侧链上则属于后者,可形成主链与侧链性质(亲水-疏水性)不一样的高分子,进一步在溶液中组装成不同形貌,在生物和医药方面有着潜在的应用价值。但是现在常用来制备准聚轮烷和聚轮烷的这些大环分子或者难以制备,或者难以衍生化,开发更多廉价的、易于制备的且与多数轴状分子有良好相互作用的主体大环分子是当务之急。另外,如何使各种准聚轮烷和聚轮烷因机械互锁结构的引入而产生的特殊性质得到更为有效的应用也是未来研究的一个焦点。

由于合成困难,聚索烃的研究到目前为止还十分有限。但是聚索烃可能因其独特的拓扑结构和机械连接方式而具有特殊的性质,有可能作为一种新型材料。虽然这些还有待于更多的探索和分析,但现有的一些成果已经引起了研究者的关注。深入探索聚索烃的合成和应用,未来或将成为高分子科学发展的新方向。

参考文献

[1] Frisch H L, Wasserman E. Chemical topology. J. Am. Chem. Soc., 1961, 83: 3789-3795.

[2] Harrison T, Harrison S. The synthesis of a stable complex of a macrocycle and a threaded chain. J. Am. Chem. Soc., 1967, 89: 5723-5724.

[3] Szejtli J. Introduction and general overview of cyclodextrin chemistry. Chem. Rev., 1998, 98: 1743-1754.

[4] Lipkowitz K B. Applications of computational chemistry to the study of cyclodextrins. Chem. Rev., 1998, 98: 1829-1874.

[5] Harada A, Kamachi M. Complex formation between poly(ethylene glycol)

and α-cyclodextrin. Macromolecules, 1990, 23: 2821-2823.

[6] Wenz G, Keller B. Threading cyclodextrin rings on polymer chains. Angew. Chem. Int. Ed. Engl., 1992, 31: 197-199.

[7] Wenz G, Keller B. Speed control for cyclodextrin rings on polymer-chains. Macromol. Symp., 1994, 87: 11-16.

[8] Wenz G, Han B H, Muller A. Cyclodextrin rotaxanes and polyrotaxanes. Chem. Rev., 2006, 106: 782-817.

[9] Harada A, Li J, Kamachi M. Preparation and properties of inclusion complexes of poly(ethylene glycol) with α-cyclodextrin. Macromolecules, 1993, 26: 5698-5703.

[10] Li J, Harada A, Kamachi M. Sol-gel transition during inclusion complex formation between α-cyclodextrin and high molecular weight poy(ethylene glycol)s in aqueous solution. Polym. J., 1994, 26: 1019-1026.

[11] Harada A, Kamachi M. Complex formation between poly (ethylene glycol) and α-cyclodextrin. Macromolecules, 1990, 23: 2821-2823.

[12] Harada A, Li J, Kamachi M. Synthesis of a tubular polymer from threaded cyclodextrins. Nature, 1992, 356: 325-327.

[13] Harada A, Li J, Kamachi M. Formation of inclusion complexes of monodisperse oligo (ethylene glycol) s with α-cyclodextrin. Macromolecules, 1994, 27: 4538-4543.

[14] Wenz G, Keller B. Threading cyclodertrin rings on polymer chains. Angew. Chem. Int. Ed. Engl., 1992, 31: 197-199.

[15] Ooya T, Mori H, Terano M, Yui N. Synthesis of a biodegradable polymeric supramolecular assembly for drug delivery. Macromol. Rapid Commun., 1995, 16: 259-263.

[16] Ooya T, Yui N. Multivalent interactions between biotin-polyrotaxane conjugates and streptavidin as a model of new targeting for transporters. Controlled Release, 2002, 80: 219-228.

[17] Ooya T, Eguchi M, Yui N. Enhanced accessibility of peptide substrate toward membrane-bound metalloexopeptidase by supramolecular structure of polyrotaxane. Biomacromolecules, 2002, 2: 200-203.

[18] Fujita H, Ooya T, Yui N. Thermally induced localization of cyclodextrins in a polyrotaxane consisting of β-cyclodextrins and poly (ethylene glycol)-poly(propyleneglycol) triblock copolymer. Macromolecules, 1999, 32: 2534-2541.

[19] Fujita H, Ooya T, Yui N. Thermally-responsive of a polyrotaxane consisting of β-cyclodextrins and poly(ethylene glycol)-poly(propylene glycol) triblock-cCopolymer. Polym. J., 1999, 31: 1099-1104.

[20] Tamura M, Ueno A. Energy transfer in a rotaxane with a naphthalene-modified α-cyclodextrin threadedby dansyl-terminal poly (ethylene glycol). Chem. Lett., 1998, 27: 369-370.

[21] Liu Y, Yang Y W, Chen Y, Zou H X. Polyrotaxane with cyclodextrins as stoppers and its assembly behavior. Macromolecules, 2005, 38: 5838-5840.

[22] Ooya T, Ito A, Yui N. Preparation of α-cyclodextrin-terminated polyrotaxane consisting of β-cyclodextrins and pluronic as a building block of a biodegradable network. Macromol. Biosci., 2005, 5: 379-383.

[23] Yui N, Ooya T, Kumano T. Effect of biodegradable polyrotaxanes on platelet activation. Bioconj. Chem., 1998, 9: 118-125.

[24] Watanabe J, Ooya T, Yui N. Preparation and characterization of a polyrotaxane with non-enzymatically hydrolyzable stoppers. Chem. Lett., 1998, 1031-1032.

[25] Ooya T, Yui N. Supramolecular dissociation of biodegradable poly-rotaxanes by enzymatic terminal hydrolysis. Macromol. Chem. Phys., 1998, 199: 2311-2320.

[26] Watanabe J, Ooya T, Yui N. Effect of acetylation of biodegradable poly-rotaxanes on its supramolecular dissociation via terminal ester hydrolysis. J. Biomater. Sci. Polym. Ed., 1999, 10: 1275-1288.

[27] Kamimura W, Ooya T, Yui N. Interaction of supramolecular assembly with hairless rat stratum corneum. J. Controlled Release, 1997, 44: 295-299.

[28] Ooya T, Yui N, Harashima H. Biocleavable polyrotaxane-plasmid DNA polyplex for enhanced gene delivery. J. Am. Chem. Soc., 2006, 128: 3852-3853.

[29] Fujita H, Ooya T, Yui N. Synthesis and characterization of a polyrotaxane consisting of β-cyclodextrins and a poly(ethylene glycol)-poly(propylene glycol) triblock copolymer. Macromol. Chem. Phys., 1999, 200: 706-713.

[30] Choi H S, Huh K M, Ooya T, Yui N. pH- and Thermosensitive supramolecular assembling system: Rapidly responsive properties of β-cyclodextrin-conjugated poly(ε-lysine). J. Am. Chem. Soc., 2003, 125: 6350-6351.

[31] Lee S C, Choi H S, Ooya T, Yui N. Block-selective polypseudorotaxane formation in PEI-b-PEG-b-PEI copolymers via pH variation. Macromolecules, 2004, 37: 7464-7468.

[32] Huh K M, Ooya T, Sasaki S, Yui N. Polymer inclusion complex consisting of poly(ε-lysine) and α-cyclodextrin. Macromolecules, 2001, 34: 2402-2404.

[33] Huh K M, Tomita H, Ooya T, Lee W K, Sasaki S, Yui N. pH Dependence of inclusion complexation between cationic poly (ε-lysine) and α-cyclodextrin. Macromolecules, 2002, 35: 3775-3777.

[34] Loethen S, Ooya T, Choi H S, Yui N, Thompson D H. Synthesis, characterization, and pH-triggered dethreading of α-cyclodextrin-poly (ethylene glycol) polyrotaxanes bearing cleavable endcaps. Biomacromolecules, 2006, 7: 2501-2506.

[35] Choi H S, Ooya T, Lee S C, Sasaki S, Kurisawa M, Uyama H, Yui N. pH Dependence of polypseudorotaxane formation between cationic linear polyethylenimine and cyclodextrins. Macromolecules, 2004, 37: 6705-6710.

[36] Choi H S, Ooya T, Sasaki S, Yui N. Preparation and characterization of polypseudorotaxanes based on biodegradable poly(L-lactide)/poly (ethylene glycol) triblock copolymers. Macromolecules, 2003, 36: 9313-9318.

[37] Ikeda T, Watabe N, Ooya T, Yui N. Study on the solution properties of thermo-responsive polyrotaxanes with different numbers of cyclic molecules. Macromol. Chem. Phys., 2001, 202: 1338-1344.

[38] Ooya T, Yui N. Synthesis of theophylline-polyrotaxane conjugates and their drug release via supramolecular dissociation. J. Controlled Release, 1999, 58: 251-269.

[39] Ooya T, Arizono K, Yui N. Synthesis and characterization of an oligopeptide terminated polyrotaxane as a drug carrier. Polym. Adv. Technol., 2000, 11: 642-651.

[40] Park H D, Lee W K, Ooya T, Park K D, Kim Y H, Yui N. Anticoagulant activity of sulfonated polyrotaxanes as blood-compatible materials. J. Biomed. Mater. Res., 2002, 60: 186-190.

[41] Yui N, Ooya T, Kawashima T, Saito Y, Tamai I, Sai Y, Tsuji A. Inhibitory effect of supramolecular polyrotaxane-dipeptide conjugates on digested peptide uptake via intestinal human peptide transporter. Bioconj. Chem., 2002, 13: 582-587.

[42] Huh K M, Tomita H, Lee W K, Ooya T, Yui N. Synthesis of α-cyclodextrin-conjugated poly(ε-lysine)s and their inclusion complexation behavior. Macromol. Rapid Commun., 2002, 23: 179-182.

[43] Lee W K, Kobayashi J, Ooya T, Park K D, Yui N. Synthesis and characterization of nitric oxide generative polyrotaxane. J. Biomater. Sci. Polym. Ed., 2002, 13: 1153-1161.

[44] Eguchi M, Ooya T, Yui N. Controlling the mechanism of trypsin inhibition by the numbers of α-cyclodextrins and carboxyl groups in carboxyethylester-polyrotaxanes. J. Controlled Release, 2004, 96: 301-307.

[45] Ooya T, Yamashita A, Kurisawa M, Sugaya Y, Maruyama A, Yui N. Effects of polyrotaxane structure on polyion complexation with DNA. Sci. Technol. Adv. Mater., 2004, 5: 363-369.

[46] Yu H Q, Feng Z G, Zhang A Y. Thermally responsive polyrotaxanes synthesized through the telomerization of N-isopropylacrylamide with polypseudorotaxanes made from α-cyclodextrin threaded onto thiolated poly(ethylene glycol). J. Polym. Sci. Part A: Polym. Chem., 2006, 44: 3717-3723.

[47] Cacialli F, Wilson J S, Michels J J, Daniel C, Silva C, Friend R H, Severin N, Samori P, Rabe J P, O'Connell M J, Taylor P N, Anderson H L. Cyclodextrin-threaded conjugated polyrotaxanes as insulated molecular wires with reduced interstrand interactions. Nat. Mater., 2002, 1: 160-164.

[48] Taylor P N, O'Connell M J, McNeill L A, Hall M J, Aplin R T, Anderson H L. Insulated molecular wires: Synthesis of conjugated polyrotaxanes by Suzuki coupling in water. Angew. Chem. Int. Ed., 2000, 39: 3456-3460.

[49] Stanier C A, Alderman S J, Claridge T D W, Anderson H L. Unidirectional photoinduced shuttling in a rotaxane with a symmetric stilbene dumbbell. Angew. Chem. Int. Ed., 2002, 41: 1769-1772.

[50] Terao J, Tang A, Michels J J, Krivokapic A, Anderson H L. Synthesis of poly (para-phenylenevinylene) rotaxanes by aqueous Suzuki coupling. Chem. Commun., 2004, 56-57.

[51] Frampton M J, Sforzzini G, Brovelli S, Latini G, Townsend E, Williams C C, Charas A, Zalewski L, Kaka N S, Sirish M, Parrott L J, Wilson J

S, Cacialli F, Anderson H L. Synthesis and optoelectronic properties of nonpolar polyrotaxane insulated molecular wires with high solubility in organic solvents. Adv. Funct. Mater., 2008, 18: 3367-3376.

[52] Michels J J, O'Connell M J, Taylor P N, Wilson J S, Cacialli F, Anderson H L. Synthesis of conjugated pPolyrotaxanes. Chem. Eur. J., 2003, 9: 6167-6176.

[53] Wilson J, Frampton M J, Michels J J, Sardone L, Marletta G, Friend R H, Samori P, Anderson H L, Cacialli F. Supramolecular complexes of conjugated polyelectrolytes with poly (ethylene oxide): Multifunctional luminescent semiconductors exhibiting electronic and ionic transport. Adv. Mater., 2005, 17: 2659-2663.

[54] Chang M H, Franpton M J, Anderson H L, Herz L M. Photoexcitation dynamics in thin films of insulated molecular wires. Appl. Phys. Lett., 2006, 89: 232110-232110.

[55] Sardone L, Williams C C, Anderson H L. Phase segregation in thin films of conjugated polyrotaxane-poly(ethylene oxide) blends: A scanning force microscopy study. Adv. Funct. Mater., 2007, 17: 927-932.

[56] van den Boogaard M, Bonnet G, van't Hof P, Wang Y, Brochon C, van Hutten P, Lapp A, Hadziioannou G. Synthesis of insulated single-chain semiconducting polymers based on polythiophene, polyfluorene, and β-cyclodextrin. Chem. Mater., 2004, 16: 4383-4385.

[57] Shimomura, T, Akai, T, Ito K. Conductivity measurement of insulated molecular wire formed by molecular nanotube and polyaniline. Synthetic Metals., 2005, 153: 497-500.

[58] Farcas A, Grigoras M. Semiconducting polymers with rotaxane architecture. J. Optoelectron. Adv. Mater., 2000, 2: 525-530.

[59] Nepal D, Samal S, Geckeler K E. The first fullerene-terminated soluble poly(azomethine) rotaxane. Macromolecules, 2003, 36: 3800-3802.

[60] Liu Y, Zhao Y L, Zhang H Y. Supramolecular polypseudorotaxane with conjugated polyazomethine prepared directly from two inclusion complexes of α-cyclodextrin with tolidine and phthaldehyde. Macromolecules, 2004, 37: 6362-6369.

[61] Farcas A, Grigoras M. Synthesis and characterization of a fully aromatic polyazomethine with rotaxane architecture. Polym. Int., 2003, 52: 1315-1320.

[62] Okumura H, Kawaguchi Y, Harada A. Complex formation between poly-

(dimethylsilane) and cyclodextrins. Macromol. Rapid Commun. 2002, 23: 781-785.

[63] Okumura H, Kawaguchi Y, Harada A. Preparation and characterization of the inclusion complexes of poly (dimethylsilane) s with cyclodextrins. Macromolecules 2003, 36: 6422-6429.

[64] Shen X H, Belletete M, Durocher G. Study of the interactions between substituted 2, 2′-bithiophenes and cyclodextrins. Chem. Phys. Lett., 1998, 298: 201-210.

[65] Lagrost C, Ching K I C, Lacroix J C, Aeiyach S, Jouini M, Lacaze P C, Tanguy J. Host-guest complexation: A convenient route to polybithiophene composites by electrosynthesis in aqueous media. Synthesis and characterization of a new material containing cyclodextrins. J. Mater. Chem., 1999, 9: 2351-2358.

[66] Takashima Y, Oizumi Y, Sakamoto K, Miyauchi M, Kamitori S, Harada A. Crystal structure of the complex of β-cyclodextrin with bithiophene and their oxidative polymerization in water. Macromolecules, 2004, 37: 3962-3964.

[67] Hapiot P, Lagrost C, Aeiyach S, Jouini M, Lacroix J C. Oxidative coupling of small oligothiophenes and oligopyrroles in water in the presence of cyclodextrin. Flash photolysis investigations. J. Phys. Chem. B, 2002, 106: 3622-3628.

[68] Lagrost C, Tanguy J, Aeiyach S, Jouini M, Change-Ching K I, Lacaze P C. Polymer chain encapsulation followed by a quartz microbalance during electropolymerization of bithiophene-β-cyclodextrin host-guest compounds in aqueous solution. J. Electroanal. Chem., 1999, 476: 1-14.

[69] Yamaguchi I, Kashiwagi K, Yamamoto T. β-Cyclodextrin peudopolyrotaxanes with π-conjugated polymer axles. Macromol. Rapid Commun., 2004, 25: 1163-1166.

[70] Belosludov R V, Sato H, Kawazoe Y. Theoretical study of molecular enamel wires based on polythiophene-cyclodextrin inclusion complexes. Mol. Cryst. Liq. Cryst., 2003, 406: 195-204.

[71] Belosludov R V, Sato H, Kawazoe Y. Theoretical study of insulated wires based on polymer chains encapsulated in molecular nanotubes. Thin Solid Films, 2003, 438-439.

[72] Belosludov R V, Sato H, Farajian A A, Mizuseki H, Ichinoseki K,

Kawazoe Y. Molecular enamel wires for electronic devices: Theoretical study. J. Appl. Phys., 2003, 42: 2492-2494.

[73] Belosludov R V, Farajian A A, Mizuseki K, Ichinoseki K, Kawazoe Y. Electron transport in molecular enamel wires. Jap. J. Appl. Phys., 2004, 43: 2061-2063.

[74] Farajian A A, Belosludov R V, Mizuseki H, Kawazoe Y. A generalpurpose approach for calculating transport in contact-molecule-contact systems: TARABORD implementation and application to a polythiophene-based nanodevice. Thin Solid Films, 2006, 499: 269-274.

[75] Tamura M, Ueno A. Energy transfer and guest responsive fluorescence spectra of polyrotaxane consisting of α-cyclodextrins bearing naphthyl moieties. Bull. Chem. Soc. Jpn., 2000, 73: 147-154.

[76] Tamura M, Gao D, Ueno A. A series of polyrotaxanes containing α-cyclodextrin and naphthalene-modified α-cyclodextrin and solvent effects on the fluorescence quenching by terminal units. J. Chem. Soc., Perkin Trans 2, 2001: 2012-2021.

[77] Tamura M, Gao D, Ueno A. A polyrotaxane series containing α-cyclodextrin and naphthalene-modified α-cyclodextrin as a light-harvesting antenna system. Chem. Eur. J., 2001, 7: 1390-1397.

[78] Murakami H, Kawabuchi A, Nakashima N. A light-driven molecular shuttle based on a rotaxane. J. Am. Chem. Soc., 1997, 119: 7605-7606.

[79] Harada A. Polyrotaxanes. Acta. Polym., 1998, 49: 3-17.

[80] Yamaguchi I, Osakada K, Yamamoto T. Pseudopolyrotaxane composed of an azobenzene polymer and γ-cyclodextrin. Reversible and irreversible photoisomerization of the azobenzene groups in the polymer chain. Chem. Commun., 2000, 1335-1336.

[81] Okada M, Harada A. Poly (polyrotaxane): Photoreactions of 9-anthracene-capped polyrotaxane. Macromolecules, 2003, 36: 9701-9703.

[82] Okada M, Harada A. Preparation of α-cyclodextrin polyrotaxane: Photodimerization of pseudo-polyrotaxane with 2-anthryl and triphenylmethyl groups at the ends of poly(propylene glycol). Org. Lett., 2004, 6: 361-364.

[83] Okada M, Takashima Y, Harada A. One-pot synthesis of γ-cyclodextrin polyrotaxane: Trap of γ-cyclodextrin by photodimerization of anthracene-capped pseudo-polyrotaxane. Macromolecules, 2004, 37: 7075-7077.

[84] Herrmann W, Schneider M, Wenz G. Photochemical synthesis of polyrotaxanes from stilbene polymers and cyclodextrins. Angew. Chem. Int. Ed. Engl., 1997, 36: 2511-2514.

[85] Araki J, Zhao C, Ito K. Efficient production of polyrotaxanes from α-cyclodextrin and poly(ethylene glycol). Macromolecules, 2005, 38: 7524-7527.

[86] Liu Y, Wang H, Zhang H Y, Liang P. A metallo-capped polyrotaxane containing calix[4]arenes and cyclodextrins and its highly selective binding for Ca^{2+}. Chem. Commun., 2004, 2266-2267.

[87] Zhao Y L, Zhang H Y, Liu Y. Nanoarchitectures constructed from resulting polypseudorotaxanes of the β-cyclodextrin/4, 4′-dipyridine inclusion complex with Co^{2+} and Zn^{2+} coordination centers. Chem. Mater., 2006, 18: 4423-4429.

[88] Yang Y W, Chen Y, Liu Y. Linear polypseudorotaxanes possessing many metal centers constructed from inclusion complexes of α-, β-, and γ-cyclodextrins with 4, 4′-dipyridine. Inorg. Chem., 2006, 45 (7): 3014-3022.

[89] Liu Y, Song Y, Wang H, Zhang H Y, Li X Q. Bis(polypseudoro taxane)s formed by multiple metallo-bridged β-cyclodextrins and the thermodynamic origin of their molecular aggregation. Macromolecules, 2004, 37: 6370-6375.

[90] Liu Y, Yang Z X, Chen Y, et. al. Construction of a long cyclodextrin-based bis(molecular tube) from bis(polypseudorotaxane) and its capture of C_{60}. Acs. Nano., 2008, 2 (3): 554-560.

[91] Liu Y, Yu L, Chen Y, Zhao Y L, Yang H. Construction and DNA condensation of cyclodextrin-based polypseudorotaxanes with anthryl grafts. J. Am. Chem. Soc., 2007, 129: 10656-10657.

[92] Liu Y, Liang P, Chen Y, Zhang Y M, Zheng J Y, Yue H. Interlocked bis-(polyrotaxane) of cyclodextrin-porphyrin systems mediated by fullerenes. Macromolecules, 2005, 38: 9095-9099.

[93] Huang F, Zakharov L N, Rheingold A L, Jones J W, Gibson H W. Water assisted formation of a pseudorotaxane and its dimer based on a supramolecular cryptand. Chem. Commun., 2003, 2122-2123.

[94] Jones J W, Gibson H W. Ion pairing and host-guest complexation in low dielectric constant solvents. J. Am. Chem. Soc., 2003, 125: 7001-7004.

[95] Hung W C, Liao K S, Liu Y H, Peng S M, Chiu S H. Mild and high-yielding syntheses of diethyl phosphoramidate-stoppered [2] rotaxanes. Org. Lett., 2004, 6: 4183-4186.

[96] Lowe J N, Fulton D A, Chiu S H, Elizarov A M, Cantrill S J, Rowan S J, Stoddart J F. Polyvalent interactions in unnatural recognition processes. J. Org. Chem., 2004, 69: 4390-4402.

[97] Gibson H W, Ge Z, Huang F. Syntheses and model complexation studies of well-defined crown terminated polymers. Macromolecules, 2005, 38 (7): 2626-2637.

[98] Guidry E N, Cantrill S J, Stoddart J F, Grubbs R H. Magic ring catenation by olefin metathesis. Org. Lett., 2005, 7(11): 2129-2132.

[99] Tachibana Y, Kawasaki H, Kihara N, Takata T. Sequential O- and N-acylation protocol for high-yield preparation and modification of rotaxanes: Synthesis, functionalization, structure, and intercomponent interaction of rotaxanes. J. Org. Chem., 2006, 71(14): 5093-5104.

[100] Lovely A E, Wenzel T J. Chiral NMR discrimination of secondary amines using (18-crown-6)-2,3,11,12-tetracarboxylic acid. Org. Lett., 2006, 8 (13): 2823-2826.

[101] Zhang C, Li S, Zhang J Q, Zhu K L, Li N, Huang F. Benzo-21-crown-7/secondary dialkylammonium salt [2]pseudorotaxane-and [2]rotaxane-type threaded structures. Org. Lett., 2007, 9(26): 5553-5556.

[102] Wu J, Fang F, Lu W Y, Hou J L, Li C, Wu Z Q, Jiang X K, Li Z T, Yu Y H. Dynamic [2]catenanes based on a hydrogen bonding-mediated bis-zinc porphyrin foldamer tweezer: A case study. J. Org. Chem., 2007, 72(8): 2897-2905.

[103] Huang F, Jones J W, Gibson H W. Competitive interactions of two ion-paired salts with a neutral host to form two non-ion-paired complexes. J. Org. Chem. 2007, 72(17): 6573-6576.

[104] Huang F, Jones J W, Slebodnick C, Gibson H W. Ion pairing in fast-exchange host-guest systems: Concentration dependence of apparent association constants for complexes of neutral hosts and divalent guest salts with monovalent counterions. J. Am. Chem. Soc., 2003, 125: 14458-14464.

[105] Huang F, Fronczek F R, Gibson H W. First supramolecular poly(taco complex). Chem. Commun., 2003, 1480-1481.

[106] Huang F, Nagvekar D S, Slebodnick C, Gibson H W. A supramolecular triarm star polymer from a homotritopic tris(crown ether) host and a complementary monotopic paraquat-terminated polystyrene guest by a supramolecular coupling method. J. Am. Chem. Soc., 2005, 127(2): 484-485.

[107] Huang F, Gibson H W. Formation of a supramolecular hyperbranched polymer from self-organization of an AB_2 monomer containing a crown ether and two paraquat moieties. J. Am. Chem. Soc., 2004, 126(45): 14738-14739.

[108] Han T, Chen C F. A triptycene-based bis(crown ether) host: Complexation with both paraquat derivatives and dibenzylammonium salts. Org. Lett., 2006, 8(6): 1069-1072.

[109] Huang F, Gantzel P, Nagvekar D S, Rheingold A L, Gibson H W. Taco grande: A dumbbell bis(crown ether)/paraquat[3](taco complex). Tetrahedron Lett., 2006, 47, 7841-7844.

[110] Zhang J, Huang F, Li N, Wang H, Gibson H W, Gantzel P, Rheingold A L. Paraquat substituent effect on complexation with a dibenzo-24-crown-8-based cryptand. J. Org. Chem., 2007, 72(23): 8935-8938.

[111] Huang F, Nagvekar D S, Zhou X C, Gibson H W. Formation of a linear supramolecular polymer by self-assembly of two homoditopic monomers based on the bis(*m*-phenylene)-32-crown-10/paraquat recognition motif. Macromolecules, 2007, 40(10): 3561-3567.

[112] Gibson H W, Wang H, Slebodnick C, Merola J, Kassel W S, Rheingold A L. Isomeric 2,6-pyridino-cryptands based on dibenzo-24-crown-8. J. Org. Chem., 2007, 72(9): 3381-3393.

[113] Wu C, Bheda M C, Ya X S, Sze J, Gibson H W. Synthesis of polyester rotaxanes via the statistical threading method. Polym. Commun., 1991, 32: 204-207.

[114] Gibson H W, Liu S, Lecavalier P, Wu C, Shen Y X. Synthesis and preliminary characterization of some polyester rotaxanes. J. Am. Chem. Soc., 1995, 117: 852-874.

[115] Gibson H W, Liu S, Gong C, Ji Q, Joseph E. Studies of the formation of poly(ester rotaxane)s from diacid chlorides, diols, and crown ethers and their properties. Macromolecules, 1997, 30: 3711-3727.

[116] Shen X Y, Gibson H W. Synthesis and some properties of polyrotaxanes

comprised of polyurethane backbone and crown ethers. Macromolecules, 1992, 25: 2058-2059.

[117] Shen X Y, Xie D, Gibson H W. Polyrotaxanes based on polyurethane backbones and crown ether cyclics. 1. Synthesis. J. Am. Chem. Soc., 1994, 116: 537-548.

[118] Lee S H, Engen P T, Gibson H W. Blocking group/initiators for the synthesis of polyrotaxanes via free radical polymerizations. Macromolecules, 1997, 30: 337-343.

[119] Gibson H W, Engen P T, Lee S-H. Synthesis of poly[(styrene)-rotaxa-(crown ether)]s via free radical polymerization. Polymer, 1999, 40: 1823-1832.

[120] Gibson H W, Engen P T. Rotaxanes based on polyacrylonitrile. New J. Chem., 1993, 17: 723-727.

[121] Nagapudi K, Leisen J, Beckham H W, Gibson H W. Solid-state NMR investigations of poly[(acrylonitrile)-rotaxa-(60-crown-20)]. Macromolecules, 1999, 32: 3025-3033.

[122] Gong C, Gibson H W. Synthesis and characterization of a polyester/crown ether rotaxane derived from a difunctional blocking group. Macromolecules, 1996, 29: 7029-7033.

[123] Gong C, Gibson H W. Dethreading during the preparation of polyrotaxanes. Macromol. Chem. Phys., 1997, 198: 2321-2332.

[124] Gong C, Ji, Q, Glass T E, Gibson H W. A strategy to eliminate dethreading during the preparation of poly(ester/crown ether rotaxane)s: Use of difunctional blocking groups. Macromolecules, 1997, 30: 4807-4813.

[125] Gong C, Gibson H W. Relative threading efficiencies of different macrocycles: A competitive trapping methodology based on hybrid polyrotaxanes. Macromolecules, 1997, 30: 8524-8525.

[126] Gong C, Glass T E, Gibson H W. Poly(urethane/crown ether rotaxane)s with solvent switchable microstructures. Macromolecules, 1998, 31: 308-313.

[127] Gong C, Gibson H W. Self-assembly of novel polyrotaxanes: Main-chain pseudopolyrotaxanes with poly(ester crown ether) backbones. Angew Chem. Int. Ed. Engl., 1998, 37: 310-314.

[128] Gong C, Balanda P B, Gibson H W. Supramolecular chemistry with macromolecules: New self-assembly based main chain polypseudorotaxanes

and their properties. Macromolecules, 1998, 31: 5278-5289.

[129] Gong C, Gibson H W. Self-threading-based approach for branched and/or cross-linked poly(methacrylate rotaxane)s. J. Am. Chem. Soc., 1997, 119: 5862-5866.

[130] Gibson H W, Nagvekar D S, Powell J, Gong C G, Bryant W S. Polyrotaxanes by in situ self threading during polymerization of functional macrocycles. Part 2: Poly(ester crown ether)s. Tetrahedron, 1997, 53: 15197-15207.

[131] Gong C, Gibson H W. Controlling polymeric topology by polymerization conditions: Mechanically linked network and branched poly(urethane rotaxane)s with controllable polydispersity. J. Am. Chem. Soc., 1997, 119: 8585-8591.

[132] Delaviz Y, Gibson H W. Macrocyclic polymers. 2. Synthesis of poly-(amide crown ether)s based on bis(5-carboxy-1,3-phenylene)-32-crown-10. Network formation through threading. Macromolecules, 1992, 25: 4859-4862.

[133] Gibson H W, Nagvekar D S, Yamaguchi N, Bhattacharjee S, Wang H, Vergne M J, Hercules D M. Polyamide pseudorotaxanes, rotaxanes, and catenanes based on bis(5-carboxy-1, 3-phenylene)-($3x+2$)-crown-x ethers. Macromolecules, 2004, 37: 7514-7529.

[134] Gong C, Ji Q, Subramaniam C, Gibson H W. Main chain polyrotaxanes by threading crown ethers onto a preformed polyurethane: Preparation and properties. Macromolecules, 1998, 31: 1814-1818.

[135] Gong C, Gibson H W. Polyrotaxanes and related structures: Synthesis and properties. Curr. Opin. Solid State Mater. Sci., 1997, 2: 647-652.

[136] Sato T, Takata T. Synthesis of main-chain-type polyrotaxane by polymerization of homoditopic [2] rotaxane through Mizoroki-Heck coupling. Macromolecules, 2008, 41: 2739-2742.

[137] Owen G J, Hodge P. Synthesis of some new polypseudorotaxanes. Chem. Commun., 1997: 11-12.

[138] Hodge P, Monvisade P, Pang Y. ^{1}H NMR spectroscopic studies of the structures of a series of pseudopolyrotaxanes formed by "threading". New J. Chem., 2000, 24: 703-709.

[139] Mason P E, Parsons I W, Tolley M S. The first demonstration of molecular queuing in pseudo[n]polyrotaxanes: A novel variant of

supramolecular motio. Angew. Chem. Int. Ed. Engl., 1996, 35: 2238-2241.

[140] Mason P E, Bryant W S, Gibson H W. Threading/dethreading exchange rates as structural probes in polypseudorotaxanes. Macromolecules, 1999, 32: 1559-1569.

[141] Mason P E, Parsons I W, Tolley M S. Dynamic behaviour of a pseudo[*n*] polyrotaxane containing a bipyridyl-based cyclophane: Spectroscopic observations. Polymer, 1998, 39: 3981-3991.

[142] Belaissaoui A, Shimada S, Tamaoki N. Synthesis of a mechanically linked oligo[2]rotaxane. Tetrahedron Lett., 2003, 44: 2307-2310.

[143] Born M, Ritter H. Comb-like rotaxane polymers containing non-covalently bound cyclodextrins in the side chains. Macromol. Rapid Commun., 1991, 12: 471-476.

[144] Born M, Ritter H. Topologically unique side-chain polyrotaxanes based on triacetyl-β-cyclodextrin and a poly (ether sulfone) main chain. Macromol. Rapid Commun., 1996, 17: 197-202.

[145] Yamaguchi I, Osakada K, Yamamoto T. A novel crown ether stopping group for side chain polyrotaxane. Preparation of side chain polybenzimidazole rotaxane containing alkyl side chain ended by crown ether-ONa group. Macromolecule, 2000, 33: 2315-2319.

[146] Yamabuki K, Nakae, S, Isobe Y, Onimura K, Oishi T. Synthesis of side-chain-type-polyrotaxane by metathesis reaction. Kobunshi Ronbunshu, 2007, 64(12): 949-952.

[147] Takata T, Kawasaki H, Kihara N, Furusho Y. Synthesis of side-chain polyrotaxane by radical polymerizations of pseudorotaxane monomers consisting of crown ether wheel and acrylate axle bearing bulky end-cap and ammonium group. Macromolecules, 2001, 34: 5449-5456.

[148] Takata T, Hasegawa T, Kihara N, Furusho Y Synthesis of side-chain polyrotaxane via radical polymerizations of vinylic pseudorotaxane monomers having paraquat-type macrocycle as a wheel component. Polymer, 2004, 36(11): 927-932.

[149] Yamaguchi N, Gibson H W. Non-covalent chemical modification of crown ether side-chain polymethacrylates with a secondary ammonium salt: A family of new polypseudorotaxanes. Macromol. Chem. Phys., 2000, 201: 815-824.

[150] Gibson H W, Bryant W S, Lee S H. Polyrotaxanes by free-radical polymerization of acrylate and methacrylate monomers in the presence of a crown ether. J. Polym. Sci.: Polym. Chem., 2001, 39: 1978-1993.

[151] Marsella M J, Carroll P J, Swager T M. Conducting pseudopolyrotaxanes: A chemoresistive response via molecular recognition. J. Am. Chem. Soc., 1994, 116: 9347-9348.

[152] Zhou Q, Swager T M. Methodology for enhancing the sensitivity of fluorescent chemosensors: Energy migration in conjugated polymers. J. Am. Chem. Soc., 1995, 117: 7017-7018.

[153] Harada A, Adachi H, Kawaguchi Y, Kamachi Y. Recognition of alkyl groups on a polymer chain by cyclodextrins. Macromolecules, 1997, 30: 5181-5182.

[154] Harada A, Ito F, Tomatsu I, Shimoda K, Hashidzume A, Takashima Y, Yamaguchi H, Karmtori S. Spectroscopic study on the interaction of cyclodextrins with naphthyl groups attached to poly (acrylamide) backbone. J. Photochem. Photobiol. A, 2006, 179: 13-19.

[155] Tomatsu I, Hashidzume A, Harada A. Redox-responsive hydrogel system using the molecular recognition of β-cyclodextrin. Macromol. Rapid Commun., 2006, 27: 238-241.

[156] Hashidzume A, Harada A. Macromolecular recognition by cyclodextrins. Interaction of cyclodextrins with polymethacrylamides bearing hydrophobic amino acid residues. Polymer, 2006, 47: 3448-3454.

[157] Pang Y, Ritter H. Novel side-chain polyrotaxane with cyclodextrin: Syntheses and study of water-soluble copolymers bearing hydrophobically associative components. Macromol. Chem. Phys., 2006, 207: 201-208.

[158] Whang D, Jeon Y M, Kim K. Self-assembly of a polyrotaxane containing a cyclic "bead" in every structural unit in the solid state: Cucurbituril molecules threaded on a one-dimensional coordination polymer. J. Am. Chem. Soc., 1996, 118: 11333-11334.

[159] Whang D, Kim K. Polycatenated two-dimensional polyrotaxane net. J. Am. Chem. Soc., 1997, 119: 451-452.

[160] Lee E, Heo J, Kim K. A three-dimensional polyrotaxanes network. Angew Chem. Int. Ed., 2000, 39: 2699-2701.

[161] Park K M, Lee E, Kim K. A double-chained polyrotaxane: Cucurbituril "beads" threaded onto a double-chained one-dimensional coordination

polymer. Bull. Korean Chem. Soc., 2004, 25: 1711-1713.

[162] Tan Y, Choi S, Lee J W, Kim K. Synthesis and characterization of novel side-chain pseudopolyrotaxanes containing cucurbituril. Macromolecules, 2002, 35: 7161-7165.

[163] Hou Z S, Kim K, Zhou Q F. Synthesis, characterization and properties of side-chain pseudopolyrotaxanes consisting of cucurbituril[6] and poly-N^1-(4-vinylbenzyl)-1,4-diaminobutane dhydrochloride. Polymer, 2006, 47(2): 742-750.

[164] Meschke C, Buschmann H J, Schollmeyer E. Synthesis of mono-, oligo- and polyamide-cucurbituril rotaxanes. Macromol. Rapid Commun., 1998, 19: 59-63.

[165] Meschke C, Buschmann H J. Polyrotaxanes and pseudopolyrotaxanes of polyamides and cucurbituril. Polymer, 1999, 40: 945-949.

[166] Tuncel D, Steinke J H G. Catalytically self-threading polyrotaxanes. Chem. Commun., 1999, 1509-1510.

[167] Tuncel D, Steinke J H G. Mainchain pseudopolyrotaxanes via post-threading with cucurbituril. Chem. Commun., 2001, 253-254.

[168] Tuncel D, Tiftik H B, Salih B. pH-Responsive polypseudorotaxane synthesized through cucurbit[6]uril catalyzed 1,3-dipolar cycloaddition. J. Mater. Chem., 2006, 16(32): 3291-3296.

[169] Lindsey J S. Self-assembly in synthetic routes to molecular devices-biological principles and chemical perspectives. New J. Chem., 1991, 15: 153-180.

[170] Whitesides G M, Mathias J P, Seto C T. Molecular self-assembly and nanochemistry: A chemical strategy for the synthesis of nanostructures. Science, 1991, 254: 1312-1319.

[171] Menger F M, Lee S S, Tao X. Noncovalent synthesis of organic fibers. Adv. Mater., 1995, 7: 669-671.

[172] Ghadiri M R. Self-assembled nanoscale tubular ensembles. Adv. Mater., 1995, 7: 675-677.

[173] Hunter C A. Self-assembly of molecular-sized boxes. Angew. Chem. Int. Ed. Engl., 1995, 34: 1079-1081.

[174] Lawrence D S, Jiang T, Levett M. Self-assembling supramolecular complexes. Chem. Rev., 1995, 95: 2229-2260.

[175] Raymo F M, Stoddart J F. Self-assembling wholly synthetic systems.

Curr. Opin. J. Colloid Interface Sci., 1996, 1: 116-126.

[176] Menzer S, White A J P, Williams D J, Belohradsky M, Hamers C, Raymo F M, Shipway A N, Stoddart J F. Self-assembly of functionalized [2]catenanes bearing a reactive functional group on either one or both macrocyclic componentss from monomeric [2]catenanes to polycatenanes. Macromolecules, 1998, 31: 295-307.

[177] Sague J L, Fromm K M. The first two-dimensional polycatenane: A new type of robust network obtained by Ag-connected one-dimensional polycatenanes. Cryst. Growth Des., 2006, 6(7): 1566-1568.

[178] Zhu H F, Fan J, Okamura T, Sun W Y, Ueyama N. Supramolecular architectures constructed by strong hydrogen bonds. Crystal structures of novel one-dimensional polycatenane and three-dimensional interpenetrated network. Chem. Lett., 2002: 898-899.

[179] Blake A J, Champness N R, Khlobystov A, Lemenovskii D A, Li W-S, Schröder M. Polycatenated copper (I) molecular ladders: A new structural motif in inorganic coordination polymers. Chem. Commun., 1997: 2027-2028.

[180] Carlucci L, Ciani G, Proserpio D M. Self-assembly of novel co-ordination polymers containing polycatenated molecular ladders and intertwined two-dimensional tilings. J. Chem. Soc., Dalton Trans., 1999: 1799-1804.

[181] Fujita M, Kwon Y J, Sasaki O, Yamaguchi K, Ogura K. Interpenetrating molecular ladders and bricks. J. Am. Chem. Soc. 1995, 117: 7287-7288.

[182] Amabilino D B, Ashton P R, Reder A S, Spencer N, Stoddart J F. Olympiadane. Angew. Chem. Int. Ed. Engl., 1994, 33: 1286-1290.

第 3 章

超分子大分子

3.1 引　言

超分子大分子自组装属超分子化学和高分子科学的交叉领域，是超分子化学的重要组成部分和制备先进材料的基础。高分子之间或高分子与小分子之间通过非共价键相互作用进行自组装，来获得各种包含共价键和非共价键连接的、具有规整结构的聚合物聚集体。它们在形成、发展和终止方面具有以下特点：第一，在溶液中自发形成，不需要任何外力及催化剂；第二，组装的过程是动态可逆的，任何影响高分子络合的因素都会影响超分子大分子的聚集度；第三，当自组装受限时，聚集终止。因此，这类分子对外界条件非常敏感，具有环境响应性。

此领域所涵盖的几大类研究如下：第一，关于利用高分子作为构筑基元所做的层层自组装研究，沈家骢院士的研究团队在他们所写的《超分子层状结构：组装与功能》[1a]一书中已做了很好的总结，推荐读者阅读该书以做进一步了解。第二，关于高分子胶束化新途径，特别是非共价键合胶束方面的工作以及国内外其他课题组关于利用嵌段和接枝共聚物等制备胶束和囊泡等大分子自组装体的研究，推荐读者阅读江明院士等编著的《大分子自组装》[1c]一书及所写的两篇综述[1b,1d]。第三，关于双亲性超支化聚合物自组装研究，颜德岳院士课题组在国际上率先报道了不规则超支化共聚物宏观分子自组装现象[1e]，将自发超分子自组装研究领域拓展到了宏观尺度，推荐读者阅读他们所写的综述[1f]。然而，相对于小分子和小分子自组装而言，超分子化学领域中以高分子为自组装单元的研究总的来说还是很有限的。目前，高分子领域的科学家们正尝试模仿自然界中的体系，通过不对称超分子相互作用，如主客体相互作用、离子相互作用、氢键和金属配位作用等来完成一些如嵌段共聚物、星形聚合物、接枝聚合物和交联聚合物等复杂大分子的构筑，这些属于本章所要讨论的内容。在本章中，我们将根据超分子大分子形成时驱动力的不同，对它们分别加以讨论。

3.2　超分子大分子的合成和应用

以下将分别阐述基于不同相互作用机制制备超分子大分子的研究现状及成果。

3.2.1　基于离子相互作用制备超分子大分子

基于离子相互作用的超分子大分子是通过聚合物的阳离子和阴离子电荷之间的相互吸引而得到的。这种方法有自身的缺点，比如离子间相互作用的强度较弱且不定向，从而限制了此类超分子大分子的合成。但是它们一般能在极性溶剂中极化，可导致弱结合及解离，从而具有良好的可逆性。

最常见的离子相互作用超分子大分子是通过聚合物骨架上带有电荷的侧链与其他带电荷化合物发生静电相互作用而形成的。侧链末端带有吡啶的聚合物和带有磺酸基团的化合物是经常配对的离子聚合物构筑单元。比如，Huang 和 Han 等人[2a]研究了 PABP－TSA 这个自组装体系，其通过主链液晶高分子 PABP (MCLCP PABP) 上偶氮苯这个非液晶基元侧链与对甲苯磺酸的磺酸基团通过离子作用进行组装(图 3.1)。这是首次以离子作用力构筑的主链/侧链液晶高分

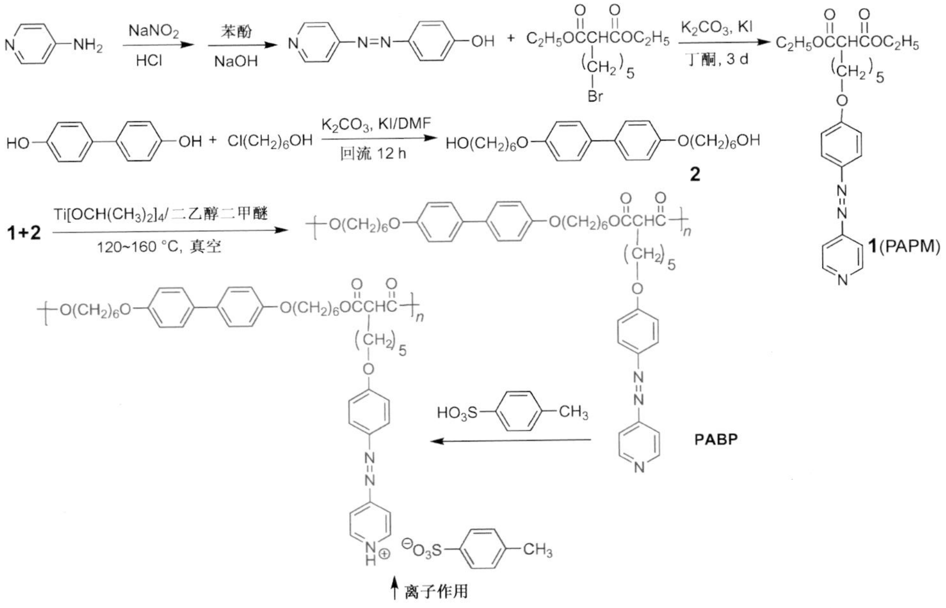

图 3.1　PABP 的制备及其与对甲苯磺酸的离子自组装[2a]

子(MCSCLCP)。这种离子作用力在明显高于清亮点的温度时,依然具有足够的强度。这使得这种液晶高分子从各向同性状态冷却下来,中间相结构会迅速再现。早前,赫尔辛基工业大学的 Brinke 等人则将聚(4-乙烯基吡啶)(P4VP)与大量长尾表面活性剂对十二烷基苯磺酸(DBSA)作用,得到了瓶刷状的离子作用超分子大分子[2b](图 3.2)。在等摩尔吡啶基和磺酸基存在的情况下,高分子基本上完全质子化。在二甲苯溶液中,完全质子化的 P4VP-(DBSA)的比重大于 50%时即可观察到液晶性。

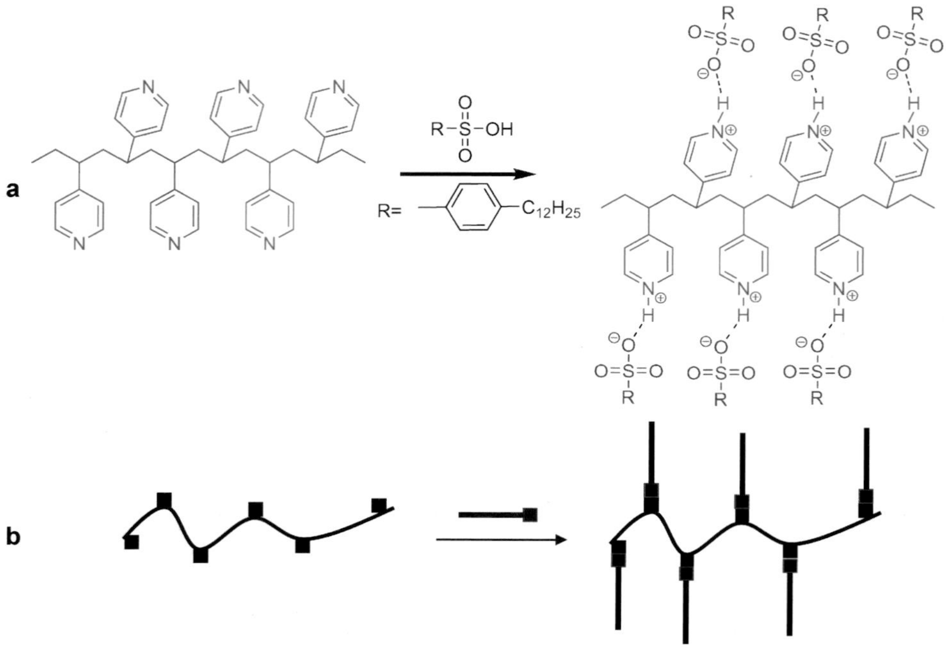

图 3.2 聚(4-乙烯吡啶)(P4VP)和苯磺酸基于离子相互作用的自组装[2b]
(a) 结构图;(b) 示意图

Möller 等人将 P4VP 和液晶性的带偶氮基团的楔形苯磺酸按不同配比进行离子自组装(图 3.3),发展了一种圆柱状超分子大分子的制备方法[3]。他们在调配比例的过程中,用偏振光学显微镜、差示扫描量热法和 X-射线衍射法研究了不同比例投料所形成复合物的结构变化(图 3.4)。他们发现,当 P4VP 和磺酸发生离子作用,中和度达到 13%时,大分子复合物开始具有液晶性,P4VP 骨架聚合物链被磺酸基团围绕,形成呈薄层状液晶态;在中和度继续增加时,开始有磺酸分子覆盖在 P4VP 骨架表面,形成裹覆型大分子。在这个过程中,自发产生的界面弯曲最终导致定位波动;当中和度达到或超过 80%,即形成六边形柱状液晶态。结合紫外光谱的结果,当中和度到达 33%时,开始出现蓝移和减色效应,因此他们猜测由大分子复合物中的偶氮基团构型变化引起了聚合物链从无规卷曲到更伸展、更有序的液晶态的逐渐转变。

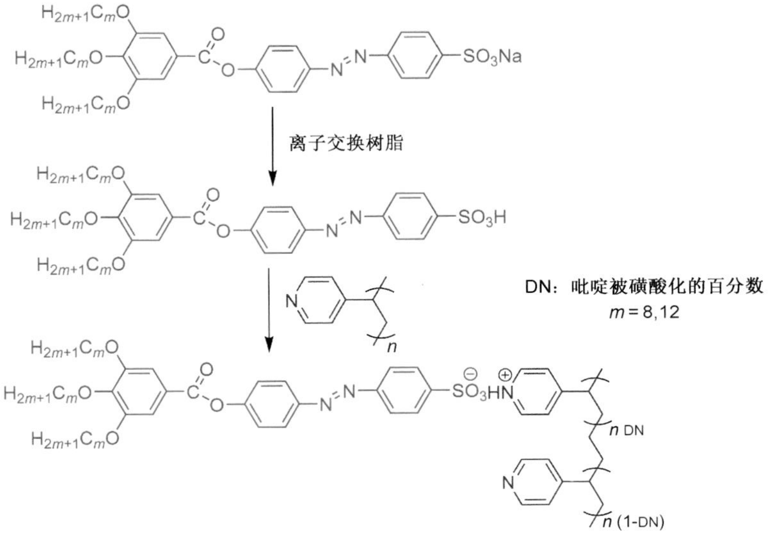

图 3.3　P4VP 和带偶氮基团的楔形苯磺酸形成离子相互作用大分子复合物[3]

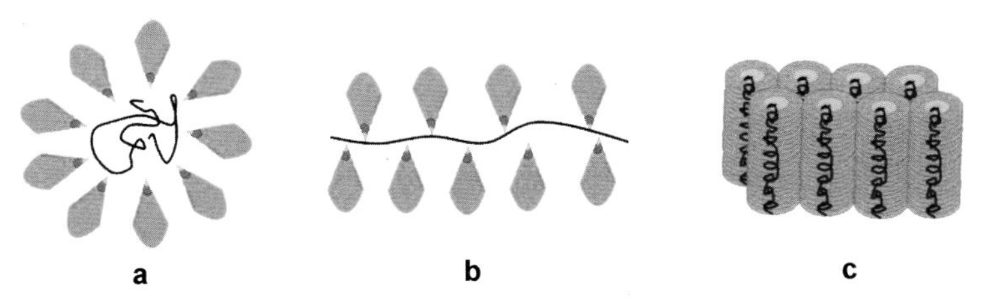

图 3.4　P4VP 与带偶氮基团的楔形苯磺酸复合物结构示意图[3]
(a) DN＜0.33；(b) DN＞0.33；(c) DN≥0.80

Shibata 等人利用 P4VP 和提供质子的双磺酸萘供体(NDS、PDS)通过离子相互作用交联而构成具有不同热力学性质的网络状聚合物，结构见图 3.5，并与单磺酸萘(NS)和脂肪碳酸(AA)供体的体系进行了对比[4]。由于传统交联聚合物具有难溶和难熔的特点，要循环利用废弃的聚合物非常难。出于环保需求，具有热可逆性的非共价键离子相互作用交联大分子聚合物的玻璃化转变温度(T_g)和熔化温度(T_d)等性质很值得研究。热重分析和 DSC 分析结果表明，T_g 和 T_d 的大小依次为 P4VP/NDS＞P4VP/PDS＞P4VP/NS＞P4VP/AA(具体数值见表 3.1)。红外和 XPS 对吡啶和吡啶盐的检测结果清楚地显示，P4VP/NDS 的吡啶氮受到双重离子相互作用，P4VP/PDS 同时存在离子相互作用和一定的氢键作用，分别组装成较稳定的网络状聚合物，而 P4VP/AA 中只有强度较弱的氢键，所以它们在热力学性质上才有了以上的不同。因此,可以通过选取不同的质子供体来形成离子相互作用复合物,以调节大分子聚合物的玻璃化转变温度和熔化温度等热力学参数。

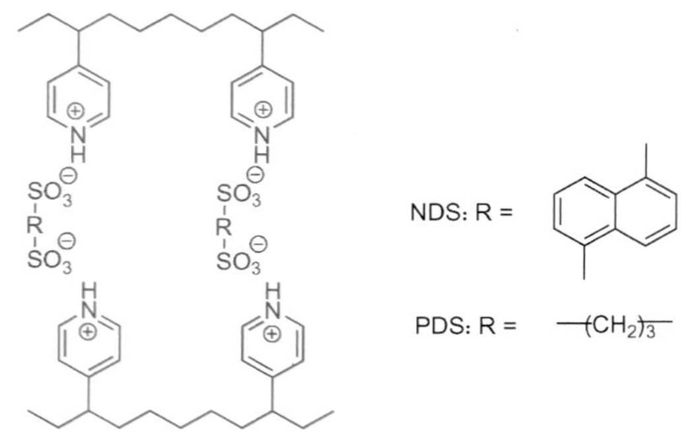

图 3.5 P4VP/NDS 和 P4VP/PDS 的网络状结构[4]

表 3.1 P4VP 与不同供体形成的复合物的热力学参数

配合物	P4VP/质子供体	T_g/℃	T_d/℃
P4VP/NDS	1∶1	243.7	364.1
P4VP/PDS	1∶1	211.5	363.5
P4VP/NS	1∶1	168.9	318.5
P4VP/AA	1∶1	52.7	299.1

Ikkala 等人[5]报道了以包含聚苯乙烯(PS)和 P4VP 两嵌段共聚物(PS - *block* - P4VP)为骨架和尾端连接磺酸的环氧乙烷低聚物(PEO)为侧链的聚电解质$(EO)_n$·SA 进行的自组装,并进一步加入 $LiClO_4$ 研究其导电性能(图 3.6)。多种检测表明,嵌段间的不相容性导致共聚超分子大分子发生微相分离,PS 区域与呈弯曲的梳子形状的 P4VP 和 PEO 区域相互交替成长度达 300Å 的薄片结构。溶解后拥有高活性 Li^+ 的 $LiClO_4$ 的加入促进了 PEO 区域的离子传导,使该区域成为导电通道(conducting channels),而半晶质的 PS 区域起到增强作用,此时整个体系被赋予了导电性。可以预见,换用不同的晶质增强基团和离子导电介质将可能得到具有不同机械性质和电学性质的体系。童和任等人[6]则通过利用聚乙烯磺酸盐(PSS)与带不同长度烷基链的二茂铁溴化铵(Fcn)的离子相互作用得到了具有氧化-还原活性的 PSC 类大分子复合物(PSS - Fcn)(图 3.7)。他们发现,仅通过调节烷基链的长度就可以很好地控制 PSS - Fcn 的电化学行为。随着表面活性剂二茂铁溴化铵链长的增加,这类复合物形成的膜的有序性更好,更利于电极扩散过程。但是,随着链长的增加,电极的可逆性会受到影响。这

个工作提供了一种新的将二茂铁通过离子作用有效地固定在高分子膜中的思路。匹兹堡大学的 Waldeck 等研究了刚性聚亚苯次乙炔磺酸（PEE－SO_3^-）荧光聚离子与十八烷基三甲基溴化铵（OTAB）复合物在低于临界胶束浓度（CMC）时的分布情况。他们发现，在低浓度（$c_{OTAB}/c_{monomer}<6$）时，在去离子水中复合物的尺寸和高分子本身相当；在中等浓度（$6<c_{OTAB}/c_{monomer}<400$）时，复合物的尺寸达到最大；在高浓度（$400<c_{OTAB}/c_{monomer}<1800$）时，复合物尺寸是低浓度时的三倍。这些结果表明，聚电解质和离子表面活性剂间通过离子相互作用自组装形成复合物，而且复合物的分布方式是受 $c_{OTAB}/c_{monomer}$ 比值所控制的[7]（图 3.8）。

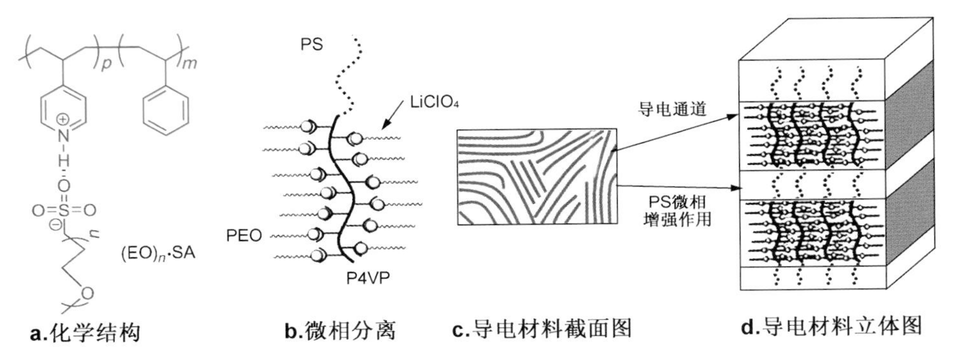

图 3.6　PS－*block*－P4VP 嵌段共聚物与尾端接磺酸的 PEO 低聚物通过离子相互作用自组装得到导电材料[5]

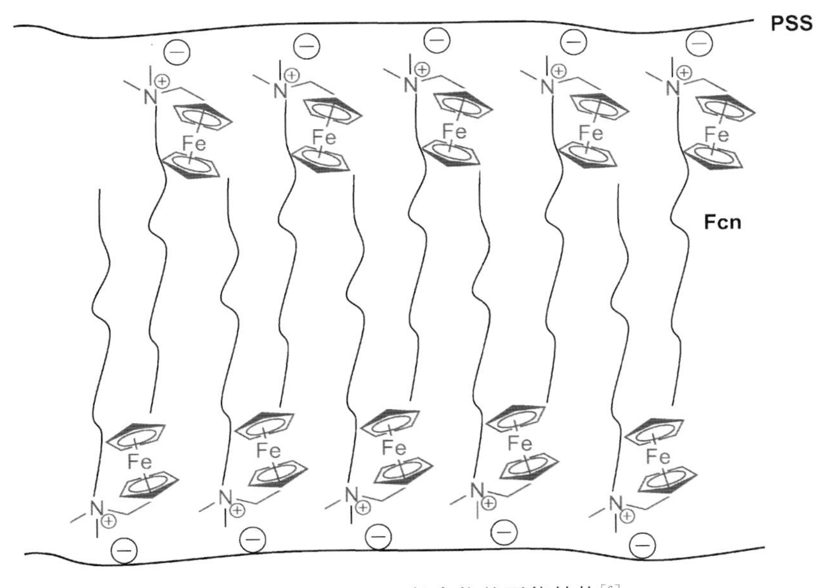

图 3.7　PSS－Fcn 复合物的可能结构[6]

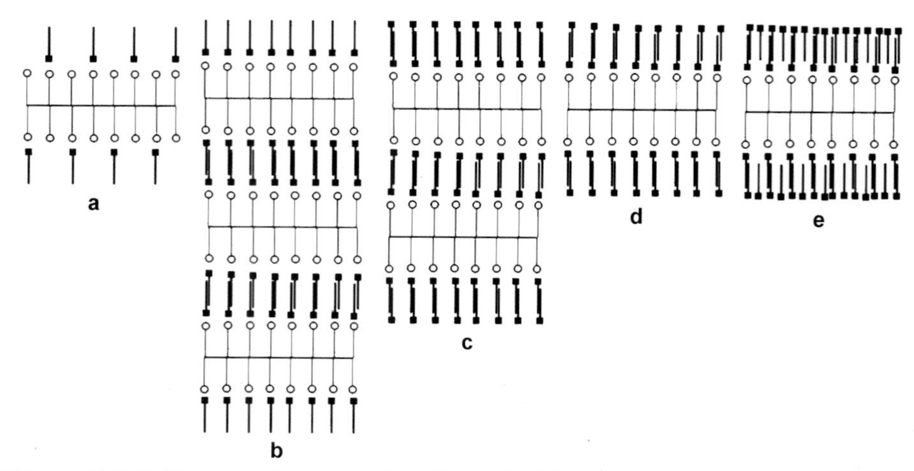

图 3.8 通过控制 $c_{PEE\text{-}SO_3^-}/c_{OTAB}$ 的比值以形成不同结构复合物(方块表示阳离子,圆圈表示阴离子)[7]

(a) $c_{PEE\text{-}SO_3^-}/c_{OTAB}<1$;(b) $c_{PEE\text{-}SO_3^-}/c_{OTAB}=1$;(c) $1<c_{PEE\text{-}SO_3^-}/c_{OTAB}<2$;(d) $c_{PEE\text{-}SO_3^-}/c_{OTAB}=2$;(e) $c_{PEE\text{-}SO_3^-}/c_{OTAB}>2$

类似的可导电的聚电解质-表面活性剂体系还有聚吖吡啶与磺酸的自组装[8a]、聚苯乙烯与季铵盐的自组装[8b]、聚丙烯酸与季铵盐的自组装[8c]等大分子复合物。

基于吡啶与苯甲酸之间的相互作用,江明课题组制备了带有楔形接枝的接枝共聚物。他们发现,在氯仿中,此接枝共聚物经超声处理后可以自组装得到囊泡[8d],楔形接枝与主链 PVP 的比例(G*n*/PVP)可以在较宽的幅度范围内变化。当树枝状大分子的 G3/PVP 达到 10 时,形成含有 PVP/G3/PVP 三层结构的较大尺寸的软囊泡,当 G3/PVP 增加到 23 以上时,仍然能保持囊泡的结构,但得到的囊泡尺寸变小,壁变厚。这种在同一溶剂中自组装的特性有别于传统的树枝状接枝共聚物。

3.2.2 基于氢键作用制备超分子大分子

前面我们提到过氢键的作用力较弱,依靠单氢键或双氢键都无法使化合物达到足够强度,所以以下所讨论的都是基于多重氢键的大分子组装体。这方面的研究始于 1953 年 *Nature* 上刊登的对 DNA 碱基对之间的多重氢键的研究[9]。目前对基于碱基对之间氢键的超分子大分子的研究非常多。

Rowan 和其合作者[10]研究了尾端被腺嘌呤碱基和胞嘧啶碱基取代的聚四氢呋喃($\mathbf{A^{An}3A^{An}}$ 和 $\mathbf{C^{Pbz}3C^{Pbz}}$,结构见图 3.9a)由柔软物质变为可成膜材料的自组装过程。他们发现自组装是由碱基对间氢键和碱基上的芳香基团引起的相分离作用联合促成的。$\mathbf{A^{An}3A^{An}}$对温度非常敏感，在其玻璃化转变温度下它由线性体系转变为网络状的凝胶材料(图 3.9b)，$\mathbf{C^{Pbz}3C^{Pbz}}$也表现出类似的性质。从外观上看，腺嘌呤碱基与胞嘧啶碱基取代体系所形成的材料的性质有所不同，前者较脆、受压易碎，后者则较软、可弯曲。通过进一步与不接芳香基团的胸腺嘧啶碱基取代体系(**T3T**，图 3.9a)对比，可证明这种性质的差异是由碱基部分的"硬度"决定的。这样可以通过改变碱基的"硬度"来控制所得膜材料的性质。

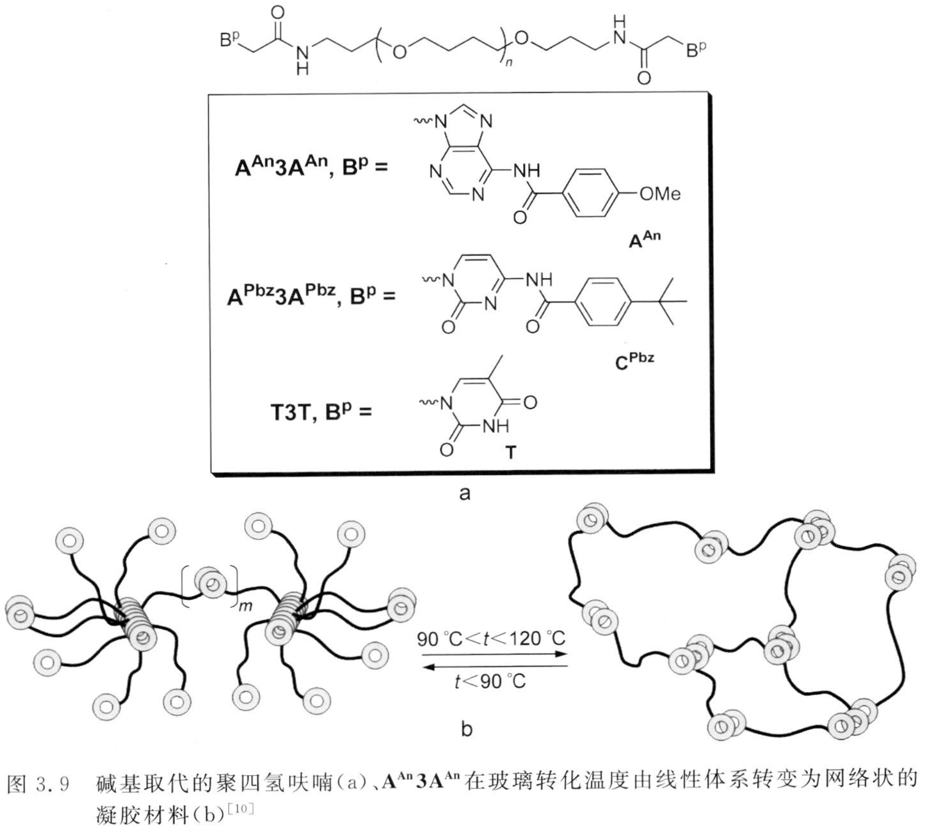

图 3.9 碱基取代的聚四氢呋喃(a)、$\mathbf{A^{An}3A^{An}}$在玻璃转化温度由线性体系转变为网络状的凝胶材料(b)[10]

Long 等人利用尾端为丙烯酸酯的聚苯乙烯和腺嘌呤、胸腺嘧啶以及 2,6-嘌呤等杂环碱基通过 Michael 加成得到尾基为杂环的低聚物 base-PS，然后把腺嘌呤-PS 或嘌呤-PS 与胸腺嘧啶-PS 以 1∶1 混合，从而得到依靠彼此碱基对间多重氢键形成的超分子大分子化合物(CMHB)[11]。^{1}H NMR 分析证明了 CMHB 的形成。分析还表明样品在氘代甲苯中加热到 95 ℃时，腺嘌呤-PS/胸腺嘧啶-PS 和嘌呤-PS/胸腺嘧啶-PS 碱基对间氢键可发生解离。而当样品加热到 100 ℃再降温至 30 ℃,所测的谱图与原样品在 30 ℃时的结果完全一致,显示其具有热可逆性。他们还研究了尾端连接胸腺嘧啶的聚苯乙烯(胸腺嘧啶-PS)在修饰嘌呤的硅片表面通过形成和去除多重氢键而发生的可逆粘附过程[11](图 3.10)。方法为:先将嘌呤-三乙氧基硅烷(ADPTES)和 3-巯基丙基乙氧基硅烷(MPTES)的混合物通过共价键修饰在硅片表面,然后将此硅片浸泡在胸腺嘧啶-PS 的氯仿溶液中 24 小时,令嘌呤和胸腺嘧啶碱基对发生氢键作用,形成超分子双嵌段聚合物,最后用氯仿和四氢呋喃漂洗除去浮在表面的分子。若使用极性较大的 DMSO 漂洗则会将氢键破坏,再将其浸泡在胸腺嘧啶-PS 中又会产生新的碱基对间的氢键。同时,他们发现,只以 ADPTES 修饰的硅片由于位阻和自身氢键等原因,难以与胸腺嘧啶-PS 形成氢键。

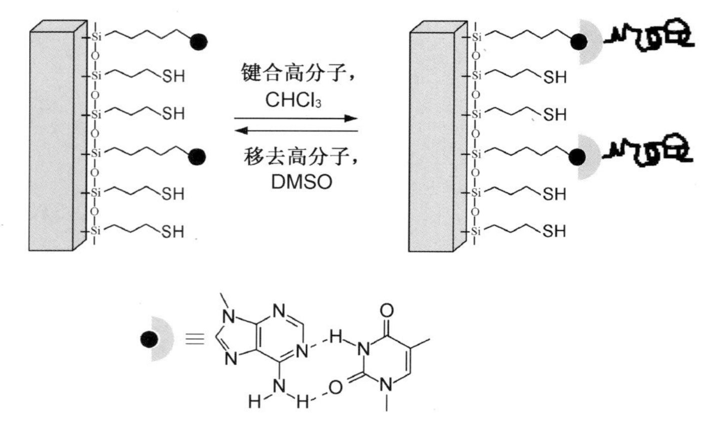

图 3.10 通过 ADPTES/ MPTES 修饰的硅基底与胸腺嘧啶-PS 分子识别形成基于氢键的超分子大分子[11]

Rotello 等人[12]利用共聚物支链上的功能基团二氨基吡啶作为识别位点,与二胸腺嘧啶碱基发生氢键相互作用(图 3.11)。其中,支链上具有二氨基吡啶功能基团的共聚物形似有一连串结合位点的长链,而由不同长度烷基链连接的二胸腺嘧啶则起到了交联剂的作用。当两者在室温下的氯仿中混合时,大量分子间形成彼此交联的不连续的微米尺寸球形聚集体。根据浑浊度实验,当加热上述体系至 50 ℃时,球形聚集体发生离散,再冷却又恢复原状。如此可往复多次,浑浊度几乎不变。另据微分干涉显微镜分析显示,所得到的微球直径中值随着交联剂链长的增长而增大。也就是说,所形成微球的尺寸可通过调节交联剂链的长短来控制。

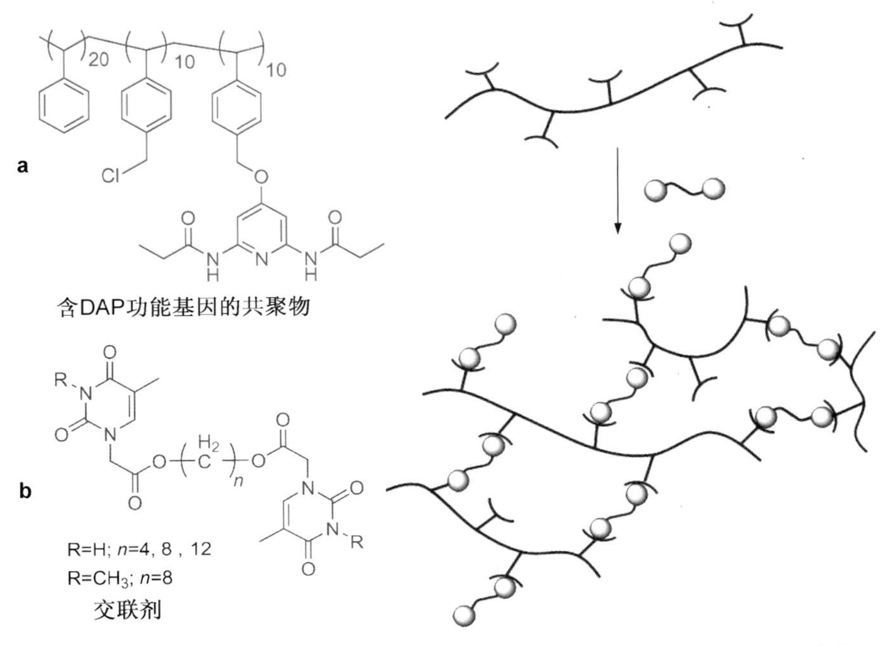

图 3.11　支链上包含功能基团二氨基吡啶的共聚物(a)与共聚物的氢键交联聚合物(b)[12]

自然界中最广为人知的通过双核酸链氢键自组装而形成超分子大分子的例子是 DNA 双螺旋结构。由于多氢键协同作用，DNA 的结构通常非常牢固。而且 DNA 这种双螺旋结构具有很高的有序性和可设计性，因而研究者合成了很多人工基元，使其具有与碱基类似的结构和性能，并能按照人们的意愿得到更富于变化的结构。比如说，可以把苯环不同位置上含有氨基或羧基的构筑基元通过一系列的反应得到包含多个氢键位点的低聚氨基化合物(oligoamides)分子绳。Rotello 与其合作者还利用包含胸腺嘧啶功能基团聚合物长链和二氨基吡啶功能基团的聚合物长链之间的氢键作用得到了互补的聚合物双链(图 3.12)[13]。之前他们的类似研究工作皆因高分子的溶解度问题而阻碍表征的进行。该工作则很好地证明了双链超分子的存在，形成了形似“拉链”的互补链，并表明两条链间的功能基团是遵循化学剂量比进行识别的，同时也证明了互补基团识别组装成共聚物的过程中存在着协同效应。这些发现使得带有识别单元的功能化高分子为在纳米材料科学中创造更特殊的、可控的构筑基元和模版提供了可能。另外，Gong 等人通过图 3.13 中的路线合成了结构互补的、氢键序列分别为 DADDAD 和 ADAADA 的低聚氨基化合物 **3** 和 **4**[14]。多种方法同时证明 **3** 和 **4** 所依靠互补的多重氢键双股绳超分子大分子结合得非常牢固，络合常数值高达$(1.3\pm0.7)\times10^{9}$ L・mol^{-1}。如此优异的稳定性可以归功于为分子间的多重氢键作用、范德华力作用与分子内氢键的预组织作用三者之间的正协同作用。这一设计为获得可控制的特殊且稳定的超分子识别单元开辟了一条新的途径。

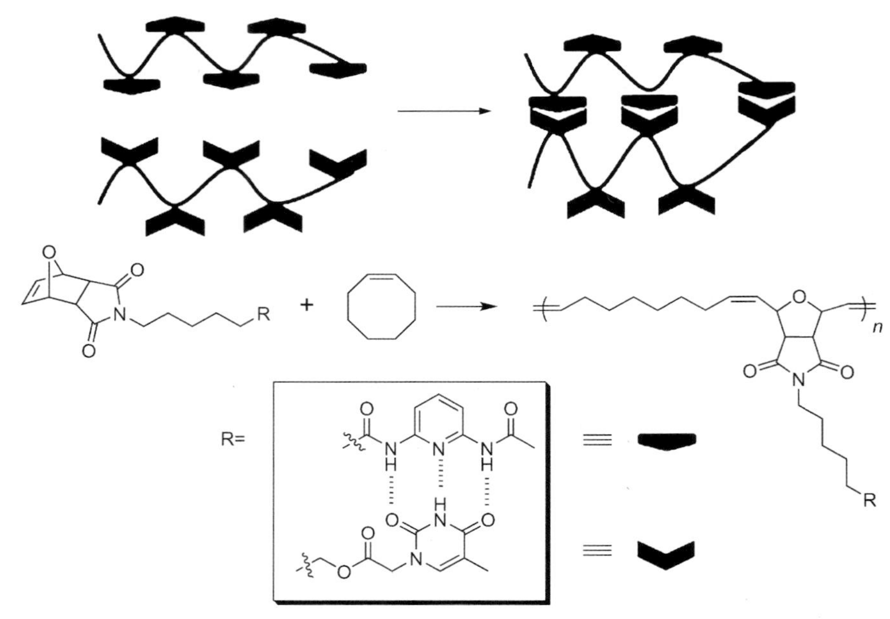

图 3.12　基于胸腺嘧啶-二氨基吡啶互补氢键组装的超分子大分子[13]

对于氢键受体和氢键供体来说，吡啶和羧酸也是一对很好的选择。比如 Lin 等人就制备了末端为吡啶的光致发光氢键受体和末端为羧酸的树枝状电子传输氢键供体的超分子侧链共聚物，并研究了它们的发光性质和热稳定性[15]。他们首先合成了末端为吡啶的光致发光氢键受体 **PBB**(**M1**，结构见图 3.14a)，然后与不同比例的空穴传输单体 **CAZ**(**M2**，结构见图 3.14a)通过自由基聚合法合成光致发光及空穴传输氢键受体共聚物(**P2** - **P4**，结构见图 3.14a)，最后再通过氢键相互作用使 **P2** - **P4** 的吡啶基团分别与一代、二代和三代树枝状分子 **OXD** 尾端的羧酸氢键供体(**G1COOH**、**G2COOH**、**G3COOH**，结构见图 3.14b)形成超分子侧链共聚物(图 3.14c)。红外光谱证实了羧基与吡啶之间氢键的形成。荧光光谱表明，发光氢键受体 **PBB** 的 π - π 作用引起聚集，导致能量降低、自淬灭，使荧光量子产率降低。而供体中引入树枝状分子的位点隔离效应可防止相邻链之间相互堆积，从而提高聚合物的发光效率。利用不同代的 **OXD** 树枝状分子可以很容易地调节超分子共聚物发射光谱的波长。例如，用氢键受体 **P4** 与不同代氢键供体树枝状分子制备的聚合物发光器件(PLED)就发射出了从蓝色(464 nm)变到绿色(519 nm)的荧光。另外，直接激发发光单体 **PBB**(397 nm)所发出的荧光强度大大低于

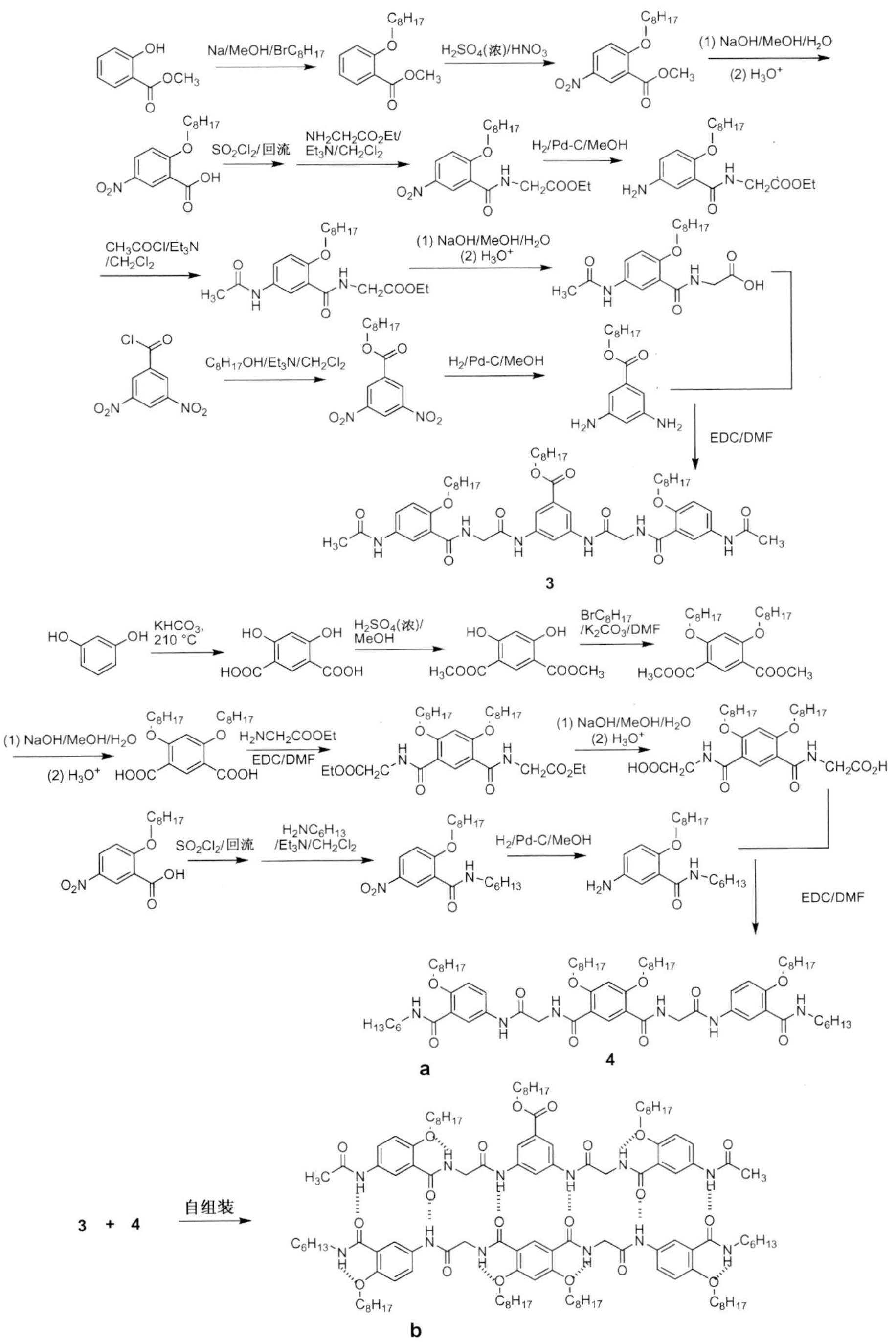

图 3.13　(a)**3** 和 **4** 的制备；(b)**3** 和 **4** 的氢键自组装[14]

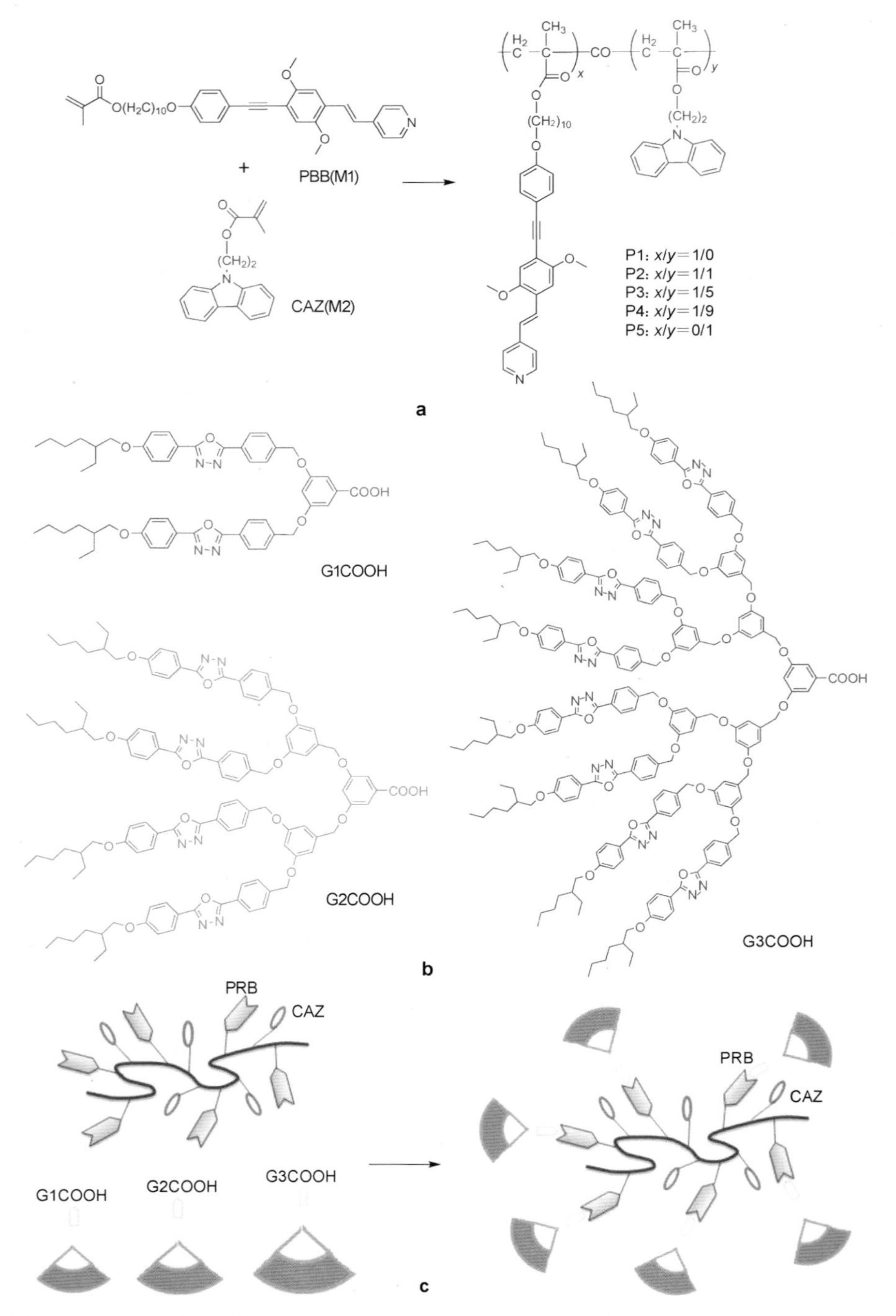

图 3.14　(a)不同比例的 **PBB** 和 **CAZ** 通过共聚得到氢键受体共聚物;(b)不同代的 **OXD** 树枝状分子;(c)通过氢键相互作用形成超分子共聚物[15]

激发 **OXD**(305 nm)后所发生的荧光强度。这说明上述过程中发生了从 **OXD** 到 **PBB** 的能量转移,激发 **OXD** 令发光效率更高。就热稳定性来说,热解重量分析的结果表明,**CAZ** 的分解温度比 **PBB** 低得多,随着它们的共聚物中所含 **CAZ** 增多,热稳定性逐渐降低。DSC 测试表明,**P2**、**P3** 和 **P4** 共聚物的相转变温度随着所含 **CAZ** 增多而增高,这可能是由于大体积的 **CAZ** 的位阻效应和刚性限制了聚合物的灵活性而造成的。

崔和赵等人为我们提供了一种通过自组装来简单有效地制备光活性液晶材料的好方法:将氮吡啶侧链聚合物(PAzPy,结构见图 3.15a)与一系列脂肪或芳香羧酸的氢键自组装(图 3.15b)[16]。根据羧酸性质的不同,吡啶基团可与不同羧酸发生氢键相互作用,使聚合物从无定形状态转变为具有明显不同行为的各种液晶态;而偶氮基团的引入则使大分子聚合物具有光致各向异性和光化学相转变特性,同时自组装还可增强 PAzPy 的光活性。他们还首次利用 PAzPy 和聚苯乙烯(PS),通过原子转移自由基聚合的方法合成了两嵌段聚合物,然后再利用它的吡啶基团与脂肪羧酸、芳香羧酸和手性羧酸自组装得到新型多功能超分子两嵌段聚合物(图 3.16)[17]。

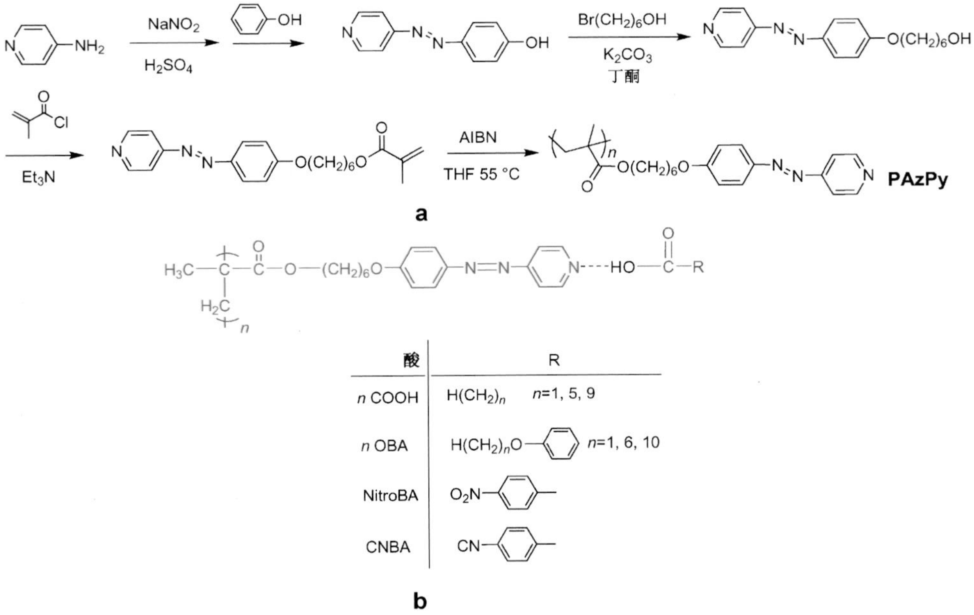
NaNO2
H2SO4
OH
Br(CH2)6OH
K2CO3
丁酮
O(CH2)6OH
Cl
Et3N
AIBN
THF 55 °C
O(CH2)6O
PAzPy
a
H3C
(CH2)6O
N=N
HO
R
H2C
n
酸
R
n COOH
H(CH2)n
n=1, 5, 9
n OBA
H(CH2)nO
n=1, 6, 10
NitroBA
O2N
CNBA
CN
b

图 3.15　(a) PAzPy 的制备;(b) PAzPy 与一系列脂肪或芳香羧酸的氢键自组装[16]

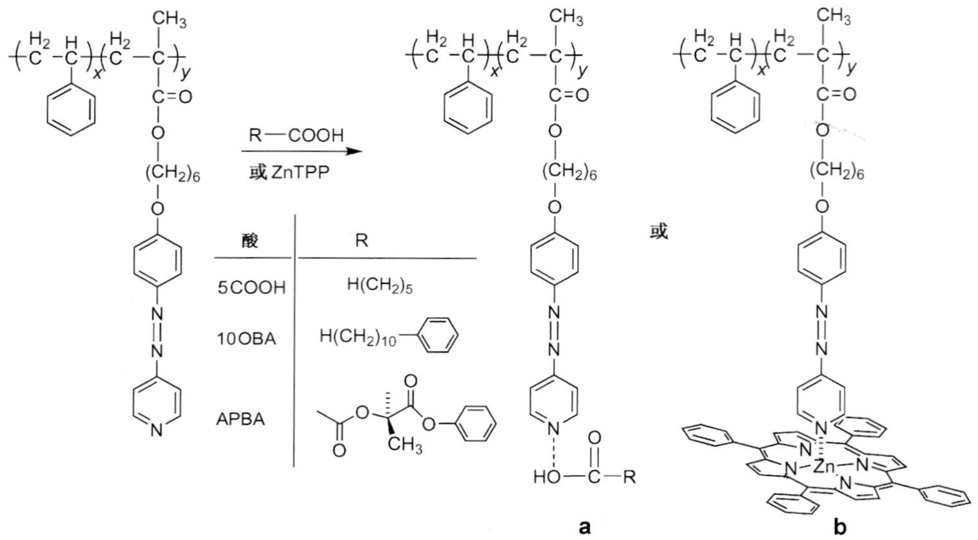

图 3.16 (a) PAzPy 与 PS 的两嵌段共聚物 PAzPy-*block*-PS；(b) PAzPy-*block*-PS 与一系列脂肪羧酸、芳香羧酸及手性羧酸的氢键自组装[17]

类似的研究还有 Brandays 的聚乙烯吡啶和羧酸的氢键自组装[18]，Kato 等人的聚(4-乙烯基-*co*-苯乙烯)和酸官能团化的偶氮苯复合物的氢键自组装[19]，以及侧链苯甲酸和含吡啶基团化合物的氢键自组装[20]等等。

3.2.3 基于金属配位作用制备超分子大分子

在金属配位大分子组装领域，含吡啶、联吡啶和三联吡啶基团的金属配位体系的研究最为广泛，最有代表性。

比如，Craig 与其合作者合成了侧链带有吡啶基团的聚合物，并在 Koten 等人的研究基础上合成了可捕捉 Pd 和 Pt 二价金属离子的双功能基团化合物，还制备了(bis(M^{II}-pincer)，M=Pd、Pt)复合物(图 3.17a)，然后使两者发生金属配位而交联成网络聚合物(图 3.17b)[21]。研究表明，分子交联的动力学因素比热力学因素对超分子网状结构的黏弹性产生更多的量变关系。Weck 等人则合成了两端含吡啶基团的单体和 M^{II}-pincer 型单体，然后使两者通过金属配位发生大分子组装，从而得到线性嵌段共聚物[22](图 3.18)。在此之前，虽然已有很多能够成功获得嵌段共聚物的聚合策略，但是它们或多或少都存在着不足。也曾有使用金属钌-三联吡啶这种金属配合体系来构筑嵌段共聚物，但由于反应条件苛刻，其应用受到限制。Weck 的策略则为更加快速、便捷地实现高分子末端的官能团化，更高效地获得更多样的嵌段共聚物提供了一种新方法。Moore 等人在间苯基次乙炔基低聚物两端引入吡啶基团(图 3.19),通过加入反式二氯二乙腈基钯,使其两端的吡啶共同与 Pd 配位。他们还研究了具有不同聚合度的低聚物发生配位以后形成的超分子聚合物的差别。对于四聚和八聚的间苯基次乙炔基低聚物来说,由于吡啶-钯配位作用和聚合物之间的 π - π 堆积作用,可以得到螺旋状聚合物;对于六聚低聚物来说,则形成了平行堆积成圆筒形的大环聚合物[23]。

Rubio 等人将 5 -乙炔基- 2,2 -联吡啶先在铑的催化下制得主链重复单元为乙烯基、侧链为 2,2 -联吡啶的聚合物。然后,若往其中加入[$Mo(CO)_6$],使联吡啶与钼发生金属配位,得到不溶性的聚合物;而加入[$RuCl_2(bpy)_2$]或[$Ru(bpy)_2(CH_3COCH_3)_2$]$(CF_3SO_3)_2$,使联吡啶与钌进行金属配位,得到可溶性的聚合物(图 3.20)[24]。Fraser 等人通过在 2,2 -联吡啶的一个或两个吡啶环上增加长链取代基得到聚合物,然后把这些聚合物或其混合物以钌作为模板,制备了各种星形金属配位聚合物(图 3.21)[25]。

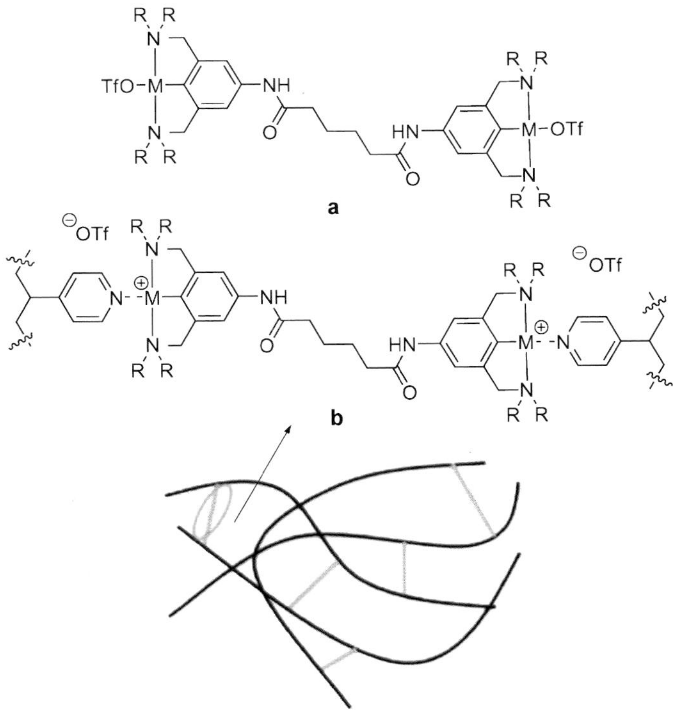

图 3.17　Craig 基于含吡啶聚合物与双功能 M^{II} - pincer 的金属配位来制备交联聚合物[21]

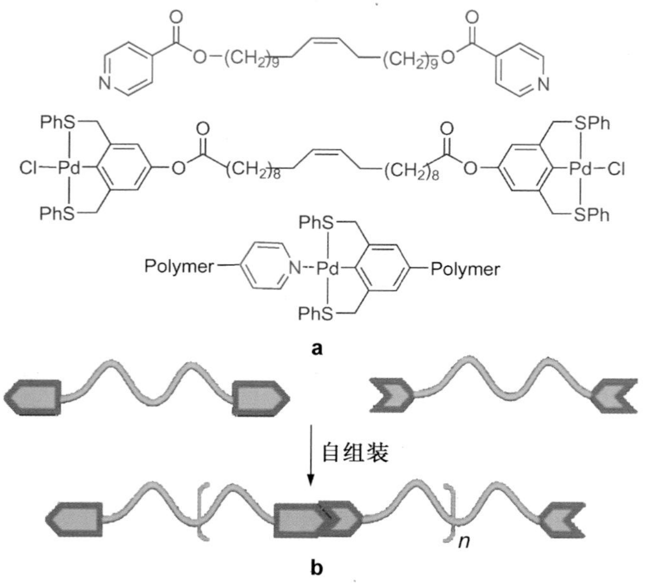

图 3.18　从两端含吡啶基团的单体和 M[II] - pincer 型单体自组装制备金属配位线性嵌段共聚物[22]

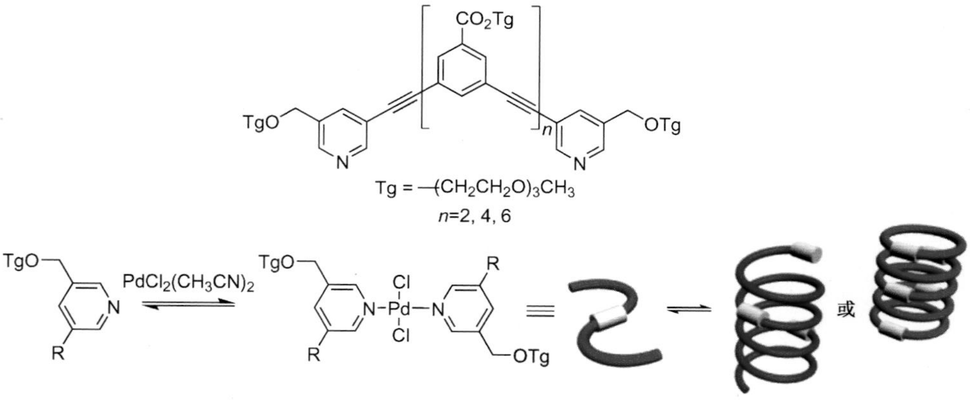

图 3.19　间苯基次乙炔基低聚物两端双功能吡啶基团与金属钯的配位[23]

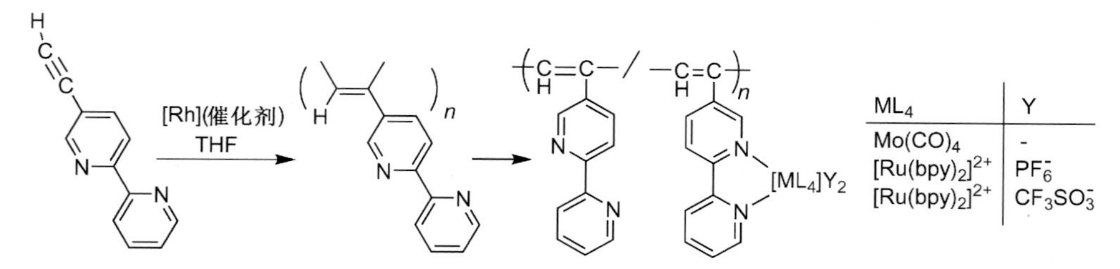

图 3.20　基于联吡啶的金属配位聚合物[24]

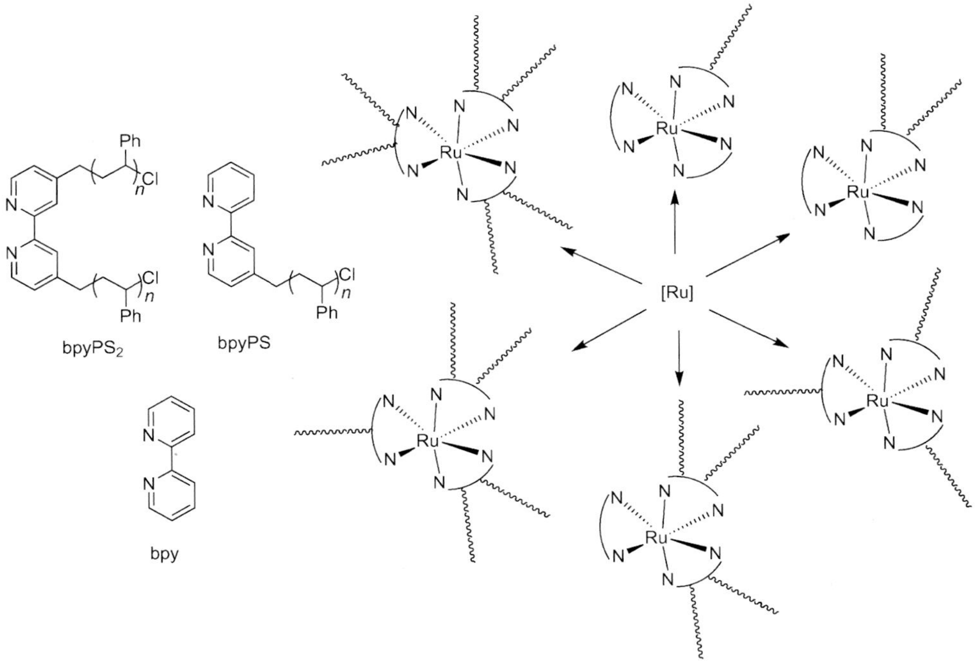

图 3.21　基于联吡啶和钌的金属配位聚合物[25]

Schubert 小组在研究了以二甘醇为桥制备三联吡啶(BIP)衍生物的基础上,以聚二甘醇为桥制备了单体 **5**(图 3.22a),并将其与不同的正二价金属离子(铬、铜、钴、镍、铁)自组装,制备了一些相对高分子质量的金属配位大分子组装超分子嵌段聚合物(图 3.22b)[26]。他们还研究了金属的种类对所得超分子嵌段聚合物的聚合度、相对分子质量以及黏度的影响,发现这些参数由大到小有如下顺序:铁>镍>钴>铜>铬。由黏度测试推测出基于二价铁的超分子嵌段聚合物的相对分子质量高达 80000,其结构见图 3.22c。对该聚合物浇铸膜进行 AFM 表征,结果显示其表面形貌呈均匀片状,尺寸约为 13～18 nm(图 3.22d)。他们还以氢键二聚体 **6** 为单体,利用多重氢键相互作用和金属配位作用的结合,制备了如图 3.23 所示的超分子多嵌段聚合物[27]。他们首先设计合成了一种在聚己内酯的一端连接金属配体三联苯,另一端连接含四重氢键的异氰酰-脲酰嘧啶酮的新化合物。该化合物在氯仿中易通过氢键作用形成二聚体 **6**。当滴加二价锌离子或铁离子时,金属离子与二聚体两端的三联苯配体发生配位,如此便得到了金属配位和氢键两种非共价键交替作用的线性超分子嵌段聚合物。这个聚合物还有一个优点,就是在体系中加入竞争配体羟乙基乙二胺三乙酸可导致超分子嵌段聚合物去配位，当再加入金属离子时又可重新恢复配位。可以说，Schubert 的这项研究为制备新颖的可“开关”的功能聚合物提供了新的思路。

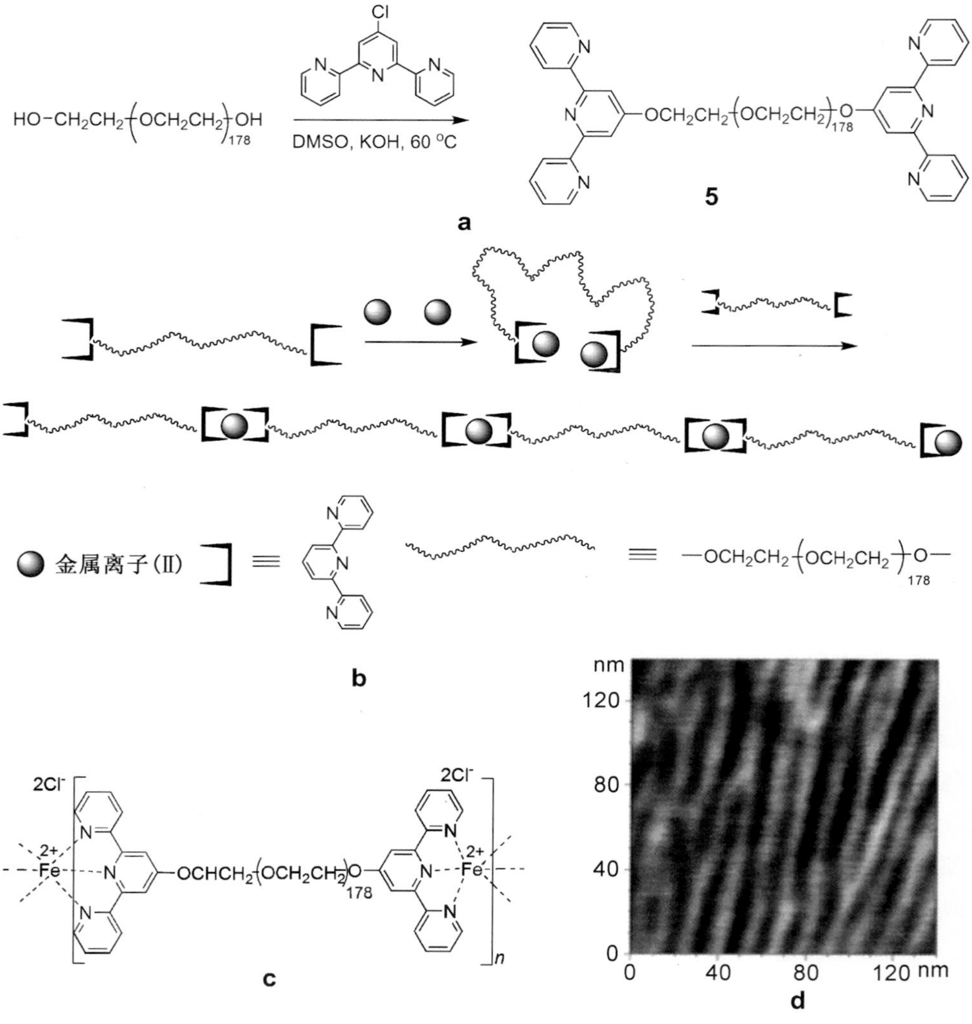

图 3.22 (a)单体 **5** 的合成；(b)单体 **5** 与一系列二价金属离子配位形成线性超分子多嵌段聚合物示意图；(c)、(d)单体 **5** 与二价铁离子的离子配位聚合物及其 AFM 图[26]

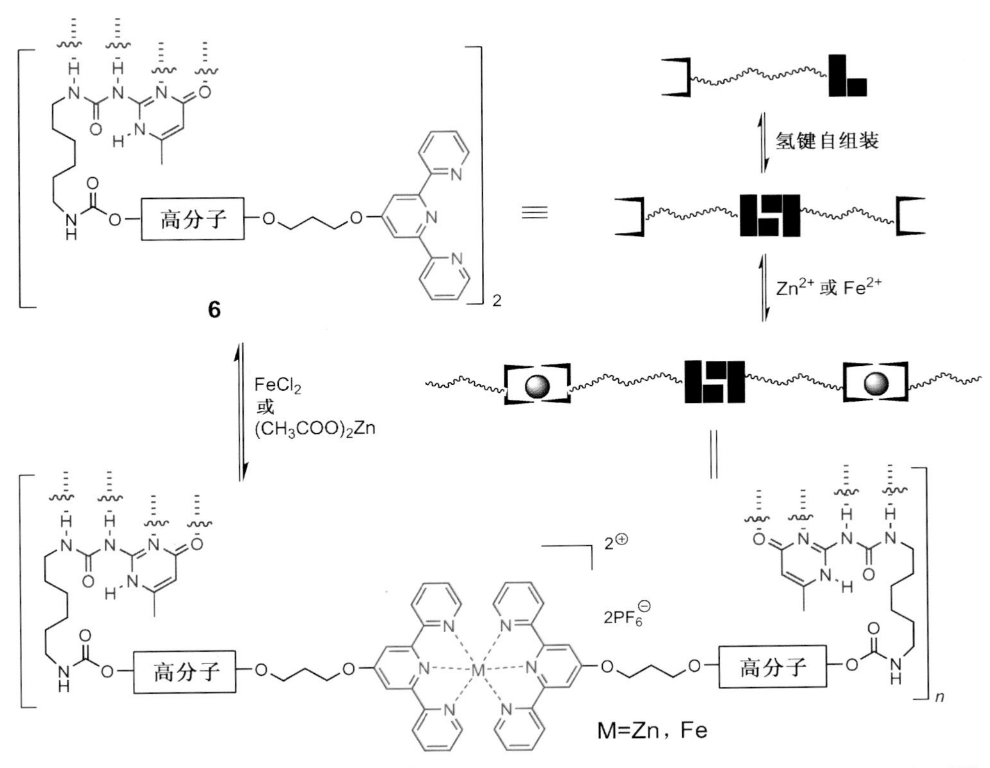

图3.23 基于氢键的二聚体**6**及其与二价铁离子和锌离子的金属配位超分子多嵌段聚合物[27]

Schubert还利用自由基聚合合成了侧链带有三联吡啶基团的聚甲基丙烯酸甲酯，然后把带有三联吡啶基团的小分子和高分子通过配位作用接到聚甲基丙烯酸甲酯的共聚物链上。这样通过自组装可形成一系列新的接枝聚合物（图3.24）[28]。"接枝"是高分子化学里一种比较重要的获取新材料的手段。而这种接枝聚合物不是依靠传统高分子化学可以得到的，这引领了一个新的方向——通过自组织过程获得新的一类高分子。

Rowan以五甘醇和不同相对分子质量的聚四氢呋喃聚合物为桥，制备了一些三齿配体（2，6-bis（1′-methyl-benzimidazolyl）pyridine，简称Mebip）为双端基的超分子嵌段聚合物。当向其中加入二价金属的高氯酸盐时，便自组装成金属-超分子嵌段聚合物。桥链本身的性质不但对自组装过程，也对生成的相应的金属-超分子嵌段聚合物的性质有着显著的影响。低柔韧性的五甘醇得到的是环状聚合物，金属复合物几乎没有机械强度上的增强；而以聚四氢呋喃为桥的金属-超分子嵌段聚合物则显示出很好的高分子性质，可以得到热塑性弹性体膜。对后者的研究发现，在这些膜中金属配位片段和柔性的聚四氢呋喃片段

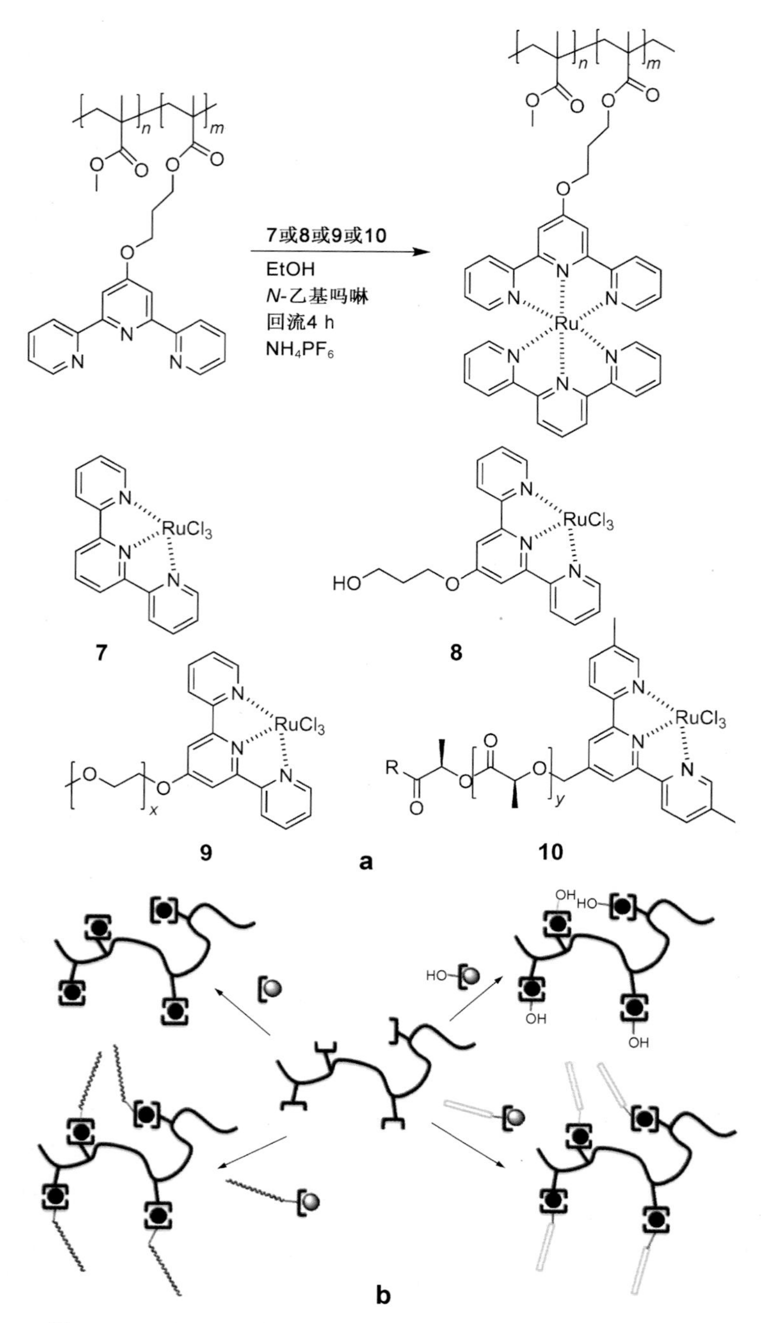

图 3.24　Schubert 基于三联吡啶和钌的接枝金属配位聚合物[28]

(a) 结构图;(b) 示意图

呈相分离状态，和热塑性弹性体的性质相一致(图 3.25a)[29a]。后来，他们又以亚苯亚乙炔低聚物为桥制备了一些相应的基于 Mebip 的金属-超分子嵌段聚合物，解决了高相对分子质量的聚苯亚乙炔等传统聚合物的加工难等问题(图 3.25b)[29b]。

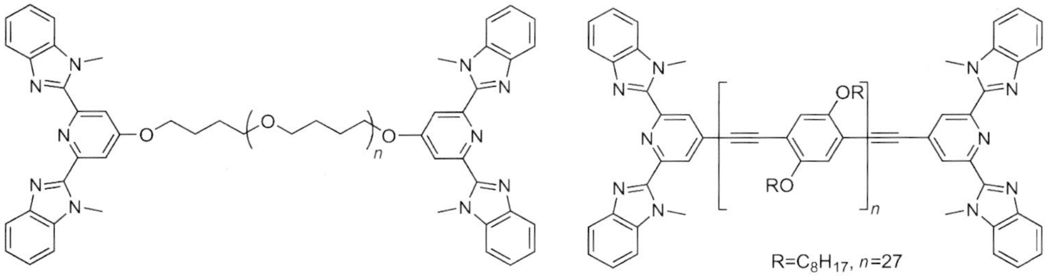

R=C_8H_{17}, n=27

a　　b

图 3.25　以聚四氢呋喃(a)和聚亚苯亚乙炔(b)为桥的双 Mebip 功能单体[29]

3.2.4　基于主客体络合作用制备超分子大分子

Gibson 研究小组基于冠醚的主客体络合制备了一系列拥有特殊拓扑结构的超分子大分子。比如，他们报道了通过连有楔形功能基团的双苯并-24-冠-8 衍生物和带有三个二级铵盐客体单元的核自组装可以得到[2]、[3]和[4]准轮烷树枝状大分子[30](图 3.26)。在此组装过程中，由于树枝状基团对三价二级铵盐离子的包合作用，使得[4]准轮烷树枝状大分子的形成具有很好的协同效应。此前树枝状大分子一般都通过共价键连接的方式制备得到，这项新研究为通过超分子作用来构建树枝状大分子提供了一种非常有效的方法。随后，他们合成了边缘双间苯-32-冠-10 官能团化的 pH 响应型树枝状大分子[31]，观察到该树枝状大分子和一个百草枯衍生物客体之间的络合为负协同络合(即前面发生的主客体络合使后续主客体络合的强度降低)，这主要是由空间位阻所引起的。但该树枝状大分子被质子化以后，各枝条得以充分伸展，主客体络合时的空间位阻变小，树枝状大分子和百草枯衍生物客体之间的络合变为统计络合(即前面发生的主客体络合不影响后续主客体络合的强弱)。接着，基于双间苯-32-冠-10 主体单元对百草枯客体单元的识别，他们从一个三冠醚核和单百草枯客体单元官能团化的线性聚苯乙烯自组装制备了三臂超分子星形聚合物[32](图 3.27)。1997 年，他们首次制备了带侧链轮烷的聚丙烯酸甲酯接枝网络聚合物[33]，发现通过控制溶液极性可以很好地控制产物的拓扑结构。若以二甘醇二甲醚作溶剂，会使羟基取代的冠醚之间发生氢键相互作用而交联在一起；若溶剂是极性较大的二甲基亚砜，可阻止这种氢键作用而生成希望得到的接枝聚合物，再通过尾端酯化可得到复杂的机械交联结构。同时，他们合成了其他类似溶剂控制的接枝聚合物和交联聚合物[34,35]。上述这些研究在基于主客体化学构建大分子及超分子大分子等方面具有一定的创新性，为推动大分子自组装理论和实践的发展作出了积极贡献。

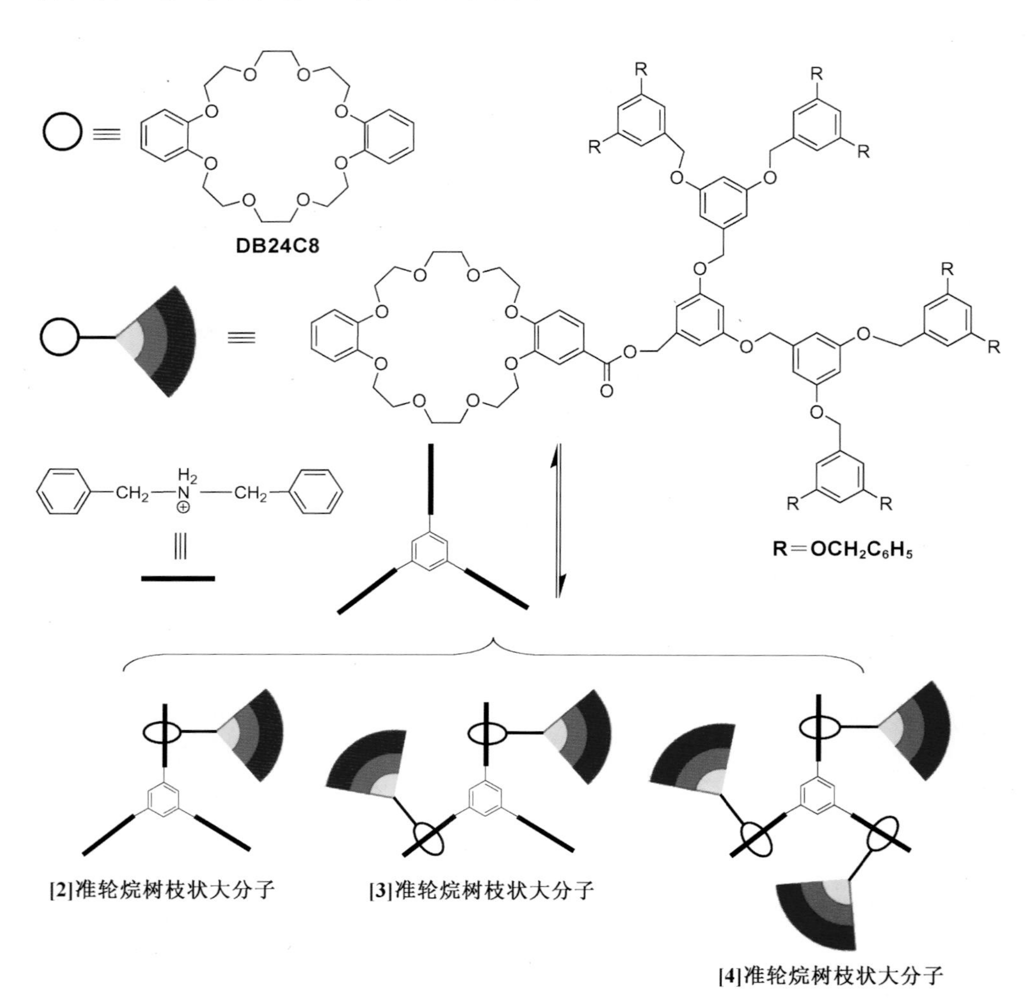

图 3.26　基于双苯并-24-冠-8对二级铵盐主客体识别合成[2]、[3]和[4]准轮烷树枝状大分子[30]

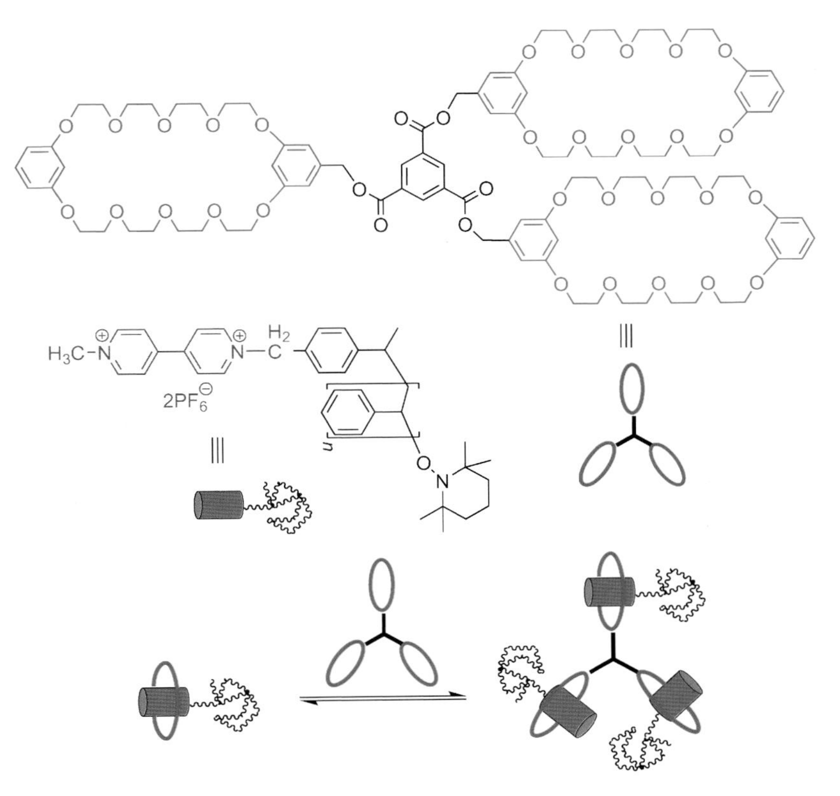

图 3.27　从三冠醚核和单百草枯客体单元官能团化的线性聚苯乙烯自组装制备三臂超分子星形聚合物[32]

Stoddart 研究小组利用冠醚对二级铵盐的主客体络合作用制备了一些机械互锁型树枝状分子。他们通过轮烷封端基团中的鏻盐与楔形醛分子的 Wittig 反应进行封端基团变换，得到了一个双[2]轮烷树枝状分子(图 3.28)[36]。在该新结构中，两个[2]轮烷作为整个树枝状分子的核，在枝化点处通过轮烷的机械键连接，将两个分别连有两个树枝状片段的哑铃状分子组装而形成大的双[2]轮烷树枝状分子。他们进一步利用双苯并-24-冠-8 与环己基二级铵盐之间的动力学控制的“滑动(slippage)”互穿方法制备了[2]轮烷树枝状分子(图 3.29)[37]：连有两个树枝状片段的双苯并-24-冠-8 与连有一个树枝状片段的环己基二级铵盐在升高温度后，环己基“滑动”穿过双苯并-24-冠-8，组装形成一个[2]轮烷树枝状分子。另外，他们还通过醛与胺形成亚胺的动态共价化学组装得到了一系列机械互锁的树枝状分子(图 3.30)[38,39]。这些在枝化点处依靠非共价键连接和机械互锁单元结合的树枝状分子在材料科学等领域具有潜在应用价值。

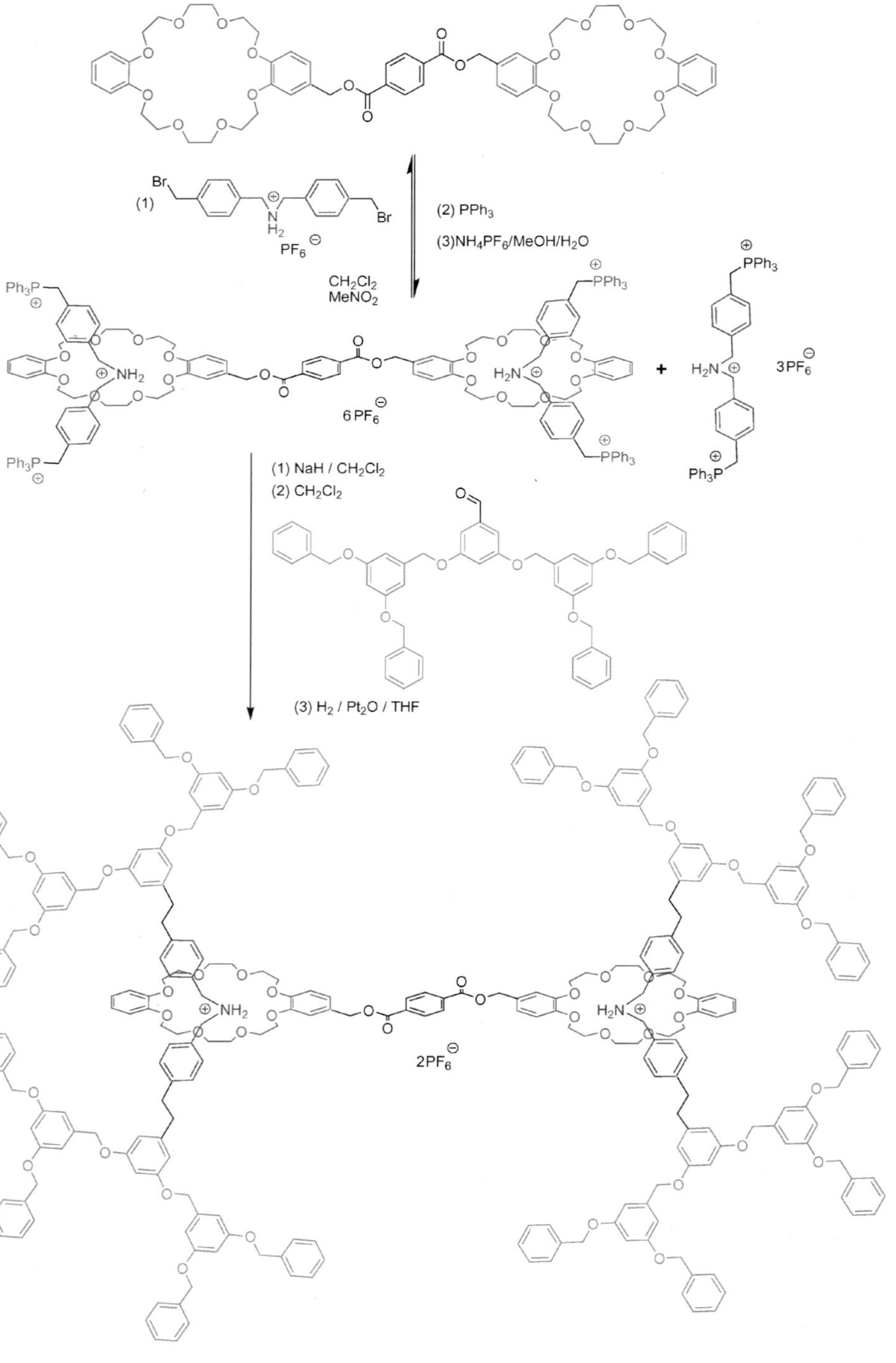

(1) $BrCH_2C_6H_4CH_2N^{+}H_2CH_2C_6H_4CH_2Br$ PF_6^{-}

CH_2Cl_2 $MeNO_2$

(2) PPh_3

(3) $NH_4PF_6/MeOH/H_2O$

$6PF_6^{-}$ + $3PF_6^{-}$

(1) NaH / CH_2Cl_2

(2) CH_2Cl_2

(3) H_2 / Pt_2O / THF

$2PF_6^{-}$

图 3.28 通过封端基团变换制备的双[2]轮烷树枝状分子[36]

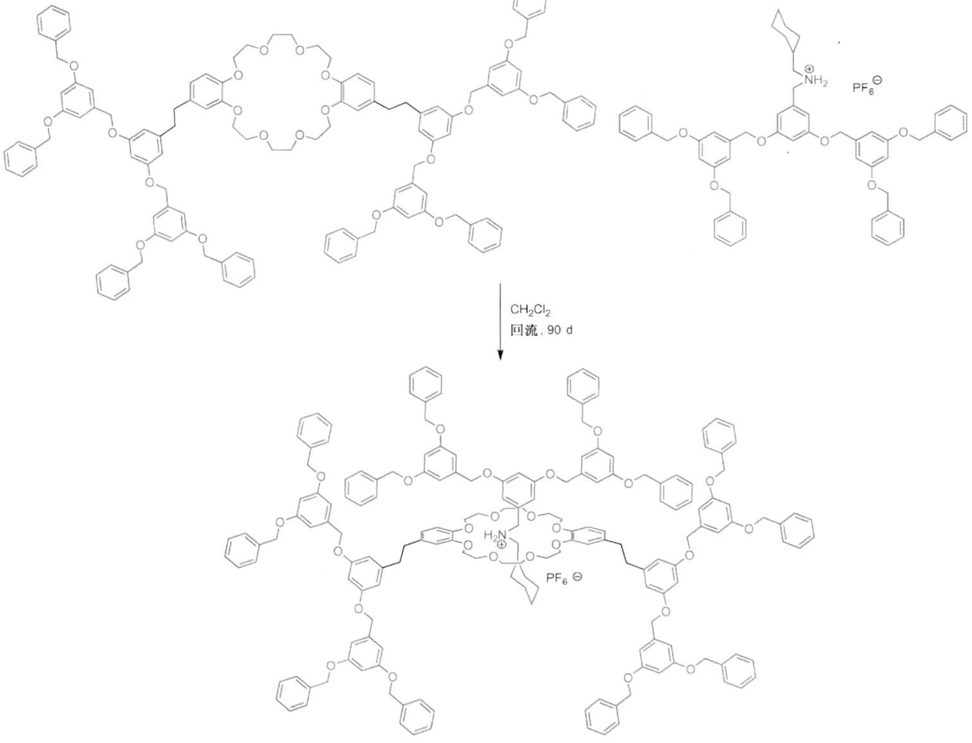

CH$_2$Cl$_2$
回流，90 d

图 3.29 通过“滑动”方法制备[2]轮烷树枝状分子[37]

Kim 则利用葫芦脲 CB[6]与质子化的胺以及 CB[8]与富电子、缺电子客体的络合作用，自组装制备了一种新型的树枝状[10]准轮烷结构。在该结构中，13 个组分通过非共价键相互作用形成稳定的超分子树枝状组装体[40]。合理的设计和独特的 CB[n]主客体络合特性使这种通过非共价键作用方便地合成如此复杂的超分子结构成为可能。当电子受体单元被还原或电子供体单元被氧化的时候，这一树枝状的[10]准轮烷结构将会解体，因此它可以发展成为氧化还原刺激的环境响应型自组装与解组装体。该体系还可被用来制备更加复杂的具有官能团化的轮烷树枝状分子或树枝状的轮烷结构，并有望用于光捕获天线和药物传送。

利用末端含有双苯并-24-冠-8 主体单元的四臂星形聚己内酯和两端含有二级铵盐客体单元的线性聚己内酯，刘世勇等人基于双苯并-24-冠-8 对二级铵盐的识别构筑了具有热响应性和酸碱度响应性的超分子交联网络聚合物[41]。在温度和溶液酸碱度改变的情况下，可以实现超分子交联网络聚合物的溶液凝胶转变。

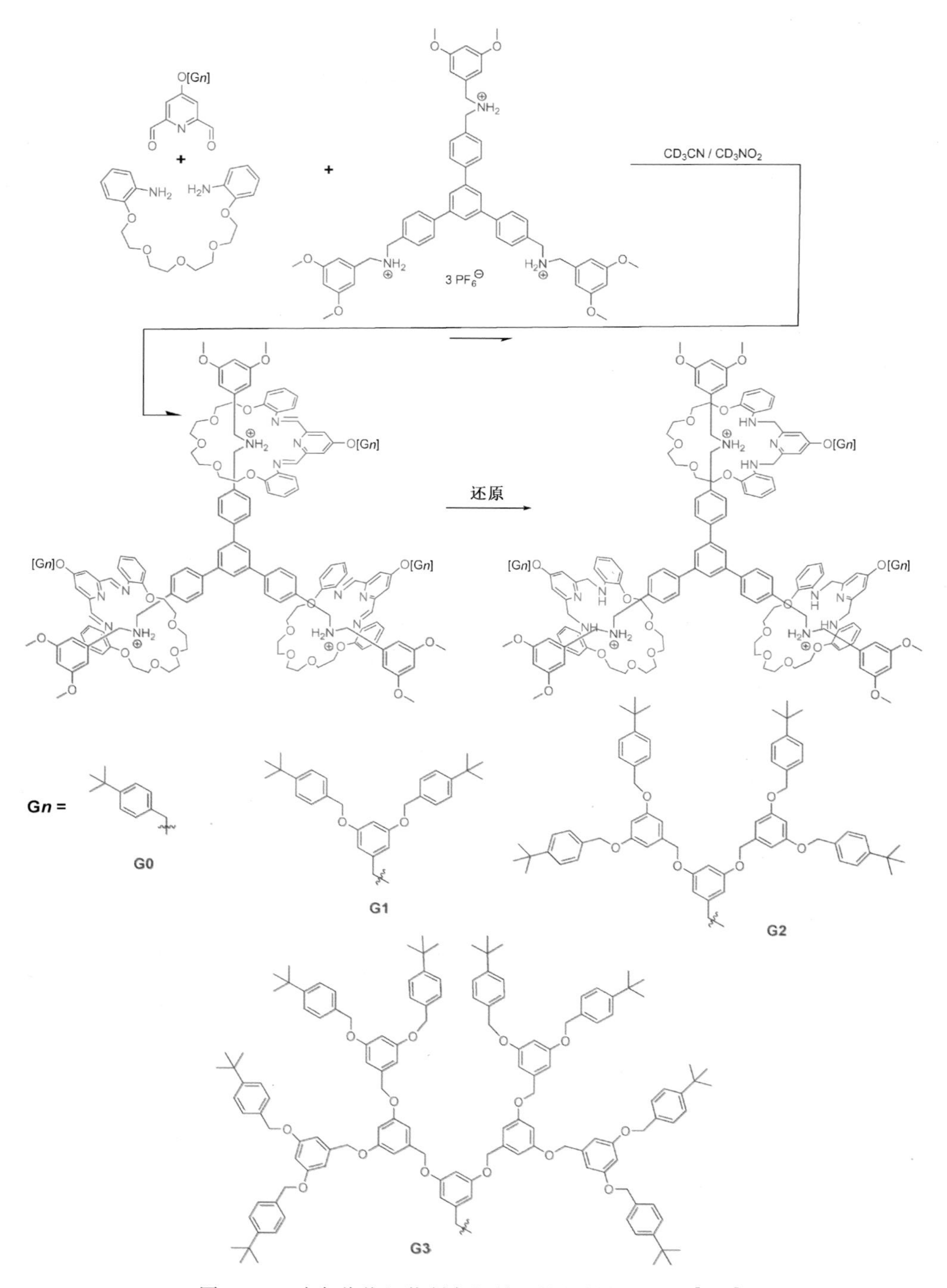

图 3.30　动态共价组装制备机械互锁的树枝状分子[38,39]

3.3 结论与展望

超分子大分子虽然是一门新兴的交叉学科,但其发展前景却让人有无尽的遐想。由大分子和小分子自组装而得到的大分子自组装体介于传统的高分子和由小分子自组装而得到的超分子聚合物之间。非共价键连接的引入必将使高分子具有不同于传统高分子的独特性质,如光、电、酸碱等环境响应特性。而高分子和小分子组装单元的独特结合又使大分子自组装体具有不同于超分子聚合物的特点。超分子大分子自组装体可以通过离子相互作用力来构建,也可以基于氢键相互作用力来形成。这些自组装体在液晶领域有着巨大的潜在应用价值,能使得液晶态更为可控可调;对温度敏感,具有热可逆性;有光活性,可以用来制备发光器件。超分子大分子自组装体也能通过金属配位和主客体相互作用力来构建,其中基于金属配位作用的自组装体研究得相对较多。通过超分子大分子自组装不仅可以形成不同的复杂的嵌段或接枝高分子,获得传统高分子聚合手段不能或难以获得的结构,还可以得到具有不同特性和功能的高分子,解决某些高分子难以加工的难题。利用超分子大分子自组装体的环境响应特性,可以探索它们在药物包裹和缓释方面的应用。但是,到目前为止,关于大分子自组装的研究开展得很有限,基于主客体作用来构筑大分子自组装体的研究更少。因此,大分子自组装的理论探索和应用研究应该引起广大科研工作者的重视。

参考文献

[1] (a) 沈家骢. 超分子层状结构:组装与功能. 北京:科学出版社,2005. (b) Chen D, Jiang M. Strategies for constructing polymeric micelles and hollow spheres in solution via specific intermolecular interactions. Acc. Chem. Res., 2005, 38: 494-502. (c) 江明,A. 艾森伯格,刘国军,张希. 大分子自组装. 北京:科学出版社. 2006. (d) Guo M, Jiang M. Non-covalently connected micelles (NCCMs): The origins and development of a new concept. Soft Matter, 2009, 5: 495-500. (e) Yan D, Zhou Y, Hou J. Supramolecular self-assembly of macroscopic tubes. Science, 2004, 303: 65-67. (f) Zhou Y, Yan D. Supramolecular self-assembly of amphiphilic hyperbranched polymers at all scales and dimensions: Progress, characteristics and perspectives. Chem. Commun., 2009: 1172-1188.

[2] (a) Huang W Y, Han C D. Synthesis of combined main-chain/side-chain liquid-crystalline polymers via self-assembly. Macromolecules, 2006, 39: 4735-4745. (b) Ikkala O, Ruokolainen J, Brinke G. Mesomorphic state of poly(vinylpyridine)-dodecylbenzenesulfonic acid complexes in bulk and in xylene solution. Macromolecules, 1995, 28: 7088-7094.

[3] Zhu X M, Beginn U, Möller M, Gearba R I, Anokhin D V, Ivanov D A. Self-organization of polybases neutralized with mesogenic wedge-shaped sulfonic acid molecules: An approach toward supramolecular cylinders. J. Am. Chem. Soc., 2006, 128: 16928-16937.

[4] Shibata M, Kimura Y, Yaginuma D. Thermal properties of novel supramolecular polymer networks based on poly (4-vinylpyridine) and disulfonic acids. Polymer, 2004, 45: 7571-7577.

[5] Kosonen H, Valkama S, Hartikainen J, Eerikal H, Torkkeli M, Jokela K, Serimaa R, Sundholm F, Brinke G, Ikkala O. Mesomorphic structure of poly (styrene)-block-poly (4-vinylpyridine) with oligo (ethylene oxide) sulfonic acid side chains as a model for molecularly reinforced polymer electrolyte. Macromolecules, 2002, 35: 10149-10154.

[6] Cheng Z Y, Ren B Y, Gao M, Liu X X, Tong Z. Ionic self-assembled redox-active polyelectrolyte-ferrocenyl surfactant complexes: Mesomorphous structure and electrochemical behavior. Macromolecules, 2007, 40: 7638-7643.

[7] Yue H J, Wu M Y, Xue C H, Velayudham S, Liu H Y, Waldeck D H. Evolution in the supramolecular complexes between poly (phenylene ethynylene)-based polyelectrolytes and octadecyltrimethylammonium bromide as revealed by fluorescence correlation spectroscopy. J. Phys. Chem. B, 2008, 112: 8218-8226.

[8] (a) Chen H L, Hsiao M S. Self-assembled mesomorphic complexes of branched poly(ethylenimine) and dodecylbenzenesulfonic acid. Macromolecules, 1999, 32: 2967-2973. (b) Antonietti M, Conrad J, Thuenemann A. Polyelectrolyte-surfactant complexes: A new type of solid, mesomorphous material. Macromolecules, 1994, 27: 6007-6011. (c) Antonietti M, Conrad J. Synthesis of very highly ordered liquid crystalline phases by complex formation of polyacrylic acid with cationic surfactants. Angew. Chem. Int. Ed. Engl., 1994, 33: 1869-1870. (d) Xie D, Jiang M, Zhang G, Chen D. Hydrogen-bonded dendronized polymers and their self-assembly in solution. Chem. Eur. J., 2007, 13: 3346-3353.

[9] Watson J D, Crick F H C. Molecular structure of nucleic acids-a structure for deoxyribose nucleic acid. Nature, 1953, 171: 737-738.

[10] Sivakova S, Bohnsack D A, Mackay M E, Suwanmala P, Rowan S J. Utilization of a combination of weak hydrogen-bonding interactions and phase segregation to yield highly thermosensitive supramolecular polymers. J. Am. Chem. Soc., 2005, 127: 18202-18211.

[11] Viswanathan K, Ozhalici H, Elkins C L, Heisey C, Ward T C, Long T E. Multiple hydrogen bonding for reversible polymer surface adhesion. Langmuir, 2006, 22: 1099-1105.

[12] Thibault R J, Hotchkiss P J, Gray M, Rotello V M. Thermally reversible formation of microspheres through non-covalent polymer cross-linking. J. Am. Chem. Soc., 2003, 125: 11249-11252.

[13] Nakade H, Ilker M, Jordan B J, Uzun O, LaPointe N L, Coughlin E B, Rotello V M. Duplex strand formation using alternating copolymers. Chem. Commun., 2005, 3271-3273.

[14] Zeng H, Miller R S, Flowers II R A, Gong B. A highly stable, six-hydrogen-bonded molecular duplex. J. Am. Chem. Soc., 2000, 122: 2635-2644.

[15] Yang P J, Wu C W, Sahu D, Lin H C. Study of supramolecular side-chain copolymers containing light-emitting H-acceptors and electron-transporting dendritic H-donors. Macromolecules, 2008, 41: 9692-9703.

[16] Cui L, Zhao Y. Azopyridine side chain polymers: An efficient way to prepare photoactive liquid crystalline materials through self-assembly. Chem. Mater., 2004, 16: 2076-2082.

[17] Cui L, Dahmane S, Tong X, Zhu L, Zhao Y. Using self-assembly to prepare multifunctional diblock copolymers containing azopyridine moiety. Macromolecules, 2005, 38: 2076-2084.

[18] Bazuin C G, Brandys F A. Novel liquid-crystalline polymeric materials via noncovalent "grafting". Chem. Mater. 1992, 4: 970-972.

[19] Kato T, Hirota N, Fujishima A, Fréchet J M J. Supramolecular hydrogen-bonded liquid-crystalline polymer complexes. Design of side-chain polymers and a host-guest system by noncovalent interaction. J. Polym. Sci.: Polym. Chem., 1996, 34: 57-62.

[20] (a) Kato T, Fréchet J M J. Stabilization of a liquid-crystalline phase through noncovalent interaction with a polymer side chain. Macromolecules,

1989, 22: 3818-3819. (b) Kato T, Kihara H, Uryu T, Fujishima A, Fréchet J M J. Molecular self-assembly of liquid crystalline side-chain polymers through intermolecular hydrogen bonding. Polymeric complexes built from a polyacrylate and stilbazoles. Macromolecules, 1992, 25: 6836-6841. (c) Kumar U, Kato T, Fréchet J M J. Use of intermolecular hydrogen bonding for the induction of liquid crystallinity in the side chain of polysiloxanes. J. Am. Chem. Soc., 1992, 114: 6630-6639. (d) Kato T, Kihara H, Kumar U, Uryu T, Fréchet J M J. A liquid-crystalline polymer network built by molecular self-assembly through intermolecular hydrogen bonding. Angew. Chem. Int. Ed., 1994, 33: 1644-1645.

[21] Yount W C, Loveless D M, Craig S L. Strong means slow: Dynamic contributions to the bulk mechanical properties of supramolecular networks. Angew. Chem. Int. Ed., 2005, 44: 2746-2748.

[22] Higley M N, Pollino J M, Hollembeak E, Weck M. A modular approach toward block copolymers. Chem. Eur. J., 2005, 11: 2946-2953.

[23] Wackerly J W, Moore J S. Cooperative self-assembly of oligo (*m*-phenyleneethynylenes) into supramolecular coordination polymers. Macromolecules, 2006, 39: 7269-7276.

[24] Vicente J, Gil-Rubio J, Barquero N. Synthesis, characterization, and metal complexes of polyacetylenes with pendant 2,2′-bipyridyl groups. J. Polym. Sci. Part A: Polym. Chem., 2005, 43: 3167-3177.

[25] Fraser C L, Smith A P. Metal complexes with polymeric ligands: Chelation and metalloinitiation approaches to metal tris (bipyridine)-containing materials. J. Polym. Sci. Part A: Polym. Chem., 2000, 38: 4704-4716.

[26] Schmatloch S, van den Berg A M J, Alexeev A S, Hofmeier H, Schubert U S. Soluble high-molecular-mass poly (ethylene oxide) s via self-organization. Macromolecules, 2003, 36: 9943-9949.

[27] Hofmeier H, Hoogenboom R, Wouters M E L, Schubert U S. High molecular weight supramolecular polymers containing both terpyridine metal complexes and ureidopyrimidinone quadruple hydrogen-bonding units in the main chain. J. Am. Chem. Soc., 2005, 127: 2913-2921.

[28] Schubert U S, Hofmeier H. Metallo-supramolecular graft copolymers: A novel approach toward polymer-analogous reactions. Macromol. Rapid Commun., 2002, 23: 561-566.

[29] (a) Beck J B, Ineman J M, Rowan S J. Metal/ligand-induced formation of metallo-supramolecular polymers. Macromolecules, 2005, 38: 5060-5068. (b) Knapton D, Rowan S J, Weder C. Synthesis and properties of metallo-supramolecular poly(*p*-phenylene ethynylene)s. Macromolecules, 2006, 39: 651-657.

[30] Gibson H W, Yamaguchi N, Hamilton L, Jones J W. Cooperative self-assembly of dendrimers via pseudorotaxane formation from a homotritopic guest molecule and complementary monotopic host dendrons. J. Am. Chem. Soc., 2002, 124: 4653-4665.

[31] Jones J W, Bryant W S, Bosman A W, Janssen R A J, Meijer E W, Gibson H W. Crowned dendrimers: pH-responsive pseudorotaxane formation. J. Org. Chem., 2003, 68: 2385-2389.

[32] Huang F, Nagvekar D S, Slebodnick C, Gibson H W. A supramolecular triarm star polymer from a homotritopic tris(crown ether) host and a complementary monotopic paraquat-terminated polystyrene guest by a supramolecular coupling method. J. Am. Chem. Soc., 2005, 127: 484-485.

[33] Gong C, Gibson H W. Self-threading-based approach for branched and/or cross-linked poly(methacrylate rotaxane)s. J. Am. Chem. Soc., 1997, 119: 5862-5866.

[34] Gibson H W, Nagvekar D S, Powell J, Gong C, Bryant W S. Polyrotaxanes by in situ self threading during polymerization of functional macrocycles. Part 2: Poly(ester crown ether)s. Tetrahedron, 1997, 53: 15197-15207.

[35] Gong C, Gibson H W. Controlling polymeric topology by polymerization conditions: Mechanically linked network and branched poly(urethane rotaxane)s with controllable polydispersity. J. Am. Chem. Soc., 1997, 119: 8585-8591.

[36] Elizarov A M, Chiu S H, Glink P T, Stoddart J F. Dendrimer with rotaxane-like mechanical branching. Org. Lett., 2002, 4: 679-682.

[37] Elizarov A M, Chang T, Chiu S H, Stoddart J F. Self-assembly of dendrimers by slippage. Org. Lett., 2002, 4: 3565-3568.

[38] Leung K C F, Aricó F, Cantrill S J, Stoddart J F. Template-directed dynamic synthesis of mechanically interlocked dendrimers. J. Am. Chem. Soc., 2005, 127: 5808-5810.

[39] Leung K C F, Aricó F, Cantrill S J, Stoddart J F. Dynamic mechanically

interlocked dendrimers: Amplification in dendritic dynamic combinatorial libraries. Macromolecules, 2007, 40: 3951-3959.

[40] Kim S Y, Ko Y H, Lee J W, Sakamoto S, Yamaguchi K, Kim K. Toward high-generation rotaxane dendrimers that incorporate a ring component on every branch: Noncovalent synthesis of a dendritic [10] pseudorotaxane with 13 molecular components. Chem. Asian J., 2007, 2: 747-754.

[41] Ge Z, Hu J, Huang F, Liu S. Responsive supramolecular gels constructed by crown ether based molecular recognition. Angew. Chem. Int. Ed., 2009, 48: 1798-1802.

第4章 小分子自组装构筑超分子聚合物

4.1 引 言

对于研究对象而言,传统化学研究的是原子如何通过共价键构成分子;而超分子化学则研究如何通过分子之间非共价键相互作用,自组装成分子聚集体。这些分子聚集体在拓扑学和实际应用方面都具有非常重要的作用[1~20]。就制备方法来说,传统高分子聚合通过共价键将重复单元连接在一起;而本章所讨论的超分子聚合则借助分子间弱的非共价键相互作用使单体在溶液中自组装来"合成"高分子聚合物。这不仅是高分子合成化学领域的最新进展之一,也是当前高分子科学领域内的研究热点[1,2,4~6,10,17,19,20]。从涵盖范围上来讲,超分子聚合物有狭义和广义之分。狭义的超分子聚合物是小分子单体借助非共价键相互作用(包括氢键、$\pi-\pi$堆积作用、亲水憎水作用、金属配位作用、静电作用、电荷转移作用等)自组装而得到的聚合物,其重复单元之间只有非共价键相互作用力;广义的超分子聚合物还包括从大分子自组装而得到的聚合物[19,20]、准聚轮烷[21]和聚轮烷[21]。在这里,我们只讨论狭义上的超分子聚合物,即由小分子自组装而形成的超分子聚合物。

之所以要进行超分子聚合物方面的研究,原因主要有以下几点:第一,利用非共价键相互作用力来制备聚合物的理论日益成熟。第二,实际研究发现,非共价键相互作用的可逆性在溶液中体现为热响应性,这赋予超分子聚合物比传统高分子材料更好的热加工性:随着外界温度的升高,超分子聚合物发生降解,黏度降低,流动性增加;而当温度降低时,聚合物再一次形成。第三,非共价键相互作用的可逆性使得超分子聚合物具有自我修复能力[22]。第四,由于非共价键相互作用力的引入,利用超分子聚合的方法可以制备一些通过传统的高分子化学所不能制备的聚合物。第五,通过合理的分子设计,可以利用超分子聚合物制备一些环境响应型材料。第六,除了上面提到的特性之外,由于非共价键相互作用的引入，超分子聚合物是否还具备其他一些独特的性能呢？这些性能是否有什么独特应用呢？这些也会使人们对超分子聚合物的研究产生浓厚的兴趣。

目前，超分子聚合物已经在某些方面有了具体的应用。例如，某些氢键型超分子聚合物可用于遥爪齐聚物的制备或对现有聚合物的改性[17]。荷兰的 Meijer 研究小组已经在进行超分子聚合物的商业化工作[22b]。另外，超分子聚合物体系也为理论高分子学者提供了很好的研究体系，超分子聚合物的热力学本质使得其理论研究中不必考虑传统高分子必然涉及的动力学[17]。基于非共价键相互作用来设计与制备具备新颖结构和性能的超分子聚合物已经受到世界上普遍的重视，并已成为高分子科学和超分子化学的重要发展方向。近几年在美国化学会每年举行的两次全国会议上，其高分子分会专门设立此方向的分会场就充分说明了这一点。考虑到超分子聚合物研究的重要性，超分子聚合物被国家自然科学基金委确定为“十一五”规划的择优支持领域。

根据重复单元间主要的非共价键相互作用力，超分子聚合物主要可分为四类：基于多重氢键的超分子聚合物、基于 $\pi-\pi$ 堆积相互作用的超分子聚合物、金属配位超分子聚合物和基于主客体互穿结构的超分子聚合物。下面就按这四个方面对超分子聚合物领域内的进展做一总结。

4.2 超分子聚合物的合成和应用

以下分别阐述基于不同机理的超分子聚合物合成及应用。

4.2.1 基于多重氢键作用制备超分子聚合物

尽管氢键不是最强的非共价键作用力，但氢键具有方向性、饱和性、动态可逆性和结合强度可调性[23~25]，这些因素使得基于氢键的超分子聚合物在超分子化学中占有非常重要的地位。

鉴于氢键作用力较弱，如要得到稳定的氢键超分子聚合物就必须引入多重氢键，或者同时引入其他非共价键力使之产生协同作用。其中，多重氢键超分子聚合物报道得最多。实际上，第一个超分子聚合物就是基于多重氢键的，它是由法国著名超分子化学家、诺贝尔奖获得者 Lehn 及合作者在 1990 年报道的[26a]。它是由一个两端含有脲嘧啶的单体 **1** 和一个两端含有 2,6 -吡啶二胺衍生物的单体 **2** 在溶液中通过 DAD - ADA(D：氢键供体；A：氢键受体)[26b] 三重氢键相互作用、等摩尔自组装而成的(图 4.1)。

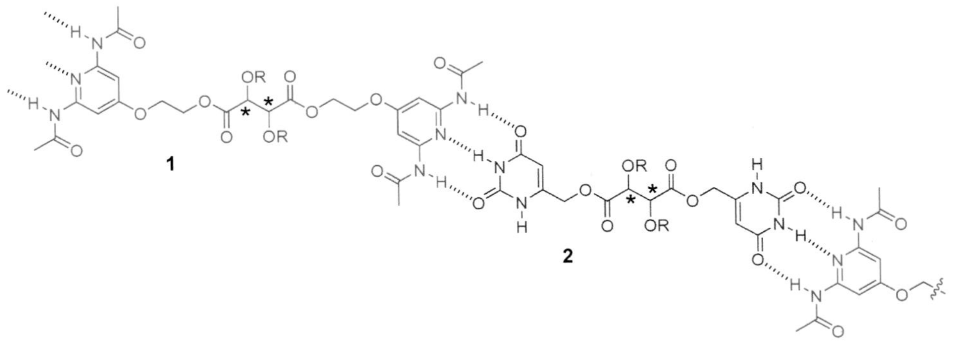

图 4.1　第一个基于多重氢键的超分子聚合物[26]

我们知道,单个氢键的强度基本上取决于受体和供体的性质。而当受体、供体不止一对时,相邻的多个受供位点的排列方式在很大程度上决定着多重氢键的强度。对于三重氢键超分子聚合物,受供位点有三种可能的排列(图 4.2)。在氯仿中,DAD－ADA 二聚体化合物对应络合常数通常为 $10^2 \sim 10^3$ L·mol^{-1};DAA－ADD的为 $10^4 \sim 10^5$ L·mol^{-1};AAA－DDD 的大于 10^5 L·mol^{-1}[1]。从络合常数来看,显然受供位点以 AAA－DDD 排列为最优[26b]。Jorgenson 发现这种差别由聚合物单体彼此的相互吸引或排斥的二级作用(attractive or repulsive secondary interaction)引起[27,28](图 4.2)。AAA－DDD 排列中均为吸引作用,所以拥有最强结合力。

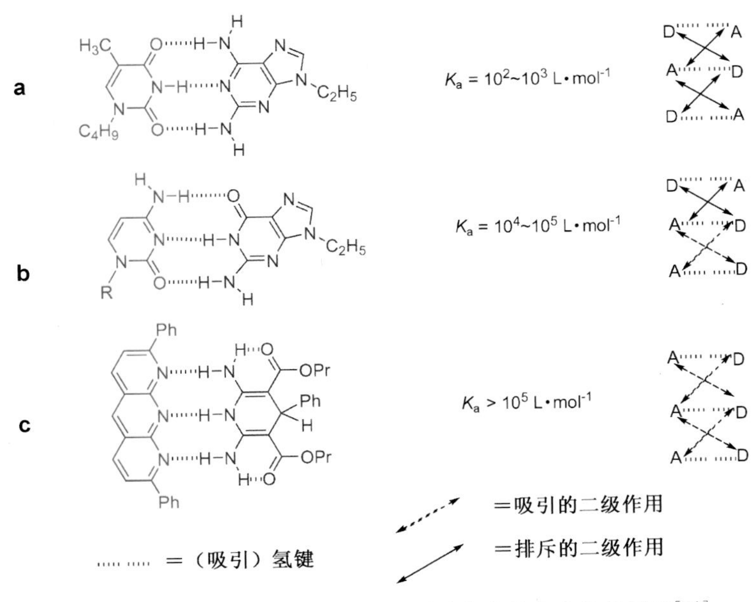

图 4.2　不同的供受体位点排列对化合物稳定性的影响[26b]

在同等条件下，氢键个数越多，结合力就越强。不过，利用优化排列的四重氢键已经可以得到足够稳定的超分子聚合物。比如 Meijer 研究小组利用 DADA - ADAD[29] 和 DDAA - AADD[30~36] 四重氢键制备了一些超分子聚合物。包含排斥作用最多的 DADA - ADAD 二聚物的络合常数在氯仿中能达到 2×10^4 L·mol^{-1}，优化的 DDAA - AADD 排列的脲嘧啶衍生物（UPy）**3·3** 二聚体在氯仿中的络合常数则高达 6×10^7 L·mol^{-1}。他们通过一步法合成 **3** 的单体，以及 **3** 的双官能团化合物 **4**（图 4.3）。因其二聚体具有特强氢键，因此双官能团化合物可在溶液中自组装形成非常稳定的长链聚合物（图 4.3）。实验表明，少量的 **4** 在氯仿中即可达到很高的黏度。根据计算，高浓度的 **4** 溶液中可形成相对分子质量高达 10^6 的长链聚合物。Zimmerman 研究小组[37~41]利用四重氢键相互作用制备超分子聚合物（二聚体类似于图 4.4 中的 **5·6**），其聚合单体单元之间的络合常数也为 10^7 数量级。由此可见，供体受体 DDAA - AADD 和 DAAD - ADDA 排列都有利于得到稳定的超分子聚合物。

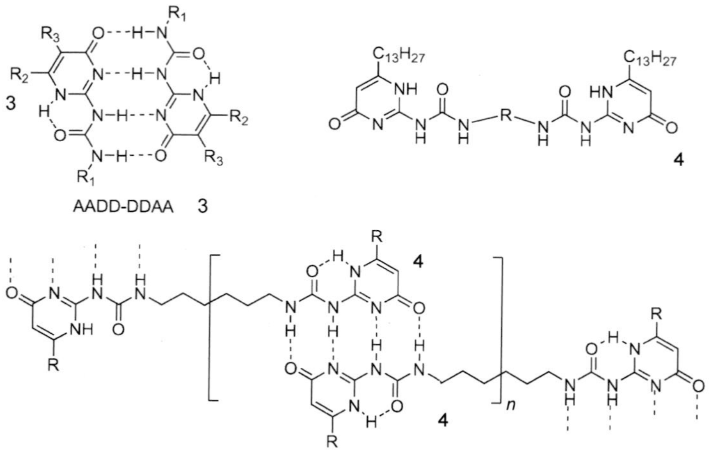

图 4.3　基于 DDAA - AADD 四重氢键作用的超分子聚合物[30~36]

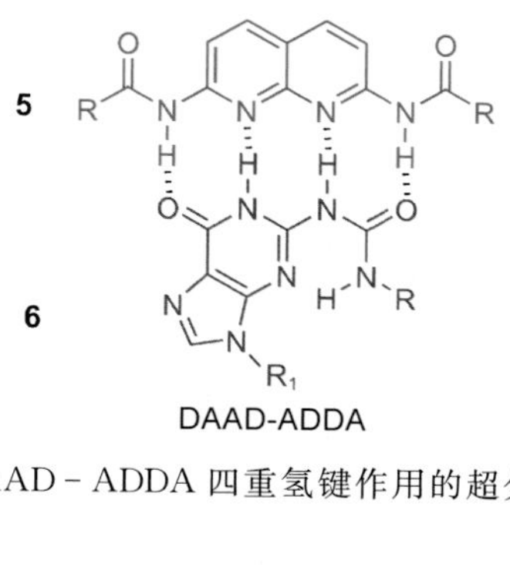

图 4.4　基于 DAAD - ADDA 四重氢键作用的超分子聚合物[37~41]

研究表明，超分子聚合物的聚合度不仅和单体之间络合的强弱密切相关，而且和浓度以及温度密切相关。比如 Lehn 研究小组[42] 利用 DADDAD - ADAADA 氢键相互作用，在癸烷中得到了以空间互补的 **7a** 和 **7b** 为单体的超分子共聚物(图 4.5)。在低溶液浓度下得到呈凝胶样的长链纤维状聚合物，其平均链长随浓度的升高和温度的降低而增长，反之则缩短。

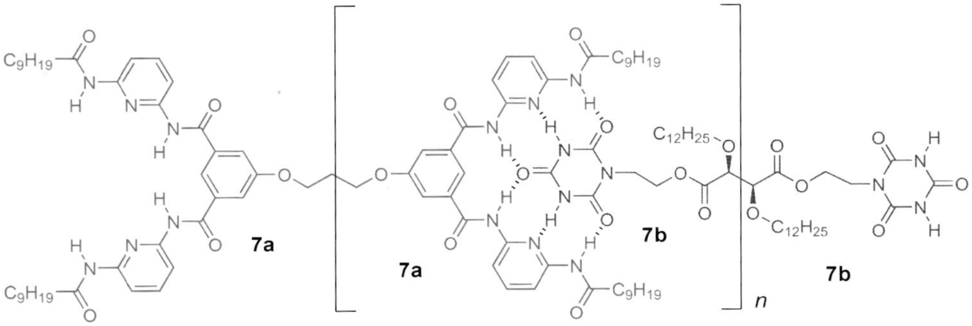

图 4.5　以空间互补的 **7a** 和 **7b** 为单体的基于六重氢键的线性超分子聚合物[42]

由上可以看出，所有提到的体系基本上都是在氯仿和癸烷等低极性溶剂中进行研究的，这并不是偶然现象。这是因为氢键相互作用与溶剂的极性有一定的相关性，低极性溶剂中氢键相互作用较强。因此，为了得到高相对分子质量的超分子聚合物，往往选择在低极性溶剂中进行聚合。

除了以上因素能影响所形成的氢键超分子聚合物之外，Meijer 等人还通过以下方式来改变他们所制备的超分子聚合物的性质。

比如，最近他们研究了包含 A·A 和 A·B(A 和 B 分别代表 Amino - UPy 和 NaPy 两种氢键相互作用，见图 4.6)的选择性 AB 型超分子聚合物[43]。调节 A·A和 B·B 的比例和浓度，可极大地影响所形成的氢键形式、链的长短以及形成的聚合物的形状。Meijer 发现，Amino - UPy 分子在溶液中更倾向于以二聚体形式存在($K_{dim} = 4.5 \times 10^5\ L \cdot mol^{-1}$)。当加入 NaPy 并使 $c_{Upy} : c_{NaPy} > 20 : 1$，且总浓度大于 $0.1\ mol \cdot L^{-1}$时，Upy 发生浓度依赖性选择，开始倾向于与 NaPy 形成 A·B 氢键相互作用 ($K_a = 6 \times 10^6\ L \cdot mol^{-1}$)。如果在开始时保持Amino - Upy单体的浓度大于 NaPy 单体的浓度，则得到高度聚合的 AB 型超分子聚合物。由于 NaPy 自身难以形成二聚体($K_{dim} < 10\ L \cdot mol^{-1}$)，因此当 NaPy 浓度超过 Amino - Upy 时，则可对聚合产生强有力地限制。他们还发现，在低浓度时，容易发生环化，形成环状低聚物；而当浓度逐渐增大，则形成聚合度很高的线性聚合物。

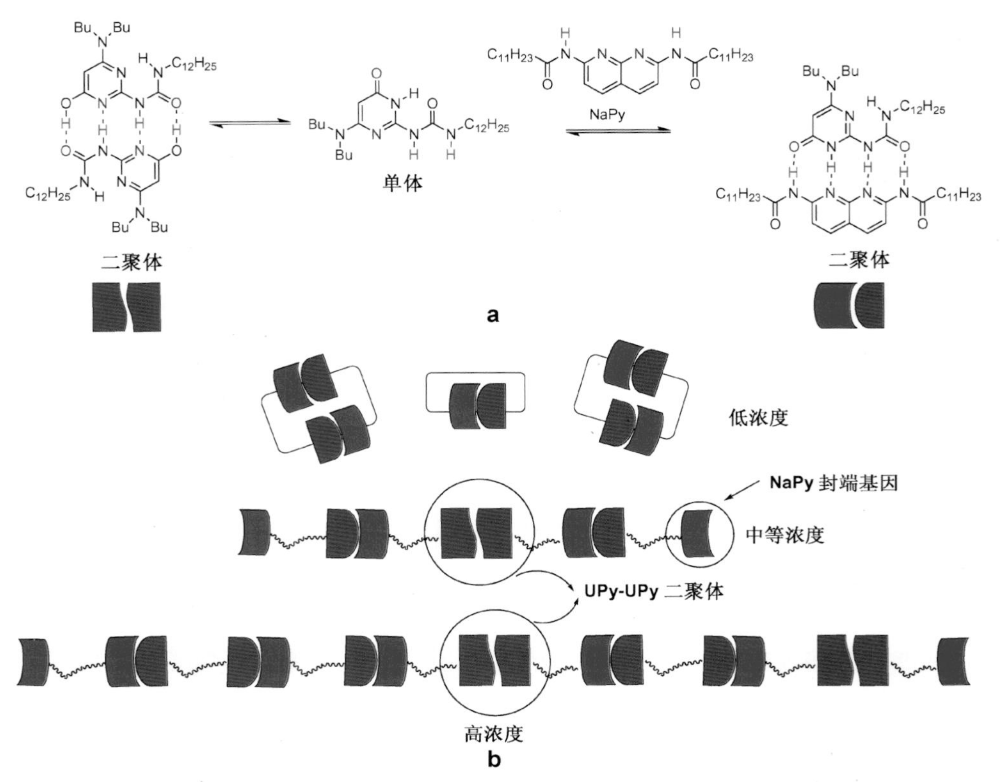

图 4.6 (a) AminoUPy 和 NaPy 之间的平衡过程;(b) AB 型超分子聚合物的浓度依赖性[43]

又比如,Meijer 利用添加随外界环境变化而发生改变的"智能材料"(smart material)的方法来控制超分子聚合物链的长度[44]。他们在前述的纯双官能团化合物 **4** 体系中加入随光照而发生分解的化合物 **8**,**8** 光照后分解为 **9**,而 **9** 则通过与 **4** 的超分子聚合物的两端形成四重氢键来终止链的生长,起到链终止剂(chain stopper)的作用(图 4.7)。因此,当利用适当外界条件来刺激"智能材料"时,添加了"智能材料"的聚合物的性质就随之改变。

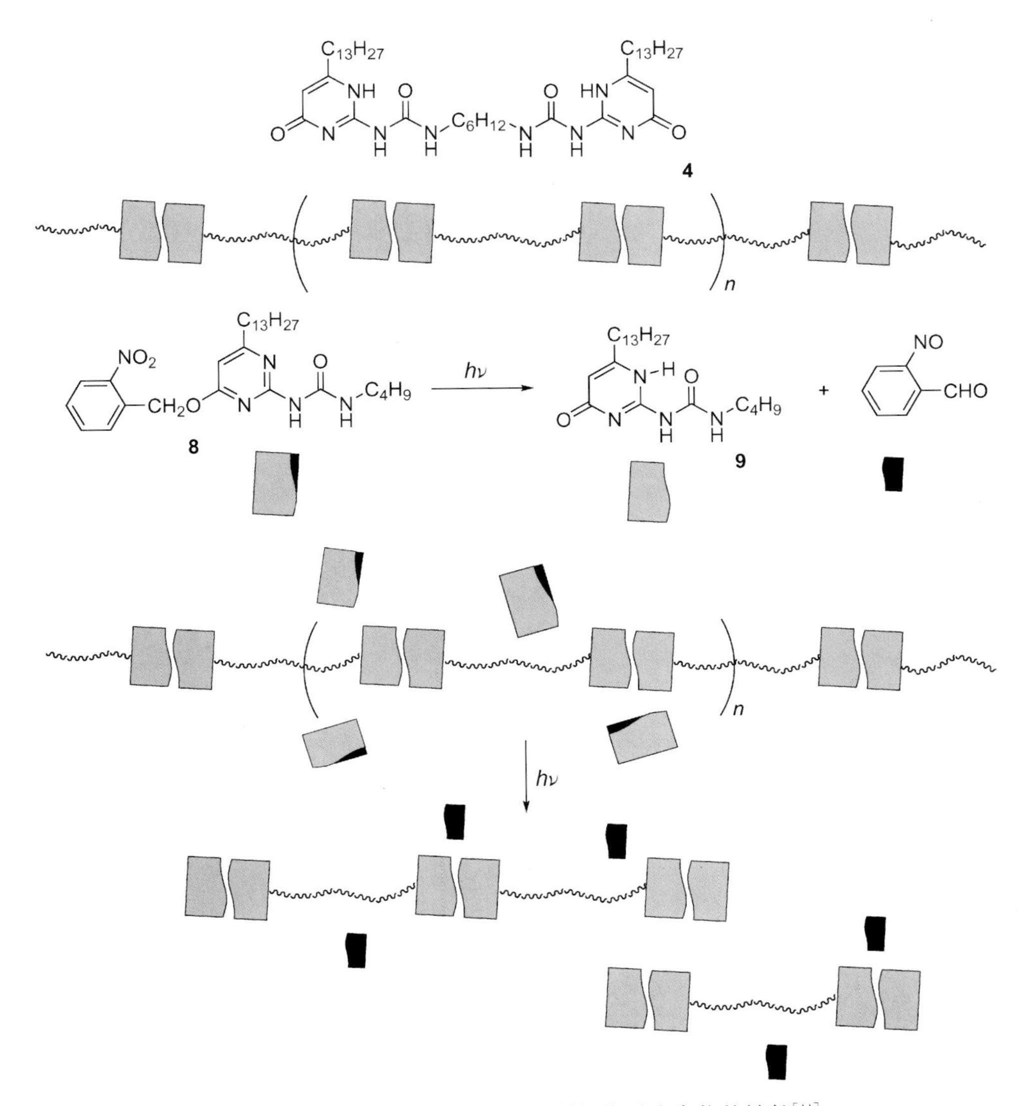

图 4.7　通过加入链终止剂来控制超分子聚合物的链长[44]

Meijer 还通过在线性低聚物的两端引入 DDAA 多重氢键官能团可以大幅地改变高分子材料的性质[31]。如在相对分子质量为 3.5×10^3 的碳氢低聚物两端引入 DDAA 多重氢键官能团后，在室温下高分子由一个黏稠液体转化成一个弹性固体（图 4.8）。

目前，通过可调控因素使超分子聚合物的性质达到人为可控是超分子聚合物的发展趋势之一。

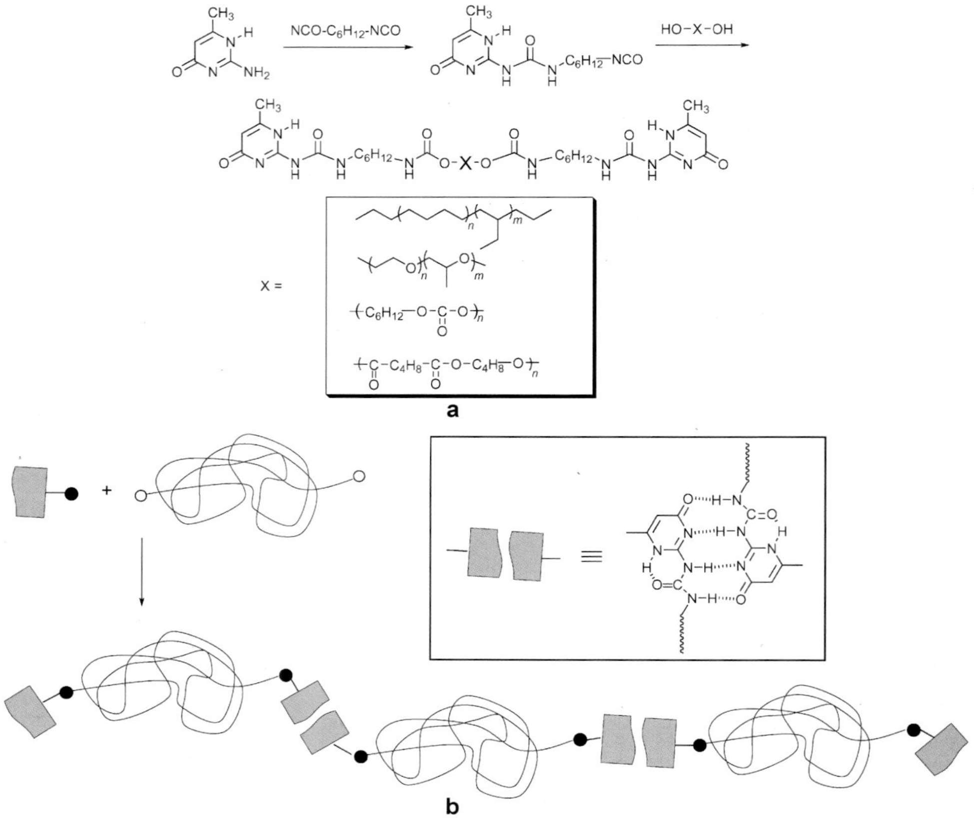

图 4.8 在低聚物两端引入多重氢键官能团[31]
(a) 合成路线;(b) 卡通图

合成新物质的最终目的是希望其具备广泛的用途,因此在聚合物中引入有应用价值的功能材料也是聚合物发展的趋势之一。由于在光信息储存和光电通信等方面的应用,偶氮苯基团被大量引入到聚合物中。1995 年,Natansohn 和 Tripathy 等人[45,46]首次将偶氮苯生色团引入聚合物膜,通过激光照射使偶氮苯发生光致顺反异构,导致聚合物膜表面分子发生宏观质量迁移,从而形成表面起伏光栅。得到的表面结构在低于聚合物玻璃态转化温度下可以稳定保持,并可通过加热或光照的方法擦除。上述过程可以重复进行,实现信息多次读取和存储。最近,清华大学张希研究小组[47]制备了基于 DADA - ADAD 四重氢键相互作用的偶氮苯衍生物 **10** 的主链超分子聚合物膜(图 4.9)。AFM 图显示,这个聚合物膜在 100℃以下都可以保持良好的稳定性(图 4.10)。

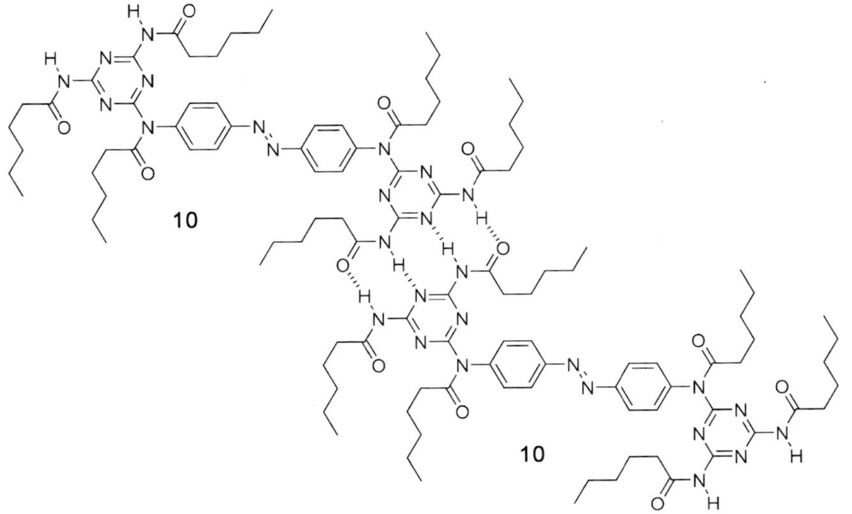

图 4.9　基于 DADA－ADAD 四重氢键相互作用的偶氮苯衍生物 **10** 的主链超分子聚合物[47]

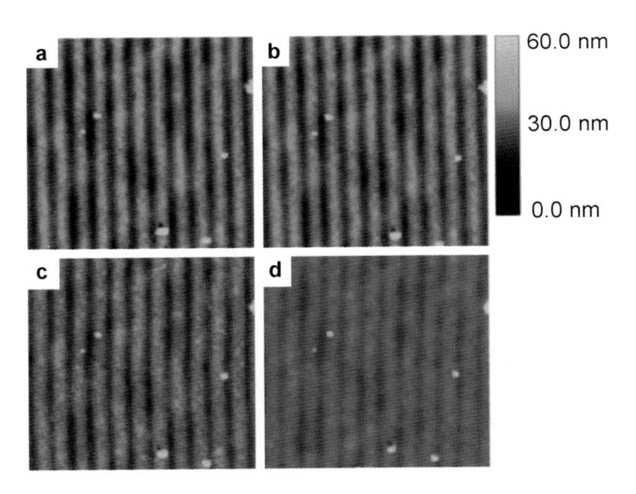

图 4.10　偶氮苯衍生物 **10** 的主链超分子聚合物分别加热到 60 ℃(a)、100 ℃(b)、120 ℃(c)、150 ℃(d)时的 AFM 图[47]

4.2.2　基于金属配位作用制备超分子聚合物

金属配位超分子聚合物是通过配位键连接过渡金属和有机配体而成的。它们可溶于溶剂，在溶液中的聚合度具有浓度依赖性，且在溶液中的形成是动态可逆的。其中的金属离子可以改善聚合物的电子转移和运输过程、光合作用的能量转换、催化反应能力，以及磁性和氧化还原等性质，使得金属配位超分子聚合物在生物医用和纳米技术等方面有着广泛的潜在应用价值[48]。

Velten 等人[49]于 1996 年制备了第一个金属配位超分子聚合物。它由包含两个邻二氮杂菲基团的双功能金属配体 **11** 和正一价铜离子发生金属配位而得到(图 4.11)。实验表明，上述体系只有在非竞争性溶剂中才可以得到聚合度很高的超分子聚合物。如在 1,1,2,2-四氯乙烷溶液中，当用正一价铜离子滴定配体 **11**，在两者的摩尔浓度相同时，体系具有高黏度，有高相对分子质量超分子聚合物形成。而在金属配位竞争性溶剂(如乙腈)中，则不能得到超分子聚合物。

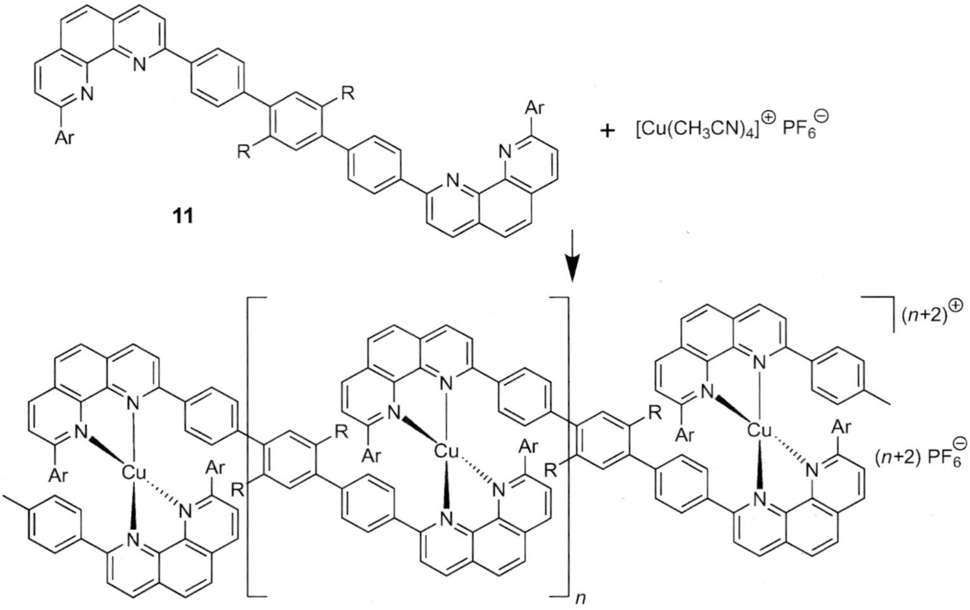

图 4.11　第一个金属配位超分子聚合物的合成[49]

Schubert 研究小组[50~52]制备了一系列基于 2,2′:6,2″-三联吡啶配体的水溶性金属配位超分子聚合物。对于三联吡啶功能基团来说，早期研究中所形成的刚性体系在溶剂中的溶解度一般都很差[53~55]，而增加亲水基团又颇费周章，因此其应用受到限制。尽管 Schubert 合成的以二甘醇为桥且含有两个三联吡啶配体端基的单体 **12** 也不溶于水，但通过 **12** 和 $FeCl_2$ 的自组装却得到了溶于水的可逆超分子聚合物[50](图 4.12)。

Rowan 研究小组[56~62]制备了一系列基于包含吡啶和咪唑基团的三齿配体 **13**(BIP)的金属配位超分子聚合物。他们以五甘醇为桥连接两个配体 **13**，得到带双 BIP 的单体 **14**。单体 **14** 只与过渡金属配位会形成 1∶2 的普通线性超分子聚合物；而如果在加入过渡金属的同时添加少量镧系金属离子，则因与镧系金属配

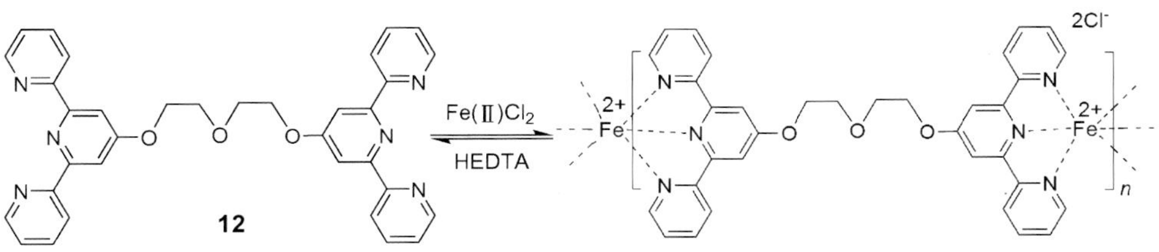

图 4.12　基于 2,2′:6,2″-三联吡啶配体 **12** 的水溶性金属配位超分子聚合物[50]

位的部分会发生 1∶3 交联，从而形成凝胶状超分子聚合物(图 4.13)。他们发现这些特殊的凝胶状聚合物对热、光、化学、机械振动等多种外界因素都具有强烈响应性[56,57,59,62]，并且这些环境响应性与参与配位的金属种类有关。例如，把凝胶 **15**∶Co/La(表示单体 **15** 与过渡金属 Co 和镧系金属 La 混合体系配位，以下类似)加热到 100 ℃，浅黄色凝胶变成可自由流动的橙红色溶胶，这意味着配位的镧系金属 La 从聚合物中脱离出来；而冷却后恢复凝胶状，表示 La 又重新配位。晃动可使 **15**∶Zn/La 由白色凝胶变为白色溶胶，静置片刻后则会恢复原状。此过程也对应着 La 离子脱离配位和恢复配位的过程。由于此类超分子聚合物在光电材料方面有潜在应用价值，Rowan 利用荧光光谱对凝胶的光电性质进行了分析。对于未结合的单体 **15**，测试显示其荧光发射峰位于 365 nm，在 **15**∶Zn/Eu 与 **15**∶Zn/La超分子聚合物中单体峰位移到 397 nm，说明单体荧光对结合与否很敏感。而 **15**∶Zn/Eu 与 **15**∶Zn/La 的不同之处在于，其谱图中还出现了615 nm处的新峰。原因是镧系金属 Eu 在紫外光照下，可与有紫外吸收的配体 BIP 发生配体-金属能量转移而发光，而镧系金属 La 则不能。因此，并非所有的镧系金属都具有与配体发生这种能量转移的能力。另外，Rowan 利用镧系金属与羧酸类物质之间的良好结合力，在体系中加入羧酸，使含镧系金属体系发生明显的化学响应。例如在 **15**∶Zn/Eu 凝胶中加入少量羧酸，然后再使其挥发，观察到了可逆的凝胶-溶胶和溶胶-凝胶转变。

Furusho 和他的合作者 Yashima 结合盐桥和金属配位作用首次合成了双股螺旋形超分子聚合物[63]，并对其性质进行了表征。由月牙形三联苯上连接的手性醚基团和非手性羧基基团之间形成盐桥，此结构相当稳定，可在两端连接各种功能基团[64~66]。Furusho 等人设计在其尾端连接四个吡啶基团，得到具有光活性的单体 **16**。这四个尾端的吡啶基团作为配位位点，取代 *cis* - $PtPh_2(DMSO)_2$ 中的 DMSO，从而与金属 Pt 发生配位作用，以形成双股的超分子聚合物 **17**(图 4.14)。对单体 **16** 和聚合物 **17** 的核磁氢谱测试结果显示，NH 质子处于 13.5 ppm 的低场，证明了盐桥的存在；而加 *cis* - $PtPh_2(DMSO)_2$ 之后，出现了脱离出来的自由 DMSO 的峰，这说明有基于金属配位的聚合物形成。紫外可见吸收光谱中聚合物 **17** 相对单体 **16** 的吡啶吸收峰大幅红移(从 320 nm 到 370 nm)也清

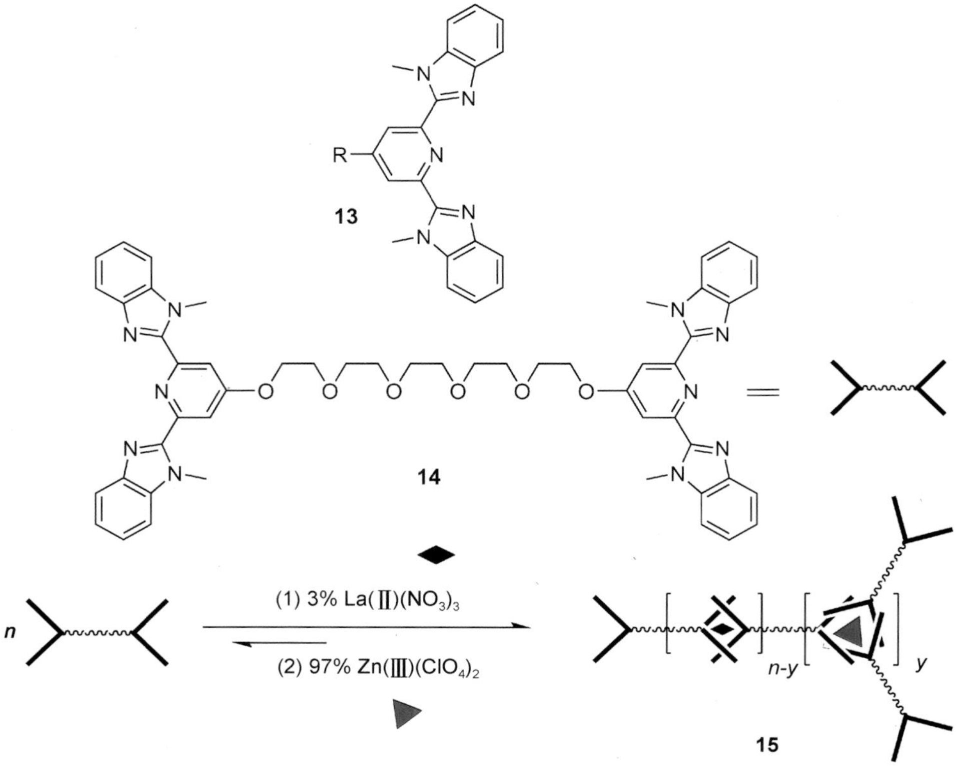

图 4.13　由单体 **14** 和过渡金属及镧系金属离子联合制备金属配位超分子聚合物凝胶材料[56,57]

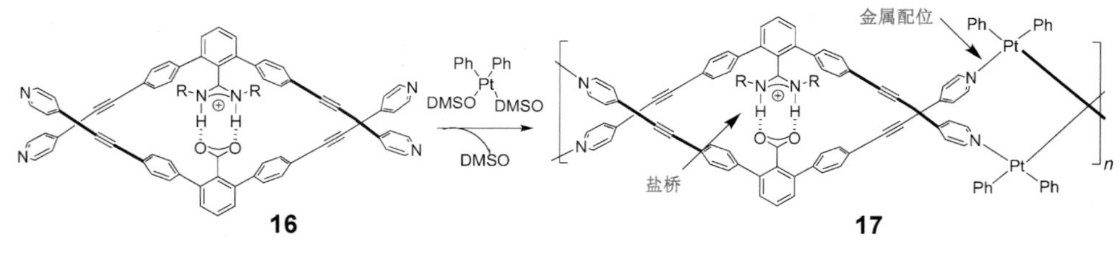

图 4.14　双股螺旋形超分子聚合物[63]

楚地显示金属-配体间发生典型的电荷转移。AFM 结果直观地表明，所形成的金属配位聚合物是具有 1.4 nm 的均匀厚度和约 100 nm 平均长度的束状线性聚合物。

Hunter 研究小组[67]研究了卟啉与金属配位的超分子聚合物。他们发现一端连接吡啶基团的锌卟啉单体 **18** 之间能够高效率地自组装成环状低聚物（图 4.15b），且二聚物的络合常数达 $10^6 \sim 10^8$ L · mol^{-1}。如此高的络合常数对形成长链超分子聚合物是非常有利的。同时，鉴于卟啉嵌段因其独特的光及电化学性质而具有的在材料的电荷转移和太阳能转化等方面的可预见的应用价值，Hunter 等人又设计了连有双功能吡啶基团的卟啉衍生物单体 **19**，用六配位的八面体二价钴与卟啉的四吡咯中心先配位，侧链吡啶基团再和钴离子配位，从而得到线性超分子聚合物（图 4.15c）。该金属配位超分子聚合物的形成得到了扩散核磁共振波谱和尺寸排除色谱的证实。根据尺寸排阻色谱实验，他们发现超分子聚合物的聚合度和单体 **19** 的初始浓度有关。当单体初始浓度为 7 mmol · L^{-1}时，所得超分子聚合物的平均相对分子质量为 1.36×10^5，对应的聚合度大约为 100。同时，单功能化的单体 **18** 将起到链终止剂的作用，且它的加入量越多，链长越短。最终得到的是缩短了的环环相接的类似聚索烃的聚合物。

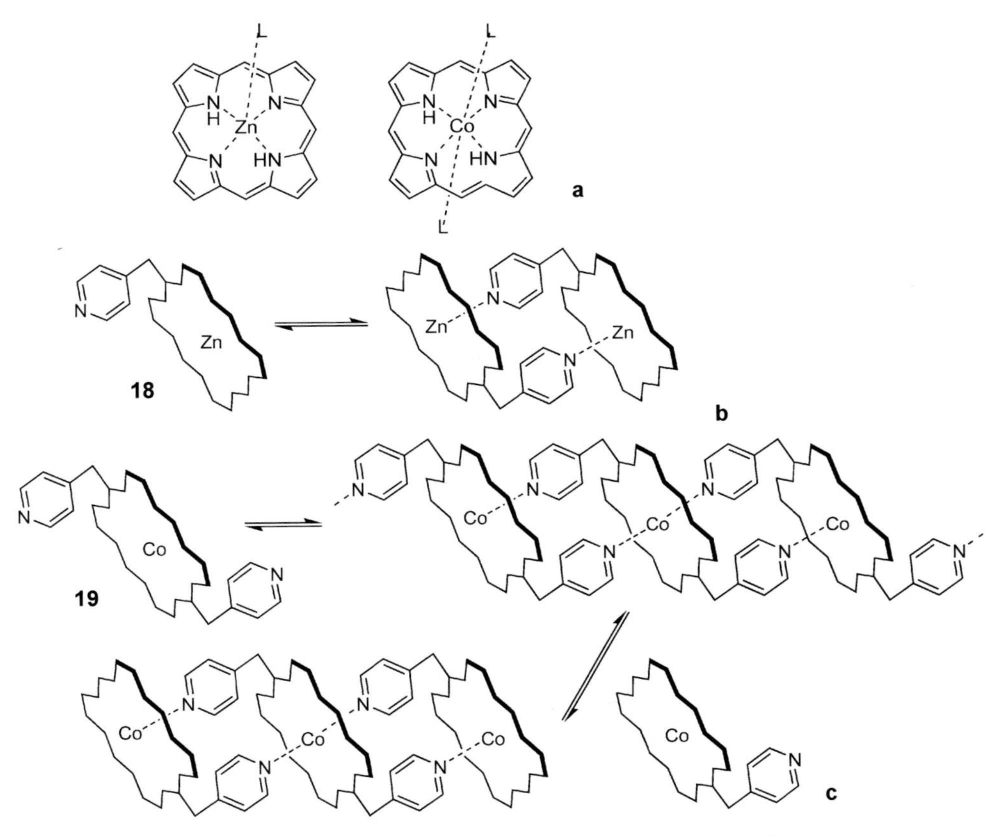

图 4.15 从卟啉衍生物 **19** 制备金属配位超分子聚合物[67]
(a) 构筑基元；(b) 环状低聚物；(c) 超分子聚合物

Terech 与其合作者令配体 **20** 与二价铜离子发生配位，制备了基于含氧有机配体的双核四羧酸盐超分子聚合物（结构见图 4.16）[68]。合成方法为：在搅拌的同时,将 Cu_2S_8 滴加到羧酸盐 $Na(O_2C—CH(C_2H_5)(C_4H_9))$ 的甲基环己胺溶液中,即可得到蓝色的凝胶状的线性超分子聚合物。

其他文献报道的金属配位超分子聚合物包括基于钯的交替共聚超分子聚合物[69]、基于正三价钕和镧的水溶性三维超分子聚合物网络[70]、由类似于 **12** 的单体和二价铬离子自组装而得到的线性超分子聚合物[71]。

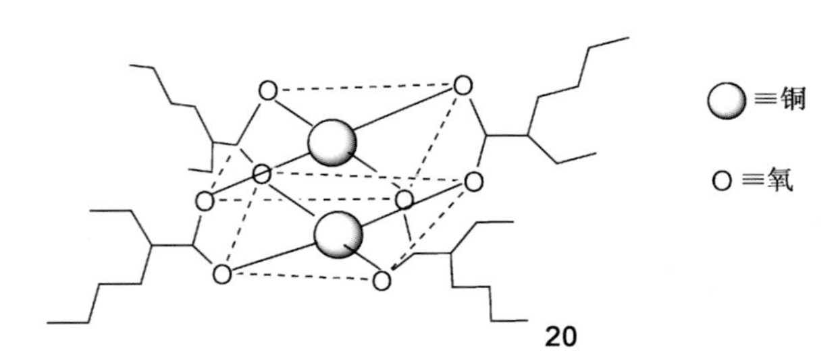

图4.16　二价铜离子与四羧酸盐形成的线性超分子聚合物[68]

4.2.3　基于 π－π 堆积相互作用制备超分子聚合物

基于 π－π 堆积相互作用(面对面或面对边)的超分子聚合物一般具有由平面的芳香体系组成的碟形核(如三亚苯类化合物、苯二甲氰胺类化合物、卟啉类化合物、苯炔类环状低聚物)和由柔性烷基链组成的侧链。芳香核提供形成此类超分子聚合物所必需的 π－π 堆积相互作用,而柔性烷基侧链则有助于改善单体和聚合物的溶解性,并有时可提供形成超分子聚合物的额外推动力(如溶剂化作用和氢键),有助于在溶液中生成超分子聚合物。此类超分子聚合物一般具有液晶性,有望应用于制备光导体[72]、分子线[73]、发光二极管[74]及光伏电池[75]等等。下面我们根据碟形核的不同来进行分类介绍。

1. 三亚苯类

具有烷氧基侧链的三亚苯类液晶是最早被报道的碟形液晶之一[76,77]。尽管三亚苯芳香核相对较小,但三亚苯衍生物在溶液中却可以发生以 π－π 堆积相互作用驱动的超分子聚合。

Sheu 等人[78]用小角中子散射研究了三亚苯衍生物单体 **21～23** 在氘代十六烷中的聚合情况(图 4.17),发现它们的稀溶液聚合度较低,但当它们的浓度大于 1 mmol・L^{-1}时,可以观测到棒状聚合物。但芳香核之间的距离大约为6 Å,大于液晶中通常观察到的 3.5 Å,表示形成的是相对松散的堆积结构。

Gallivan 等人[79]通过光学的方法观测了三亚苯衍生物的超分子聚合物的形成。他们发现,当单体 **24**(图 4.17)在正己烷中的浓度增加时,紫外可见光谱变宽并且峰值增加，显示出超分子聚合物的形成。

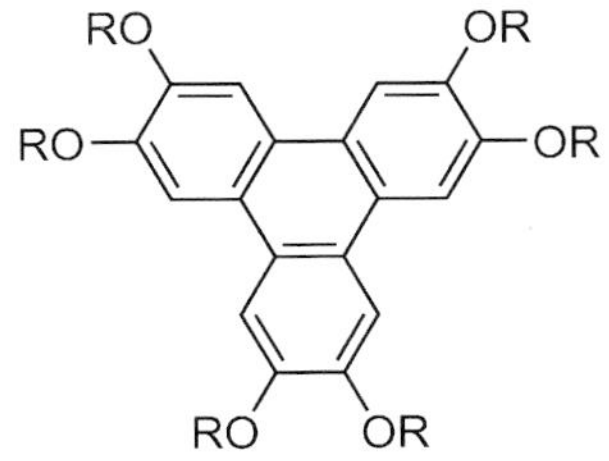

21: R = C_5H_{11}
22: R = C_9H_{19}
23: R = $C_{11}H_{23}$
24: R = C_6H_{13}

图 4.17　基于三亚苯基团的碟形液晶超分子聚合物单体[78,79]

2. 酞菁染料和卟啉类

由于可形成非常有序的超分子聚合物并具有广泛的用途[80～87]，酞菁、卟啉及它们的金属复合物也成为很有吸引力的构筑超分子聚合物的单元。相对于三亚苯，酞菁染料具有更大的芳香环，因此酞菁类化合物可以比三亚苯类化合物有更强的分子间 π－π 堆积相互作用。

Schutte 等人[88]研究了酞菁染料的衍生物单体 **25**（图 4.18）在各种浓度溶液及 LB 膜中的聚集形态。他们发现，单体 **25** 在 10^{-7}～10^{-2} L · mol^{-1}浓度的正十二烷溶液中，由于自身分子之间强的 π－π 堆积相互作用，主要倾向于以二聚体（$K_{dimer}=1.5\times10^6$ L · mol^{-1}）和三聚体（$K_{trimer}=5.2\times10^4$ L · mol^{-1}）存在。而在以 **25** 所制备的 LB 膜中，则以呈一维自组装的大圆柱状碟形结构聚集体的形式存在，这些聚集体由二聚体到六聚体组成。

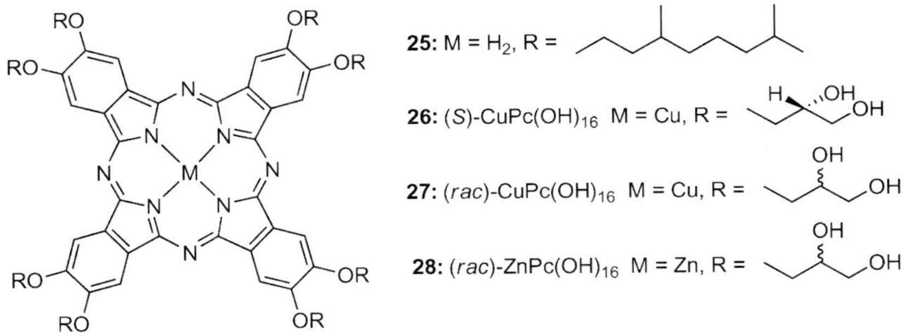

25: M = H_2, R =
26: (*S*)-CuPc(OH)$_{16}$ M = Cu, R =
27: (*rac*)-CuPc(OH)$_{16}$ M = Cu, R =
28: (*rac*)-ZnPc(OH)$_{16}$ M = Zn, R =

图 4.18　基于酞菁的碟形液晶超分子聚合物单体[88,89]

Kimura 等人[89]合成了二醇取代的两亲性手性金属酞菁，研究了手性因素和中心金属对它们在水溶液中形成纤维状超分子聚合物的影响（图 4.19）。他们发现，手性铜酞菁 **26**（图 4.18）在水溶液中为左向螺旋聚集体，当浓度足够高时，由于受到芳香核之间 π－π 堆积相互作用和侧链上羟基之间氢键作用的驱动，可以得到薄层状纤维超分子聚集体；铜酞菁的不具有手性的外消旋体 **27**（图 4.18）则平行堆积，最终组装成二维六角形点阵纤维超分子聚集体。他们还发现，这种纤维状超分子聚集体的形成极大地受中心金属离子的影响。当中心金属离子换为锌(锌酞菁 **28**，结构见图 4.18)时，就不能得到超分子聚集体。

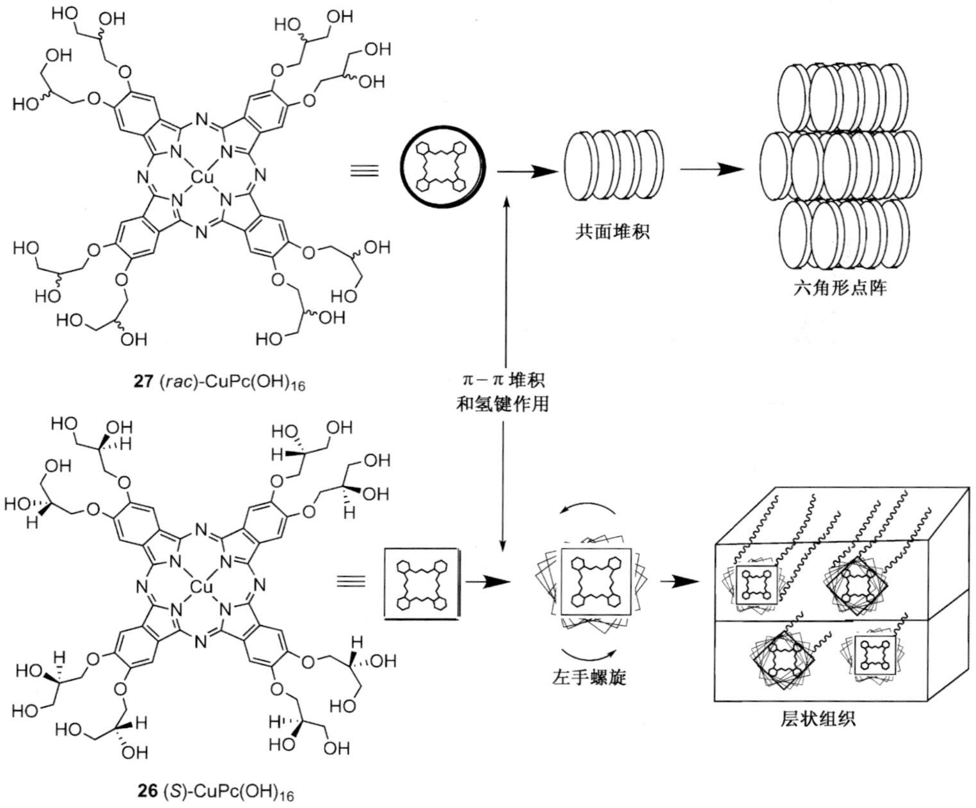

27 (*rac*)-CuPc(OH)$_{16}$

26 (*S*)-CuPc(OH)$_{16}$

共面堆积

六角形点阵

π－π 堆积和氢键作用

左手螺旋

层状组织

图 4.19　手性因素对酞菁形成超分子聚合物的影响[89]

Elemans 等人研究了三卟啉缩合物单体 **29** 在不同溶剂中的自组装行为及相应地在固一液界面的聚集行为的差别[90]。圆二色谱和动态静态光散射结果表明，在正己烷和环己胺的毫摩尔级浓度的溶液中，单体 **29** 均形成螺旋状长链的手性超分子聚集体(图 4.20)，溶液浇注在硅片上则立即沉淀呈纵横交错的螺旋状堆积；**29** 在其浓度小于 0.2 mmol・L^{-1}的氯仿溶液中一直以单体形式存在，当微摩尔级浓度的氯仿溶液被滴在硅片上时，没有沉淀生成，只是在进行除湿的过程中才开始自组装，最终形成单分子厚度的平行规整的柱状堆积。

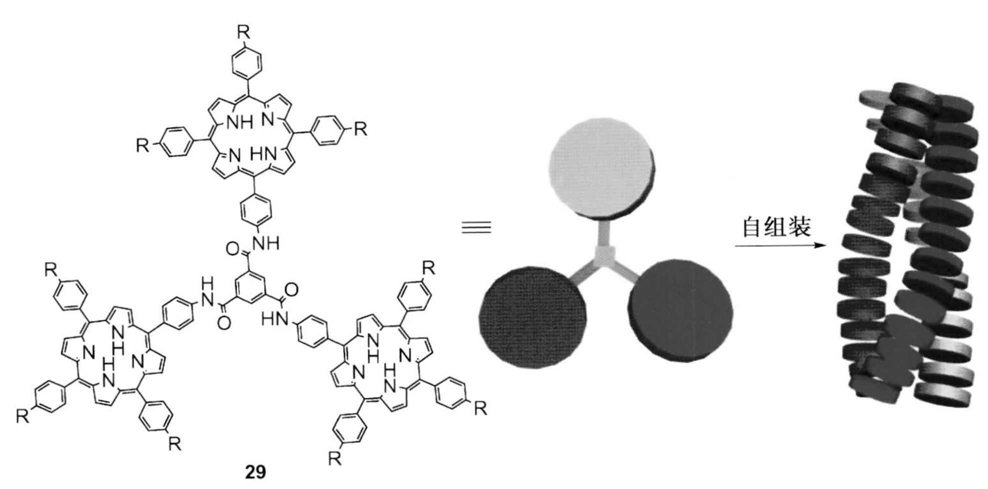

图 4.20　三卟啉缩合物 **29** 在正己烷和环己胺溶液中自组装成螺旋状手性超分子聚合物[90]

3. 苯炔大环类

美国的 Moore 研究小组[91~94]以苯炔大环体系为核制备了一系列基于 π－π 堆积相互作用的超分子低聚物。

最初，他们研究了一批以连接吸电子或供电子基团的长烷基链为侧链的此类低聚物 **30～43**（简称 PAMs，结构见图 4.21）的聚集行为[91]。其中，烷基链上包含吸电子酯基的低聚物之间的相互作用比含供电子烷基醚链以及同时包含两种取代基的低聚物要强。由于 PAMs 的溶解性较差，只能在氯仿等少数溶剂中考察它们的 π－π 相互作用的强弱。实验表明，在氯仿中酯基连接的烷基取代的此类低聚物具有较弱的 π－π 堆积相互作用（$K_a = 60\ L \cdot mol^{-1}$），而其他含烷基醚链的低聚物几乎不能形成 π－π 堆积。后来为了解决这个问题，他们又合成了三种具备更强极性侧链的苯炔类低聚物 **44～46**（图 4.21）[92]。其中的三甘醇官能团可以很好地促进 PAMs 在极性较大的溶剂中的溶解，并使苯炔环状核在大极性溶剂中的憎溶剂作用增强，从而使 π－π 相互作用得以促进。其中，含酯基的 **44** 的络合常数在氯仿中为 $50\ L \cdot mol^{-1}$，而在极性溶剂丙酮中为 $1.5 \times 10^4\ L \cdot mol^{-1}$；连 π－π 作用最弱的醚链取代的 **46** 在丙酮中的络合常数也达到 $140\ L \cdot mol^{-1}$（表 4.1）。

30: $R_1=R_2=R_3=R_4=R_5=R_6=COO^nC_4H_9$
31: $R_1=R_2=R_3=R_4=R_5=R_6=OCO^nC_4H_9$
32: $R_1=R_2=R_3=R_4=R_5=R_6=COO^nC_7H_{15}$
33: $R_1=R_2=R_3=R_4=R_5=R_6=COO^nC_8H_{17}$
34: $R_1=R_2=R_3=R_4=R_5=R_6=COO^n{}_{16}H_{33}$
35: $R_1=R_2=R_3=R_4=R_5=R_6=COO^tC_4H_9$
36: $R_1=R_2=R_3=R_4=R_5=R_6=CH_2O^nC_4H_9$
37: $R_1=R_2=R_3=R_4=R_5=R_6=O^nC_4H_9$
38: $R_1=R_2=R_3=R_4=R_5=R_6=O^nC_6H_{13}$
39: $R_1=R_2=R_3=R_4=R_5=R_6=O^nC_7H_{15}$
40: $R_1=R_2=R_3=R_4=R_5=R_6=O^nC_8H_{17}$
41: $R_1=R_2=R_3=R_4=R_5=R_6=O^nC_{10}H_{21}$
42: $R_1=R_3=R_5=COO^nC_4H_9$, $R_2=R_4=R_6=O^nC_4H_9$
43: $R_1=R_2=R_3=COO^nC_4H_9$, $R_4=R_5=R_6=O^nC_4H_9$
44: $R_1=R_2=R_3=R_4=R_5=R_6=COO(CH_2CH_2O)_3CH_3$
45: $R_1=R_2=R_3=R_4=R_5=R_6=CH_2O(CH_2CH_2O)_3CH_3$
46: $R_1=R_2=R_3=R_4=R_5=R_6=O(CH_2CH_2O)_3CH_3$

图 4.21　PAMs 分子的结构式[91,92]

表 4.1　PAMs - 44 和 PAMs - 46 在不同溶剂中的络合常数[92]

大环分子	溶剂	$K_a/(L \cdot mol^{-1})$
44	三氯甲烷	50
44	四氢呋喃	350
44	苯	1200
44	丙酮	15000
46	丙酮	140

此外，Moore 等人还以对亚苯基乙炔基苯炔大环单体 **47**（简称 AEM，结构见图 4.22）为核进行了研究[93,94]。由于 AEM 单体具有大而平坦、稳固的 π 平面，且合成简单，因此有望应用于纳米材料和纳米器件。基于 AEM 的这种特性，Moore 等人利用溶胶-凝胶法制得了单体 **47** 的超分子聚合物。具体方法是，加热单体 **47** 的环己胺溶液，再令其逐渐降温，当降至室温即呈凝胶状，发生这个变化的同时完成自组装。AFM 图像显示，得到了完美的一维纳米纤维（图 4.23）。这种方法避免了传统的扩散法容易引起的不朝 π - π 作用方向形成一维纤维，而因侧链憎溶剂作用更显著而形成体积庞大的聚合物[94]。

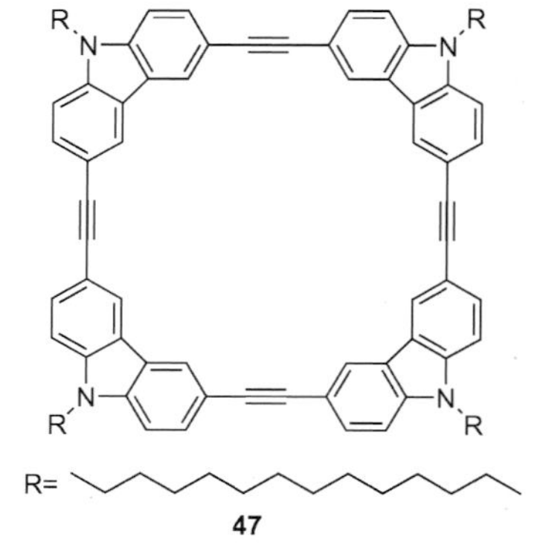

图 4.22　AEM 分子的结构式[93,94]

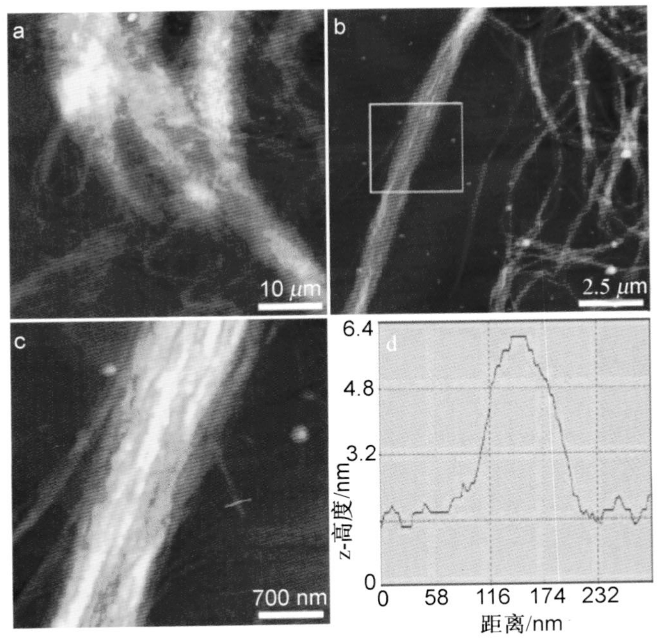

图 4.23　溶胶 AEM 的旋涂膜的 AFM 图[94]

(a) 全图;(b)、(c) 局部放大图;(d)c 图中标示部位的高度图

日本的 Tobe 研究小组[95~98]以二丁炔桥连间环番(简称 DBMs)为核制备了一系列基于 π－π 堆积相互作用的超分子低聚物 **48～54**(图 4.24)。与 PAMs 相比,二丁炔的强吸电子作用更强烈地改变芳香环的电子密度,使得这种低聚物具有更强的自组装倾向。Tobe 等人合成了四元环 **48**[95,97]和六元环 **49**[96,97],研究了它们的强聚集行为。他们还在此基础上合成了以吡啶基团取代苯环的四元环 **50**[97]和六元环 **51**[97]。核磁氢谱显示,**50** 或 **51** 的化学位移对浓度无依赖,即不发生自聚集。他们分析这可能是由吡啶氮原子的静电排斥作用造成的。而氢谱的最小二乘法拟合结果表明,**48** 与 **50** 之间主要形成二聚体,而 **49** 与 **51** 之间则可形成聚集度更高的聚集体,说明六元大环之间的结合能力较强。这可能是由于六元环尺寸较大,相互作用面积较大。另外,他们还合成了苯环被辛基酯、十六烷基酯及 3,6,9－三氧乙基甲基酯取代的四聚体(**52a**、**52b**)、六聚体(**53a**、**53b**)和八聚体(**54a**、**54b**)DBMs 分子[98],研究了它们在不同溶剂中的聚集行为。从络合常数的实验数据(表 4.2)可以看出,相同取代基的 DBMs 六元环的络合常数比相应的四元环和八元环分子的络合常数都要大很多倍,即六元环之间相互作用最强。此外,DBMs 体系之间的 π－π 相互作用比 PAMs 强得多。例如,四元环 **52b** 在极性溶剂甲醇、乙腈和丙酮中的络合常数分别高达 1.5×10^5 L·mol^{-1}、2.7×10^4 L·mol^{-1}

和 1.9×10^4 L・mol^{-1}。通过比较相同取代基的 DBMs 四元环 **52b** 与 PAMs 六元环 **44**($K_a=1.5\times10^4$ L・mol^{-1})在丙酮中的络合常数,可以看出前者比后者的相互作用还强。他们还意外地发现,芳香性的非极性溶剂有利于加强体系的π-π相互作用,甚至比极性较大的非芳香溶剂更有助于分子间聚集。例如,六元环 **53b** 在甲苯(极性为 2.40)中的络合常数为 3.0×10^4 L・mol^{-1},而在氯仿(极性为 4.40)与甲醇(极性为 6.60)9∶1 的混合液中的络合常数仅为 10^2 L・mol^{-1}。

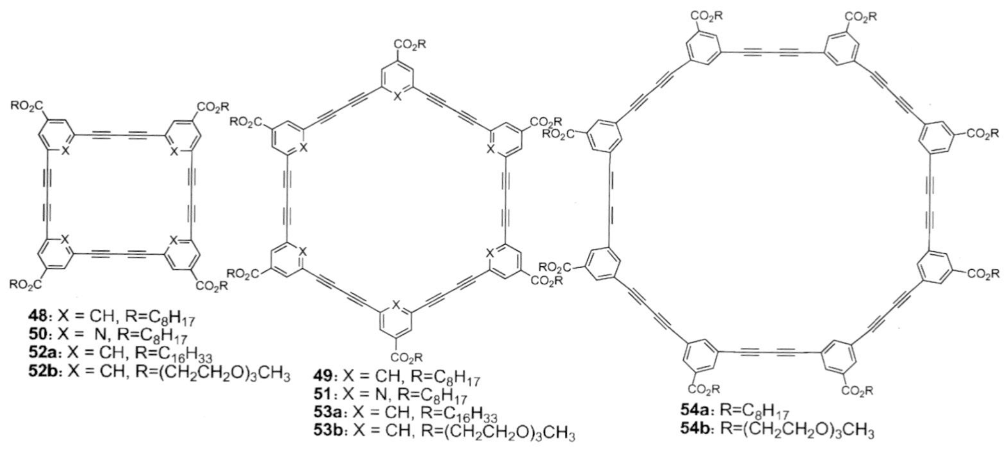

图 4.24 DBMs 分子的结构式[95~98]

表 4.2 下列化合物在不同溶剂中的络合常数[95~98]

单位:L・mol^{-1}

K_a 溶剂 / 化合物	丙酮	氯仿/甲醇(9∶1)	甲醇	甲苯	苯
48				240	
49				210000	
54a				340±70	
52b	19100		150000	163±11	
53b		102±4	580000	30000	
44					1200

4. 二萘嵌苯二酰亚胺类

二萘嵌苯二酰亚胺(简称 PBI)具有显著的光电性质,因而在近年来也是科学家们竞相研究的富含π-电子分子单体。

Yagai 等人[99]利用凝胶诱导法(gelation - induced fabrication),将以二萘嵌苯二酰亚胺衍生物 **55** 为核、三聚氰胺衍生物(M)为侧链的单体 **56** 与十二烷基三聚氰酸酯(CA)依靠三重氢键形成柔性超分子聚合物,再通过聚合物的 PBI 间 π - π相互作用组装成一维凝胶超分子聚合物。他们发现,溶剂化作用对形成的 π - π相互作用聚合物有很大影响,超分子在环烷烃溶剂中共聚可形成带状聚集体,而在线性烷烃溶剂中则形成绳状聚集体(图 4.25)。

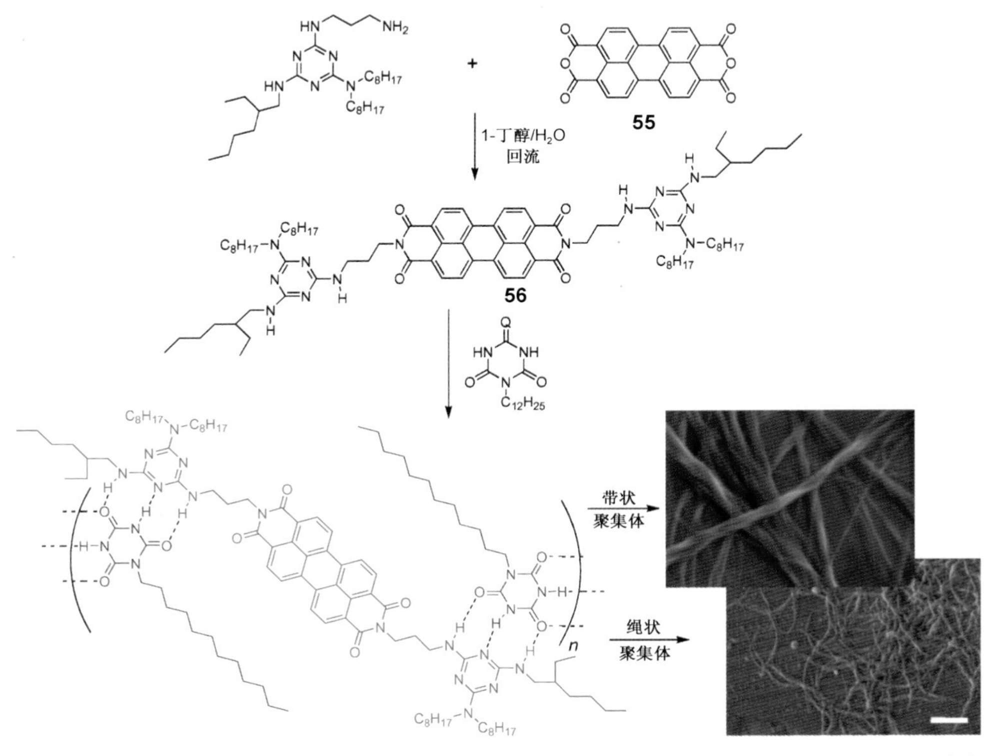

图 4.25　由 PBI 单体 **56** 和 CA 制备的一维凝胶超分子聚合物以及溶剂化作用对其的影响[99]

Yagai 等人还通过改变单体 PBI 与三聚氰胺连接处的碳原子的个数来控制与氰脲酸盐所形成的超分子聚合物的结构[100]。当连接的碳原子的个数是 3 时(MPBI3),形成分层结构的纳米绳索超分子聚合物(图 4.26),这种相分离的准一维超分子聚合物有望被用作有光电活性的纳米材料;而当连接的碳原子数目为 2 时(MPBI2),则形成稳定的不连续二聚体(图 4.27)。此二聚体可用来制备性质不同于单体和长的一维超分子聚合物的有机大分子材料。或许人们可以在三聚氰胺衍生物上连接别的功能生色团来代替二萘嵌苯二酰亚胺,从而得到更多的超分子功能材料。

Shinkai[101]和 Würthner[102,103]等人也进行了这方面的研究。

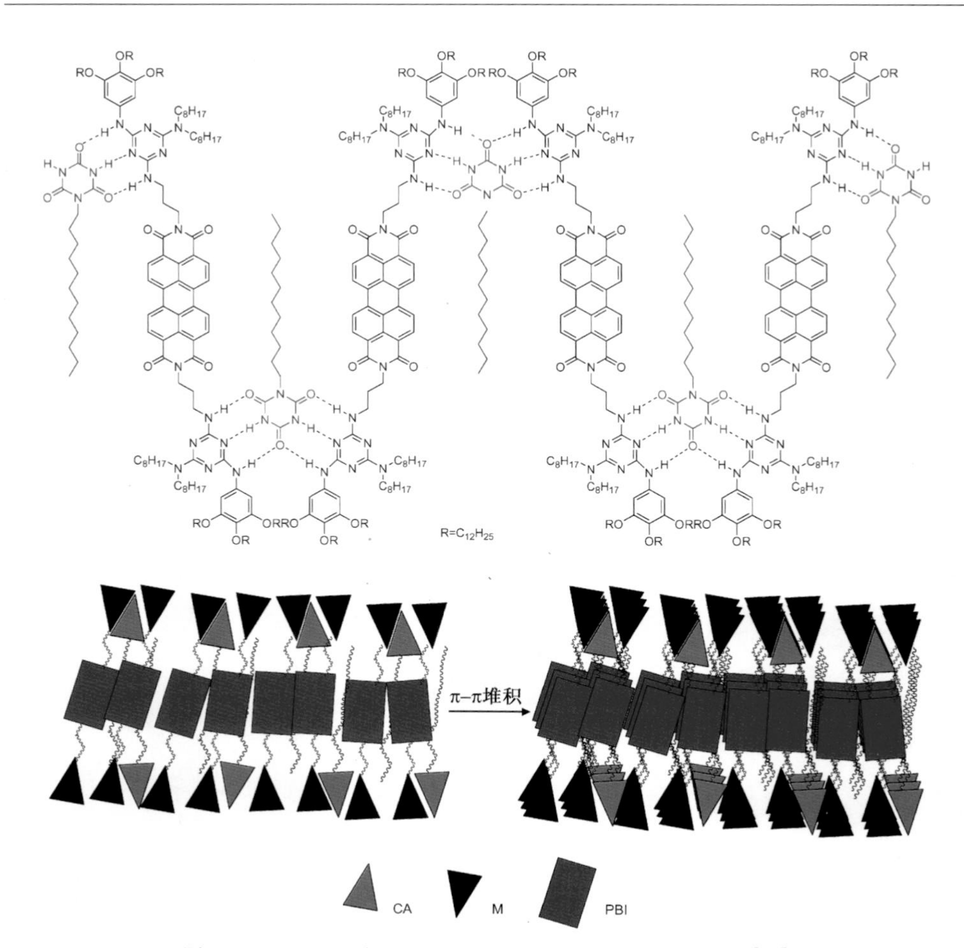

图 4.26　MPBI3 与 CA 形成的 π-π 堆积超分子聚合物[100]

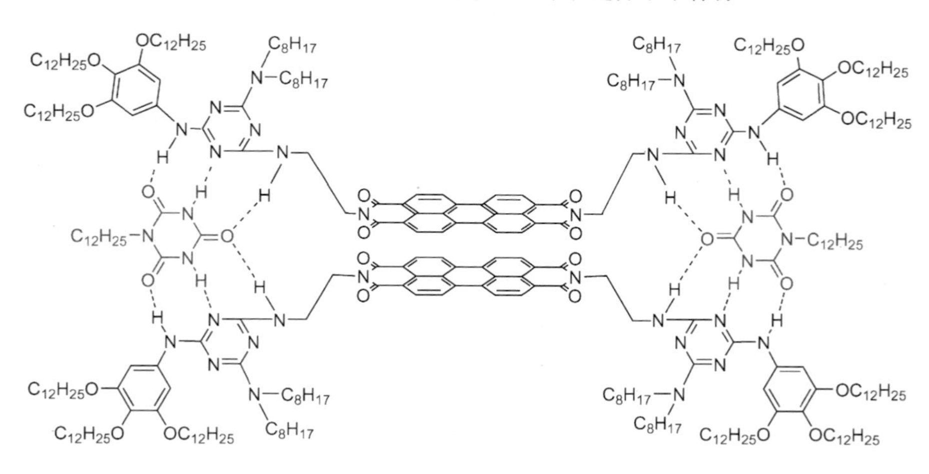

图 4.27　MPBI2 与 CA 形成的 π-π 堆积二聚体[100]

5. 二酮吡咯并吡咯类

最近，张希研究小组[104]以二酮吡咯并吡咯(DPP)为核，两端含有羧酸基团的两亲性分子 **57**(图 4.28)制备了超分子纳米纤维。方法是，将 **57** 溶解于 THF 中，然后将其注入水中，在适当浓度下($5\times10^{-5}\sim1\times10^{-4}$ L·mol^{-1})可形成超分子聚合物。他们在实验中观察到，在 THF 溶液被注入水中的最初，水溶液就开始变成橙色，最后变为深紫色。紫外可见光谱证实，THF 溶液中吸收峰主要在 510 nm和 545 nm 处，**57** 以单体形式存在，而在水溶液中 600 nm 处出现新吸收峰，且峰强度随时间增长而逐渐增强，对应的是单体转变为聚合物的过程。然后他们将这种纳米纤维吸附在硅片上，利用原子力显微镜(AFM)和电镜(TEM)等直观手段观察聚合物的形貌和尺寸(图 4.29)。AFM 结果显示，实验得到的大多数超分子聚合物纤维的宽度为 30 nm 左右，长度为几毫米。TEM 结果证明，所形成的纳米纤维是实心而非中空的。此外，紫外光谱和红外光谱进一步证实形成此超分子纳米纤维的驱动力除了二酮吡咯并吡咯之间 π-π 堆积相互作用之外，侧链上的羧酸基团间的氢键作用也是不可或缺的因素。这些研究提供了一种将自组装软物质和发光性质有机结合的新途径。

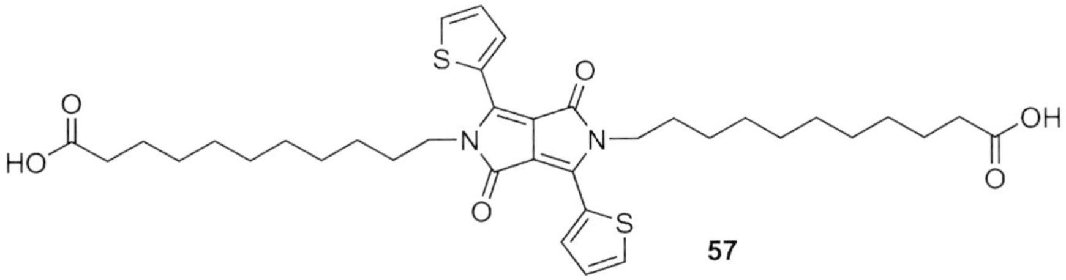

图 4.28　以 DPP 为核的两亲性分子 **57**[104]

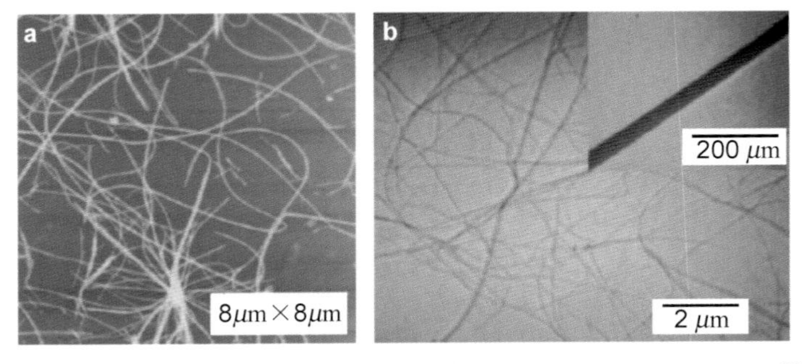

图 4.29　由 **58** 制备的超分子纳米纤维的 AFM 图(a)和 TEM 图(b)[104]

以上这些研究表明，我们可以通过改变芳香核的种类、尺寸或者变换核上的功能性取代基来得到不同性质的 π-π 相互作用的超分子聚合物。

4.2.4 基于主客体络合作用制备超分子聚合物

之所以要利用主客体互穿结构来制备超分子聚合物至少有如下两点原因：第一，基于主客体互穿结构可以制备永久性机械互锁型超分子聚合物，这一点无法采用以上所讨论的基于多重氢键、金属配位和π-π堆积相互作用机理办到。第二，基于主客体互穿结构可以制备一些独特的环境响应型超分子聚合物材料。但是到目前为止，和基于主客体互穿结构超分子聚合物相关的报道还是不多的。

自从 Pederson 于 1967 年报道了冠醚的模板合成以及它们和金属阳离子的络合以来，冠醚在超分子化学中得到了广泛的应用，已成为了主客体化学中最为常用的主体之一。冠醚及其衍生物不但可以和金属阳离子络合，而且可以和有机阳离子客体（如铵盐和吡啶盐）络合。1998 年，Stoddart 研究小组[105～107]曾尝试利用含有一个冠醚主体单元和一个有机客体单元（paraquat 衍生物或二级铵盐）的 AB 型单体（**58** 和 **59**，结构见图 4.30）来制备线性超分子聚合物，但由于他们所做的超分子聚合是在低浓度下进行的，再加上单体之间的络合常数较低（$<10^3$ L·mol^{-1}），因此并没有得到真正的超分子聚合物。

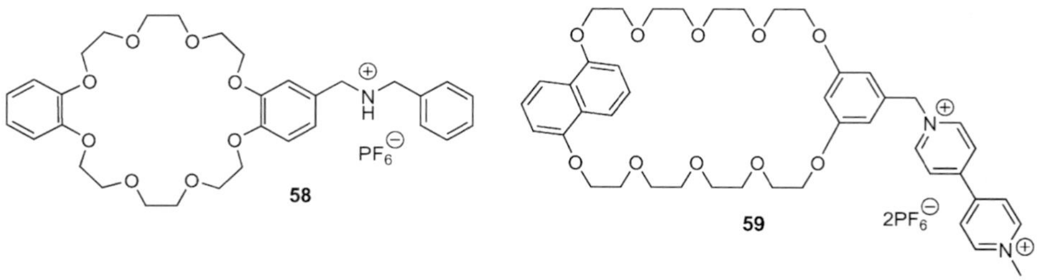

图 4.30 Stoddart 尝试合成超分子聚合物的 AB 型单体 **58** 和 **59**[105～107]

Gibson 研究小组在研究中注意到了主客体初始浓度对形成聚合物的影响，成功地制备了一系列以冠醚为主体的基于主客体络合作用的超分子聚合物。例如，他们利用含一个双间苯 32-冠-10 主体单元和一个 paraquat 客体单元的 AB 型单体 **60** 在丙酮中自组装而得到了线性超分子均聚物[108]（图 4.31）；他们利用含有两个双苯并 24-冠-8 主体单元的 A_2 型单体 **61** 和含有两个二级铵盐客体单元的 B_2 型单体 **62** 在体积比为 1∶1 的丙酮和氯仿混合物中等摩尔自组装而得到了线性超分子共聚物[109,110]（图 4.32）；他们利用圆柱状双冠醚单体 **63** 和 paraquat 客体 **64a**（图 4.33）以及双官能团单体 **65** 和 **64b**（图 4.34）在溶液中等摩尔自组装也得到了超分子共聚物[111,112]。

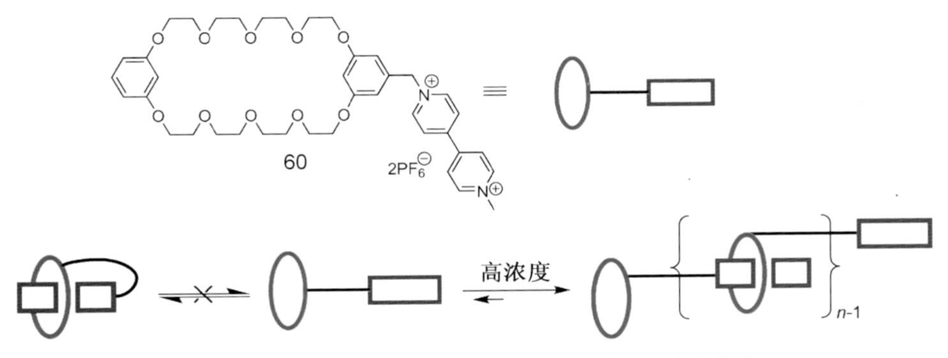

图 4.31　基于单体 **60** 自组装的超分子线性聚合物[108]

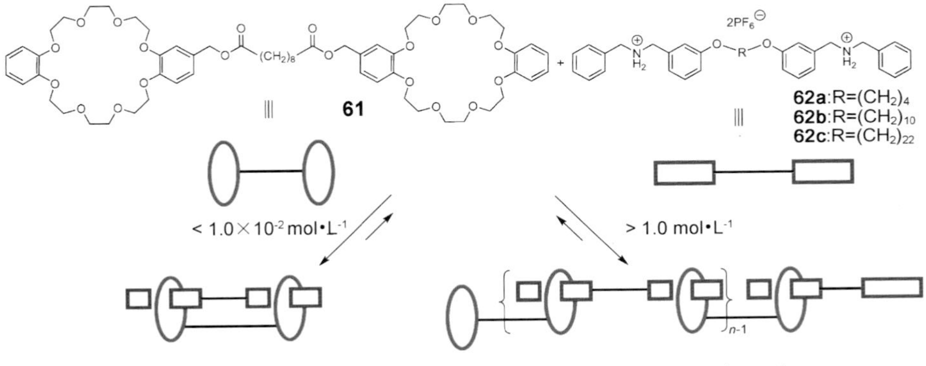

图 4.32　基于单体 **61** 和 **62** 自组装的超分子线性聚合物[109,110]

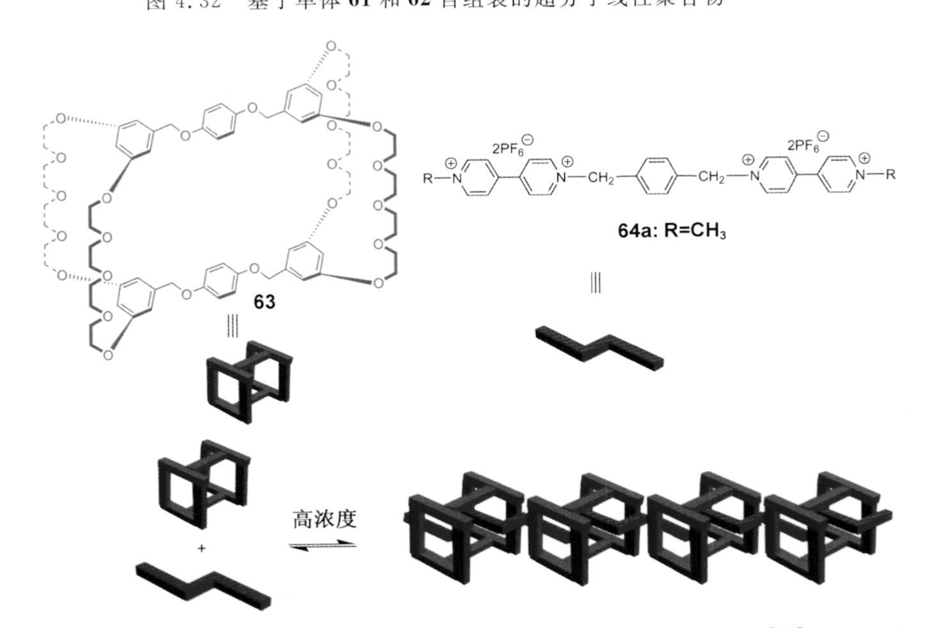

图 4.33　基于主体 **63** 和客体 **64a** 的线性超分子聚[3]准轮烷[111]

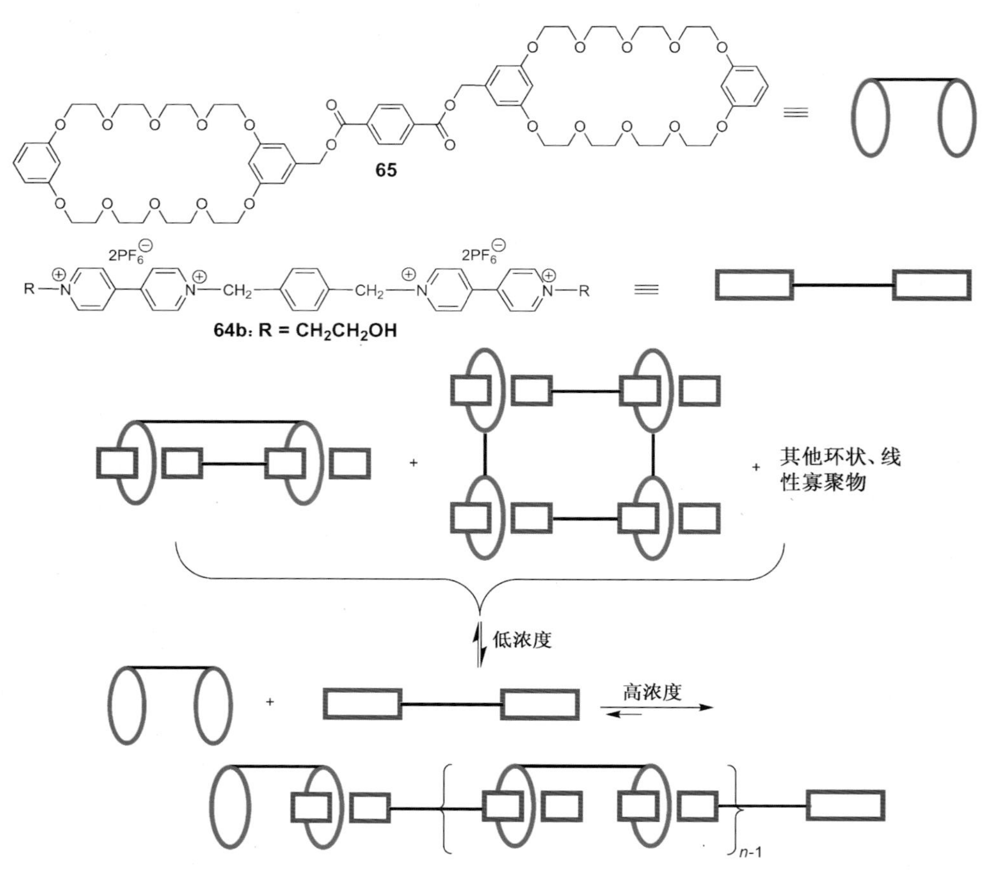

图 4.34　基于主体 **65** 和客体 **64b** 的自组装在低浓度下形成的环状低聚物和高浓度下形成的线性超分子聚合物[112]

在上述研究中，他们根据核磁共振波谱上显示的不同初始浓度时单体上氢原子的化学位移相对于未络合时变化的多少，推算了主体和客体单元的络合百分数，继而在理论上估算了超分子聚合物的聚合度和相对分子质量大小。例如当单体 **60** 在丙酮中的初始浓度为 1 mol・L^{-1}时，对应的超分子聚合物聚合度为 50，而相对分子质量约为 5.0×10^4[108]。这些超分子聚合物的形成进一步得到了黏度测试和质谱的证实。更为重要的是，由于超分子聚合物链之间的缠结作用，从单体 **61** 和 **62** 所得到的超分子共聚物溶液中可以拉出直径达 10 μm 的纤维[109]。他们发现，在稀释的溶液中自组装所得到的主要是环状二聚体；而在单体初始浓度高于某一临界值$[M]_{crit}$（如对基于单体 **65** 和 **64b** 的体系，每种单体初始浓度≥40 mmol・L^{-1}）时，环状低聚物的浓度不再增加，而主要得到线性超分子聚合物。

黄飞鹤课题组在AB型线性超分子聚合物单体**66**上引入金属配位位点三唑(triazole)基团，然后在该线性超分子聚合物的溶液中加入金属钯阳离子和竞争性配体三苯基膦，简单地实现了超分子聚合物在线性和交联两种拓扑结构之间的可逆转化(图4.35)[113]。他们研究了金属钯阳离子和三苯基膦加入的量对这一可逆转化的影响，发现加入等当量的金属钯阳离子和三苯基膦即可实现这一可逆转化。他们考察了超分子聚合物形成的浓度依赖性，发现在单体初始浓度高于75 $mmol \cdot L^{-1}$时，单体自组装得到的主要为线性超分子聚合物。进一步，他们观察到拓扑结构的改变会引起超分子聚合物黏度和扩散流动性质的明显改变。高分子的拓扑结构是影响高分子性能的一个重要参数，如果能控制高分子的拓扑结构就可以调控高分子的性能，这一工作提供了一种调控超分子聚合物性质的简单方法。这种超分子聚合物在环境响应型材料和智能材料等方面具有应用潜力。在这一研究中，他们还发现$[M]_{crit}$和重复单元间非共价键作用的强弱没有关系，主要取决于单体的几何结构。

研究发现，单体在聚合物中的排列对高分子性质有明显影响。自选择性配对是生物体系中常用到的自组装原理，黄飞鹤课题组将其应用于控制超分子聚合物链中单体的排列，从而为控制超分子聚合物的性质提供了基础。他们基于两类主客体体系间自选择性配对制备了线性超分子交替共聚物[114](图4.36)和超分子准聚轮烷[115](图4.37)。他们以柔性链分别连接双苯并-24-冠-8和百草枯，及双对苯-34-冠-10和二级铵盐。两种单体的主客体相互以1∶1络合，从而借由两者的自选择性配对制备线性AB超分子交替共聚物(图4.36)。该研究中，他们通过合理的分子设计，有效避免了单体间的无规聚合，确保两种单体间能进行交替排列而形成高度有序的聚合物长链。进一步，黄飞鹤课题组基于同样两类主客体体系间的自选择性配对，将一个两端含有双对苯-34-冠-10单元而中间含有双苯并-24-冠-8单元的三冠醚单体，一个两端含有百草枯客体单元的线性分子，以及一个二级铵盐线性分子在溶液中自组装合成了一个线性超分子准聚轮烷(图4.37)。这一线性超分子准聚轮烷具有与线性超分子聚合物主链不一样的性质，该准聚轮烷与以往报道的准聚轮烷最大的不同在于其主链为一超分子聚合物，而不是一共价键连接的传统高分子。

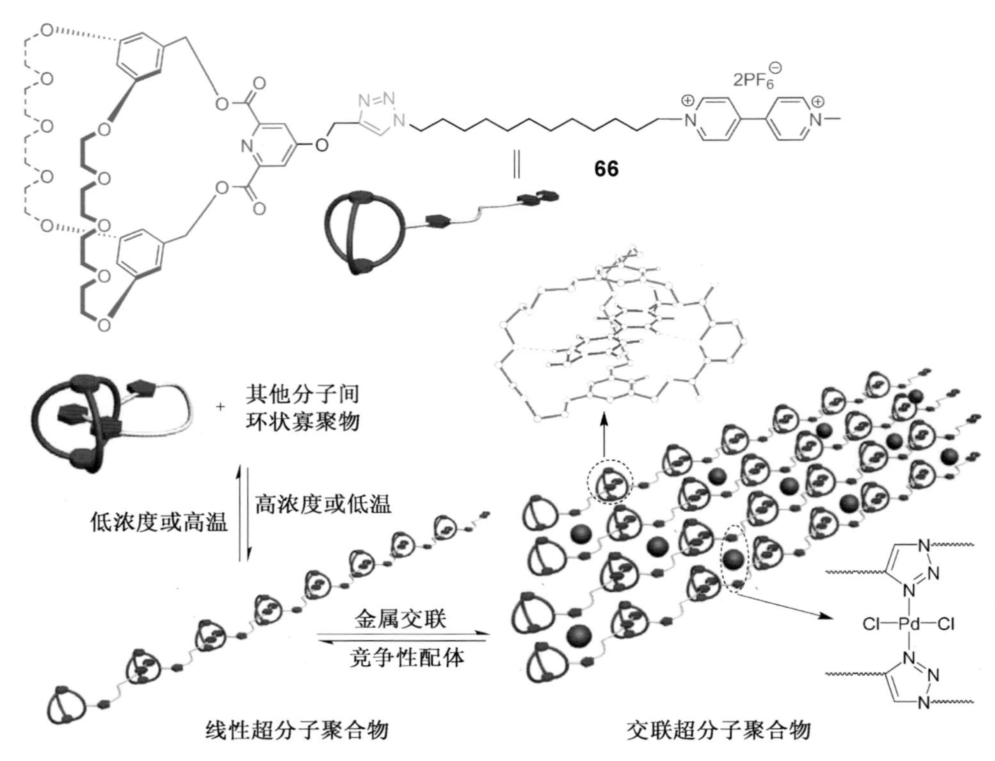

图 4.35 基于金属配位化学实现线性超分子聚合物和交联超分子聚合物两种聚合物拓扑结构之间的可逆转化[113]

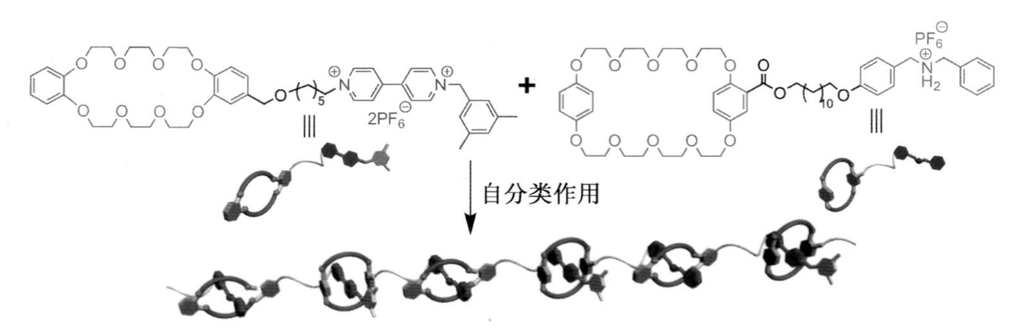

图 4.36 基于两类主客体体系间自选择性配对制备线性超分子交替共聚物[114]

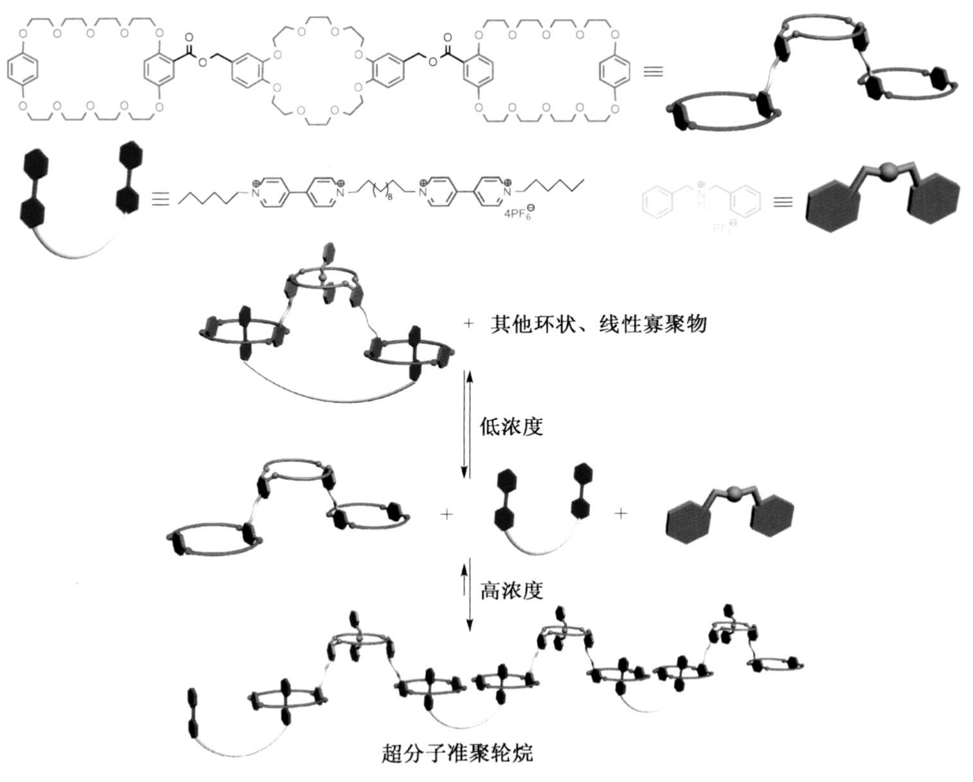

图 4.37　基于两类主客体体系间自选择性配对制备线性超分子准聚轮烷[115]

以上讨论到的超分子聚合物都是线性的。

Gibson 课题组利用双 paraquat 取代的双间苯-32-冠-10(单体 **67**)在高浓度下通过单体分子自组装制备了三维超支化聚合物[116](图 4.38)。

Harada 研究小组以环糊精作为主体在水溶液中合成了基于亲水憎水作用的一系列超分子聚合物[117~122]。

我们知道,由于吻合程度的不同,苯基可以和 α-CD 络合,但尺寸较大的金刚烷基团却不能;而苯基和金刚烷基团都能与 β-CD 形成络合物,且 β-CD 对金刚烷的络合强度远远大于对苯基的络合强度,这样当含苯基客体和含金刚烷客体在水中有相同的浓度时,β-CD 将选择性地络合含金刚烷基团客体。基于这些认识,Harada 合成了一个含有 α-CD 主体单元和金刚烷客体单元的 AB 型单体 **68** 和一个含有 β-CD 主体单元和苯基客体单元的 AB 型单体 **69**,并使它们在水中进行自组装,成功地制备了如图 4.39 所示的线性超分子交替共聚物[117]。此后,他们又令一个以 α-CD 为环状分子、两个端基分别为 β-CD 和金刚烷的轮烷

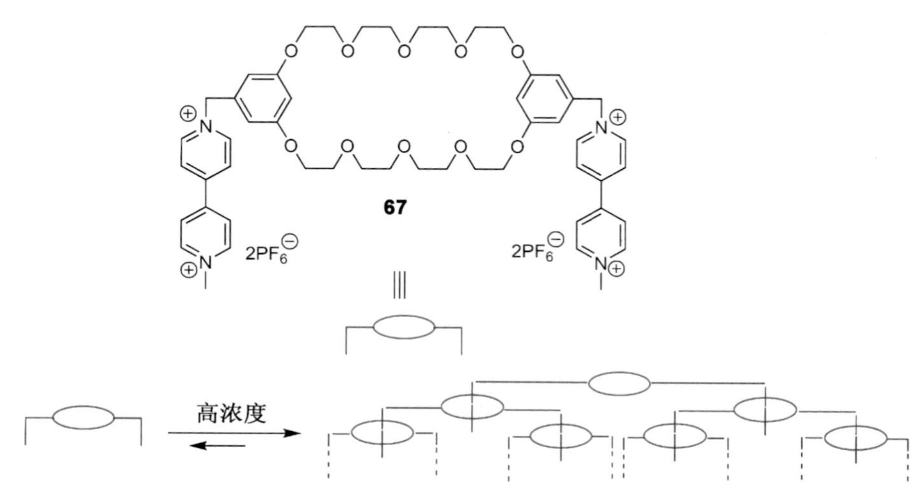

图 4.38 含双 paraquat 官能团的双间苯-32-冠-10 自组装形成超分子聚合物[116]

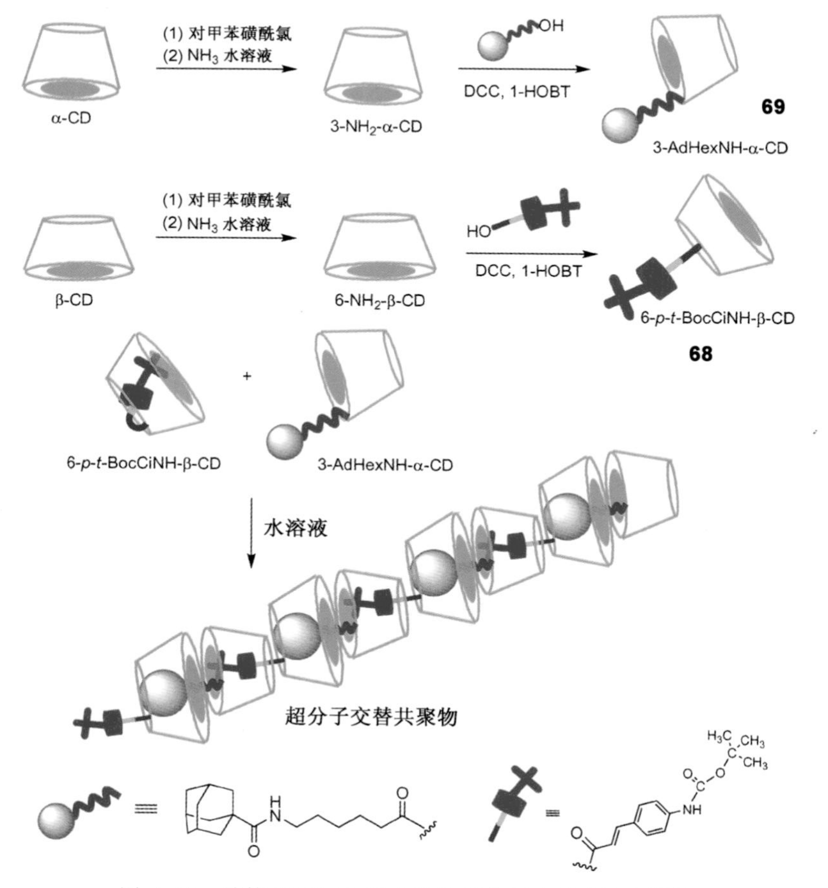

图 4.39 单体 **68** 和 **69** 形成线性超分子交替共聚物[117]

(rotaxane)的线状分子在溶液中自组装,成功地制备了一个多聚轮烷超分子聚合物(图 4.40)[118]。

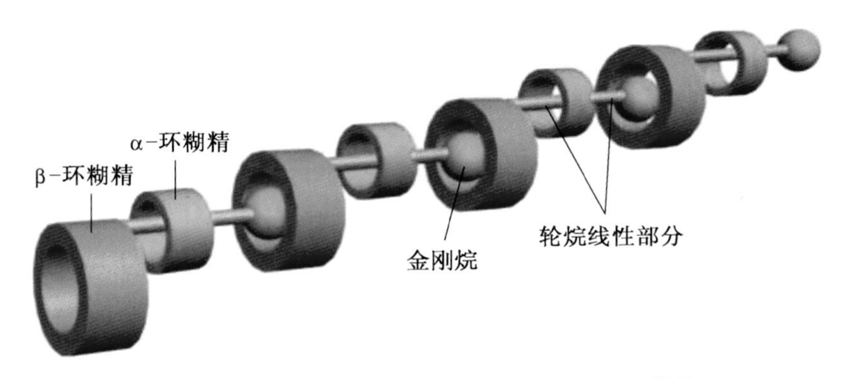

图 4.40　Harada 制备的多聚轮烷超分子聚合物[118]

Harada 还通过在 α-CD 上修饰不同取代基来制得一系列不同的主客体一体化单体,然后对它们进行自组装,制备超分子聚合物。他们发现以氨基肉桂酸修饰在 α-CD 伯羟基一侧(环糊精小口端)的 6-CiO-α-CD 单体 **70** 组装后得到二聚体、三聚体等超分子低聚物[119,120](图 4.41);在与单体 **70** 类似的单体 **71** 中加入大体积的三硝基苯,24 小时后得到三硝基苯封端的环形雏菊状超分子聚合物链[119](图 4.42);而以氨基肉桂酸修饰在 α-CD 仲羟基一侧(环糊精大口端)形成的 3-CiNH-α-CD 单体 **72**,在浓溶液中可得到线性聚合物长链[121](图 4.43)。在 α-CD 主体单元上修饰具有左手反式构型的叔丁基碳酸氨基肉桂酸客体取代基得到 3-*p*-*t*-BocCiNH-α-CD 单体 **73**,并通过自组装成功地制备了一个螺旋状手性超分子聚合物长链(图 4.44)[122]。

Tato 及其合作者[123,124]制备了含有两个 β-CD 主体单元的 A_2 单体 **74**、含有三个 β-CD 主体单元的 A_3 单体 **75** 和含有两个金刚烷基团客体单元的 B_2 单体 **76**,然后将这些单体在水中自组装来构筑超分子聚合物。他们发现,由 A_2 单体和 B_2 单体超分子共聚所得到的是线性超分子聚合物;而由 A_3 单体和 B_2 单体超分子共聚所得到的是树枝状超分子聚合物(图 4.45)。

基于环糊精的超分子聚合物有相当一部分属于水凝胶体系。Ito[125]等人制备了基于环糊精和 PEG 的各种交联水凝胶体系。他们通过聚轮烷环糊精之间"8"字形交联制备了具有网络互锁特殊拓扑结构的三维网络水凝胶(图 4.46)。这种交联凝胶与化学凝胶和物理凝胶均不同,具有低黏度、高张力及良好的吸水性,彼此相互交联的位置还可在聚合物链上自由地滑动。Yui[126~130]等人及 Schlatter 等人[131]也制备了类似的水凝胶。但 Yui 着重研究的是它们的水解腐蚀特性及在骨质再生、细胞生长等方面的应用;Schlatter 则对影响此类水凝胶体系

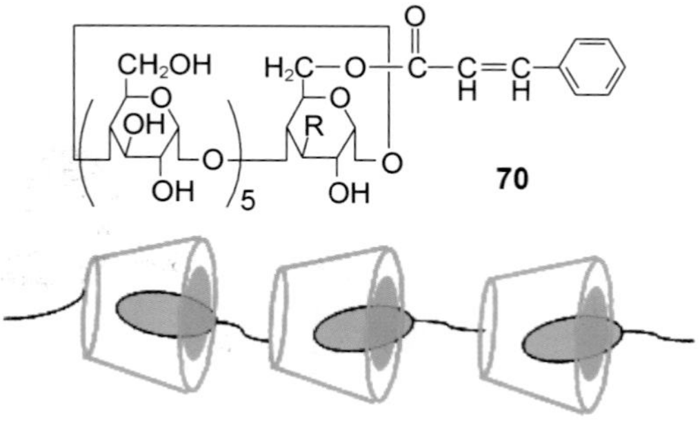

图 4.41　由 6 - CiO - α - CD 单体 **70** 组装得到的超分子低聚物[119,120]

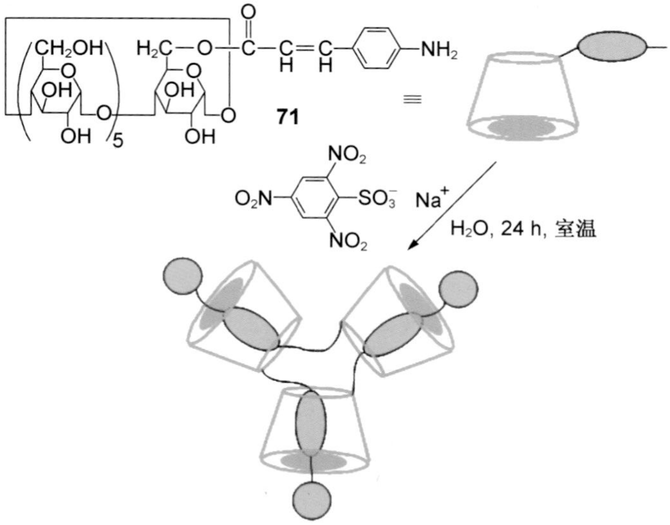

图 4.42　由单体 **71** 组装得到的环形雏菊状超分子聚合物链[119]

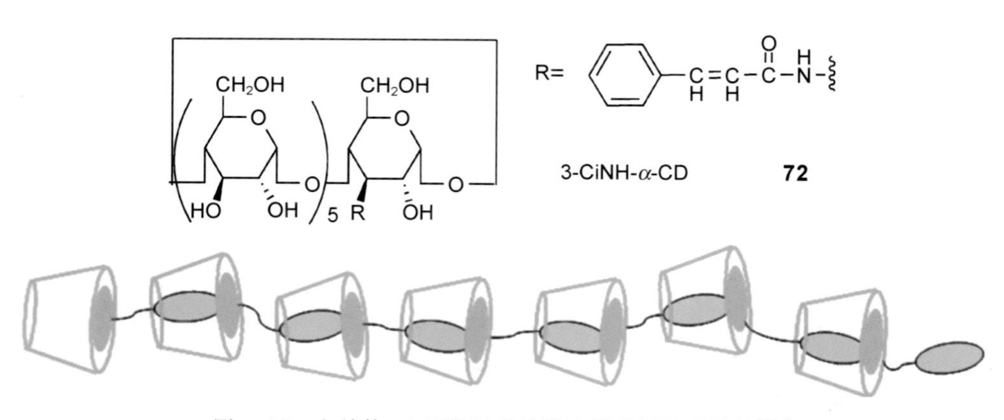

图 4.43　由单体 **72** 组装得到的线性超分子聚合物链[121]

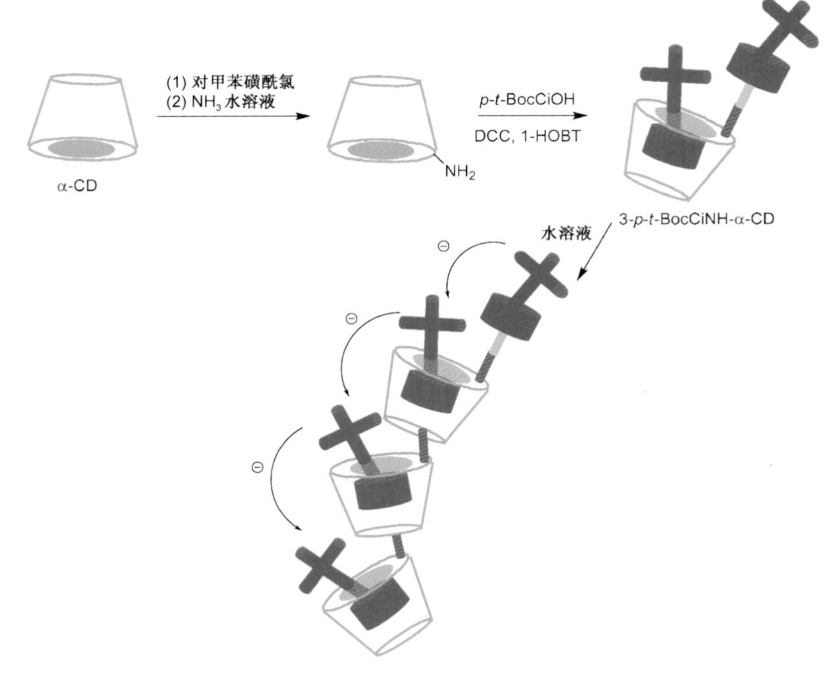

图 4.44　由单体 **73** 组装得到的螺旋状手性超分子聚合物[122]

特性的各种因素进行了重点研究。最近，Yui 提出了具有 pH 响应性的双轴插入(double - axle intrusion，简称 DI)复合物体系的概念。他们发现将 pH 值控制在 10 左右，两条 PEG - PEI - dex 链的 PEG - PEI 柔性侧链能够插入一个γ - CD空腔中，以此实现彼此交联(图 4.47)[132]。

朱新远等人将主客体络合与氢键相互作用结合起来，通过改变 α - CD、PEG 及 PAA 混合体系的投料比，成功地获得了从氢键聚合物到动态聚轮烷、晶态包合配合物以至热响应水凝胶等一系列超分子聚合物[133]。其中，PEG 可与 α -CD 形成主客体络合超分子聚合物，与 PAA 则形成多重氢键超分子聚合物。从实验现象上来看，当保持 EG 和 AA 的比例为 1 ∶ 1、α - CD 的浓度由 0%逐渐增加到 5%时，形成了半透明黏性沉淀；α - CD 的浓度增加到 10%时，形成白色水晶状沉淀；α - CD 的浓度增加到 20%时，则最终形成白色果冻状水凝胶。由于 α - CD 的加入会使得 PEG 与 PAA 间氢键作用被主客体络合作用取代，所以 α - CD 的量的多少对形成何种超分子聚合物是个重要的决定性因素。上述聚合物可能的结构如图 4.48 所示。

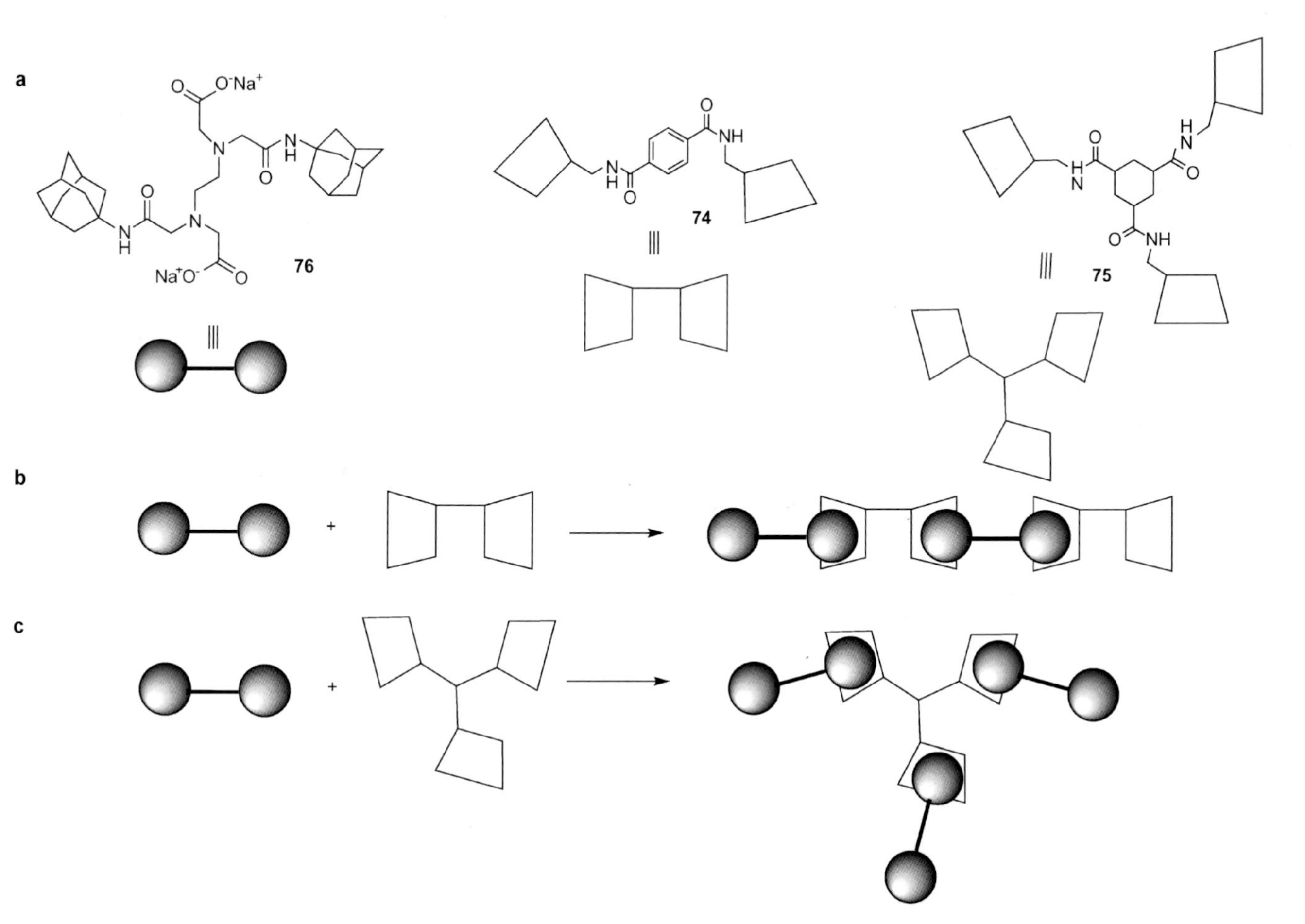

图 4.45　Tato 等人制备的 A_2、A_3 和 B_2 单体(a)，以及相应的线形(b)和树枝状(c)超分子聚合物[123,124]

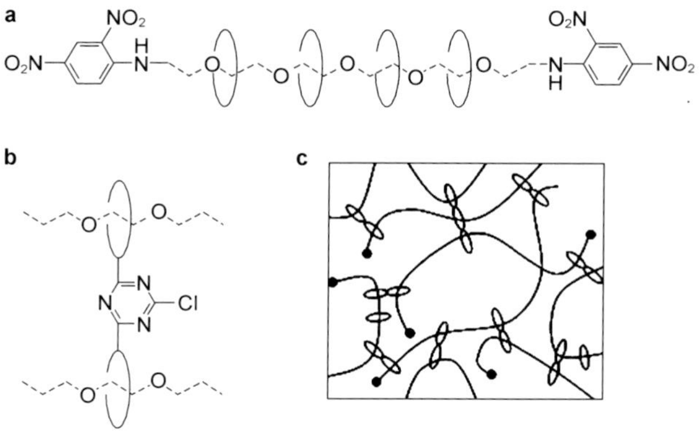

图 4.46　(a) 基于环糊精的聚轮烷；(b) 环糊精之间的“8”字形交联；(c) 三维网络水凝胶[125]

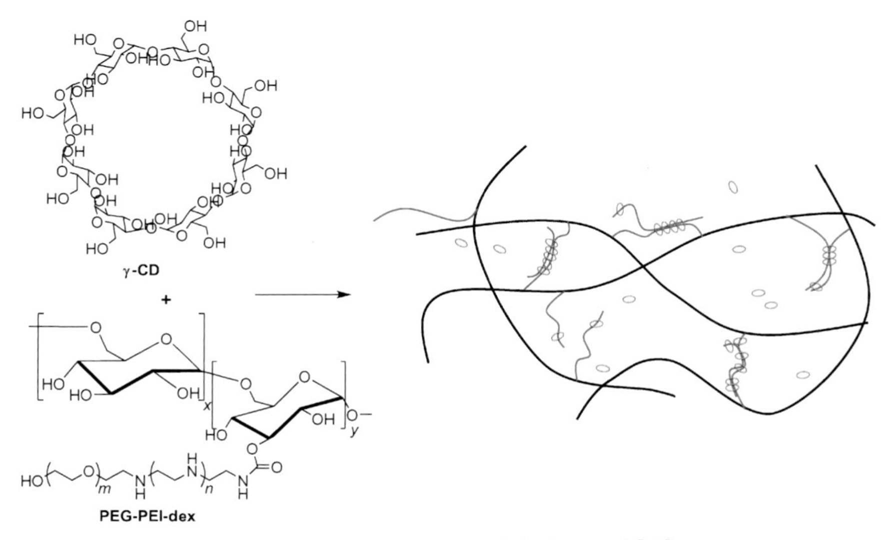

图 4.47　PEG－PEI－dex 水凝胶的形成[132]

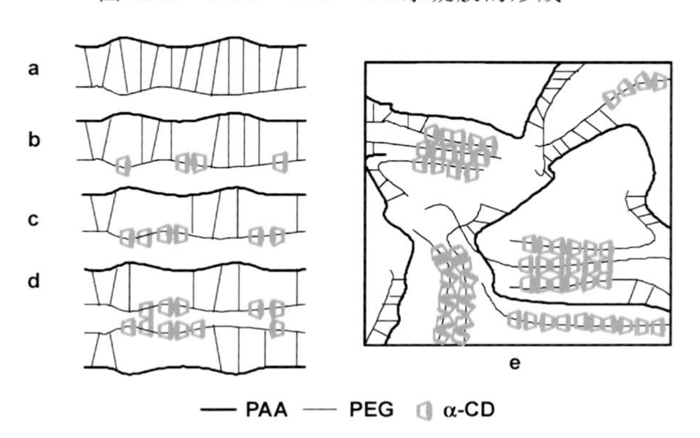

图 4.48　α－CD 投料比分别为 0%(a)、2%(b)、5%(c)、10%(d)、20%(e)时 α－CD/PAA/PEG 聚合物可能的结构[133]

Haino 研究小组[134]合成了两端均为共价键连接的互扣两端均带有碳 60 富勒烯功能基团的哑铃状化合物 **77**(图 4.49a)和双杯[5]芳烃的化合物 **78**(图 4.49b),并将它们分别作为主体和客体制备了纳米超分子聚合物网络(图 4.49c)。鉴于互扣的杯[5]芳烃在空间上形成的空腔捕捉碳 60 的能力特别强,Haino 等人就利用合成的 **77** 的碳 60 和 **78** 的杯[5]芳烃空腔的分子识别得到了彼此头尾相接的基于主客体的超分子聚合物。

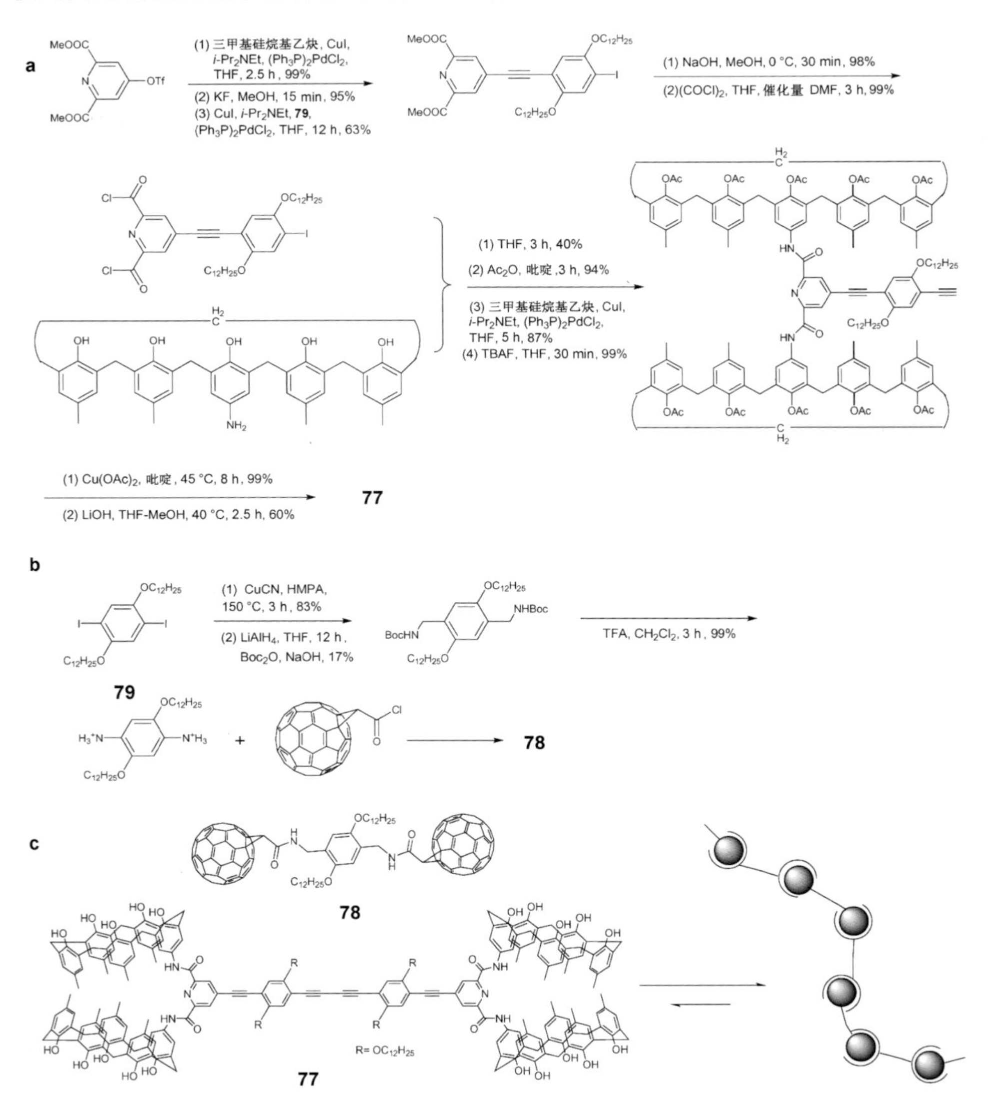

图 4.49 (a) 哑铃状富勒烯客体 **77** 的制备路线;(b) 双杯芳烃主体 **78** 的制备路线;(c) 主客体自组装制备纳米超分子聚合物[134]

4.3 结论与展望

超分子的结构与其功能密切相关，超分子聚合物科学作为超分子化学和高分子化学的交叉学科，正日益受到人们的关注。由小分子自组装来制备超分子聚合物的研究将传统高分子化学和有机化学结合起来。制备思路是，先进行合理的小分子分子设计，研究这些小分子如何在溶液中自组装成为小分子聚集体，对这些小分子聚集体的性质进行探索，然后将这些小分子结构引入单体的制备中去，再利用所得小分子单体在溶液中自组装来制备超分子聚合物。这是一种先小分子超分子聚集体再大分子超分子聚集体的研究思路。在小分子设计上，如何巧妙运用各种非共价键相互作用，使它们相互协同，是一个值得思考的问题。在之前的研究中，基于多重氢键、金属配位、$\pi-\pi$堆积、主客体分子识别等非共价键相互作用的超分子聚合物已经展示出可逆性、自修复性和对外界刺激的响应性，这使超分子聚合物在智能材料、生物医药、纳米科学、光信息存储和通信方面都有着广阔的应用前景。研究者们一方面不断地将基于单一非共价键相互作用的单体优化，以使所得到的超分子聚合物更接近于实际应用；另一方面也在尝试将不同的非共价键相互作用引到同一单体上，从而获得具有多重响应性、综合性能更好的材料。在超分子聚合物的研究中，研究者们注意到了基础研究的重要性，开始了对单体自组装原理和超分子聚合机理进行更系统、更深入的研究。超分子聚合物研究的最终目标是制备出可以与自然界中存在的高度复杂的超分子聚合物相匹敌的人工体系。尽管朝着这一目标奋进的道路必然是充满荆棘和崎岖的，但伴随着一点点新发现，伴随着抽丝剥茧的分析论证，研究者们对超分子聚合物的理解和认识正在逐渐加深，离这一目标的距离正在慢慢缩小。

参考文献

[1] Brunsveld L, Folmer B J B, Meijer E W, Sijbesma R P. Supramolecular polymers. Chem. Rev., 2001 ,101: 4071-4098.

[2] Schubert U S, Eschbaumer C. Macromolecules containing bipyridine and terpyridine metal complexes: Towards metallosupramolecular polymers. Angew. Chem. Int. Ed., 2002, 41: 2892-2926.

[3] Liu D, Balasubramanian S. A proton-fuelled DNA nanomachine. Angew. Chem. Int. Ed., 2003, 42: 5734-5736.

[4] 刘育,张衡,李莉,王浩. 纳米超分子化学——从合成受体到功能组装体. 北京:化学工业出版社,2004.
[5] Wang L, Vysotsky M, Pop A, Bolte M, Böhmer V. Multiple catenanes derived from calix[4]arenes. Science, 2004, 304: 1312-1315.
[6] 董建华. 国家自然科学基金化学科学部高分子科学学科近况介绍. 高分子通报,2005: 1-5.
[7] 吕亚非. 氢键型超分子聚合物的合成、结构与应用. 高分子通报,2005: 100-108.
[8] Song B, Wang Z, Chen S, Zhang X, Fu Y, Smet M, Dehaen W. The introduction of π-π stacking moieties for fabricating stable micellar structure: Formation and dynamics of disklike micelles. Angew. Chem. Int. Ed., 2005, 44: 4731-4735.
[9] Qu D H, Wang Q C, Tian H. A half adder based on a photochemically driven [2]rotaxane. Angew. Chem. Int. Ed., 2005, 44: 5296-5299.
[10] Chen D, Jiang M. Strategies for constructing polymeric micelles and hollow spheres in solution via specific intermolecular interactions. Acc. Chem. Res., 2005, 38: 494-502.
[11] Huang F, Gibson H W. Polypseudorotaxanes and polyrotaxanes. Prog. Polym. Sci. 2005, 30: 982-1018.
[12] Sauvage J P. Transition metal-complexed catenanes and rotaxanes as molecular machine prototypes. Chem. Commun., 2005: 1507-1510.
[13] 侯昭升,谭业邦,黄玉玲,张翼,周其凤. 侧链准聚轮烷的制备及表征——葫芦脲[6]与聚[4-乙烯基-溴(*N*-正丁基)吡啶季铵盐]的超分子自组装. 高分子学报,2005: 491-495.
[14] Wang J, Jiang M. Polymeric self-assembly into micelles and hollow spheres with multiscale cavities driven by inclusion complexation. J. Am. Chem. Soc., 2006, 128: 3703-3708.
[15] Jia Z, Chen H, Zhu X, Yan D. Backbone-thermoresponsive hyperbranched polyethers. J. Am. Chem. Soc., 2006, 128: 8144-8145.
[16] Zhu J, Lin J B, Xu Y X, Shao X B, Jiang X K, Li Z T. Hydrogen-bonding-mediated anthranilamide homoduplexes. Increasing stability through preorganization and iterative arrangement of a simple amide binding site. J. Am. Chem. Soc., 2006, 128: 12307-12313.
[17] 董建华. 高分子科学前沿与进展. 北京:科学出版社,2006.
[18] Zhao Y P, Zhao C C, Wu L Z, Zhang L P, Tong C H, Pan Y J. First

fluorescent sensor for fluoride based on 2-ureido-4[1H]-pyrimidinone quadruple hydrogen-bonded AADD supramolecular assembly. J. Org. Chem., 2006, 71: 2143-2146.

[19] 江明, A. 艾森伯格, 刘国军, 张希. 大分子自组装. 北京：科学出版社，2006.

[20] Xie D, Jiang M, Zhang G, Chen D. Hydrogen-bonded dendronized polymers and their self-assembly in solution. Chem. Eur. J., 2007, 13: 3346-3353.

[21] Raymo F M, Stoddart J F. Interlocked macromolecules. Chem. Rev., 1999, 99: 1643-1664.

[22] (a) Cordier P, Tournilhac F, Soulié-Ziakovic C, Leibler L. Self-healing and thermoreversible rubber from supramolecular assembly. Nature, 2008, 451: 977-980. (b) http: //www. suprapolix. com/.

[23] Krische M J, Lehn J M. The utilization of persistent H-bonding motifs in the self-assembly of supramolecular architectures. In: Molecular self-assembly organic versus inorganic approaches. Fuiita M. Berlin: Springer, 2000, 96: 3-29.

[24] Sijbesma R P, Meijer E W. Self-assembly of well-defined structures by hydrogen bonding. Curr. Opin. Colloid Interface Sci., 1999, 4: 24-32.

[25] Lehn J M. Comprehensive supramolecular chemistry. New York: Pergamon, 1996.

[26] (a) Fouquey C, Lehn J M, Levelut A M. Molecular recognition directed self-assembly of supramolecular liquid crystalline polymers from complementary chiral components. Adv. Mater., 1990, 5: 254-257. (b) Brunsveld L, Folmer B J B, Meijer E W, Sijbesma R P. Supramolecular polymers. Chem. Rev., 2001, 101: 4071-4097.

[27] Jorgenson W L, Pranata J. Importance of secondary interactions in triply hydrogen bonded complexes: Guanine-cytosine vs uracil-2,6-diaminopyridine. J. Am. Chem. Soc., 1990, 112: 2008-2010.

[28] Pranata J, Wierschke S G, Jorgenson W L. OPLS potential functions for nucleotide bases. Relative association constants of hydrogen-bonded base pairs in chloroform. J. Am. Chem. Soc., 1991, 113: 2810-2819.

[29] Beijer F H, Sijbesma R P, Kooijman H, Spek A L, Meijer E W. Strong dimerization of ureidopyrimidones via quadruple hydrogen bonding. J. Am. Chem. Soc., 1998, 120: 6761-6769.

[30] Sijbesma R P, Beijer F H, Brunsveld L, Folmer B J B, Hirshberg J H K

K, Lange R F M, Lowe J K L, Meijer E W. Reversible polymers formed from self-complementary monomers using quadruple hydrogen bonding. Science, 1997, 278: 1601-1604.

[31] Folmer B J B, Sijbesma R P, Versteegen R M, van der Rijt J A J, Meijer E W. Supramolecular polymer materials: Chain extension of telechelic polymers using a reactive hydrogen-bonding synthon. Adv. Mater., 2000, 12: 874-878.

[32] Söntjens S H M, Sijbesma R P, van Genderen M H P, Meijer E W. Selective formation of cyclic dimers in solutions of reversible supramolecular polymers. Macromolecules, 2001, 34: 3815-3818.

[33] Keizer H M, Sijbesma R P, Jansen J F G A, Pasternack G, Meijer E W. Polymerization-induced phase separation using hydrogen-bonded supramolecular polymers. Macromolecules, 2003, 36: 5602-5606.

[34] ten Cate A T, Kooijman H, Spek A L, Sijbesma R P, Meijer E W. Conformational control in the cyclization of hydrogen-bonded supramolecular polymers. J. Am. Chem. Soc., 2004, 126: 3801-3808.

[35] Scherman O A, Ligthart G B W L, Sijbesma R P, Meijer E W. A selectivity-driven supramolecular polymerization of an AB monomer. Angew. Chem. Int. Ed., 2006, 45: 2072-2076.

[36] Scherman O A, Ligthart G B W L, Ohkawa H, Sijbesma R P, Meijer E W. Olefin metathesis and quadruple hydrogen bonding: A powerful combination in multistep supramolecular synthesis. Proc. Natl. Acad. Sci. USA, 2006, 103: 11850-11855.

[37] Park T, Todd E M, Nakashima S, Zimmerman S C. A quadruply hydrogen bonded heterocomplex displaying high-fidelity recognition. J. Am. Chem. Soc., 2005, 127: 18133-18142.

[38] Ong H C, Zimmerman S C. Higher affinity quadruply hydrogen-bonded complexation with 7-deazaguanine urea. Org. Lett., 2006, 8: 1589-1592.

[39] Park T, Zimmerman S C. Formation of a miscible supramolecular polymer blend through self-assembly mediated by a quadruply hydrogen-bonded heterocomplex. J. Am. Chem. Soc., 2006, 128: 11582-11590.

[40] Park T, Zimmerman S C. A supramolecular multi-block copolymer with a high propensity for alternation. J. Am. Chem. Soc., 2006, 128: 13986-13987.

[41] Park T, Zimmerman S C. Interplay of fidelity, binding strength, and structure in supramolecular polymers. J. Am. Chem. Soc., 2006, 128:

14236-14237.

[42] Kolomiets E, Buhler E, Candau S J, Lehn J M. Structure and properties of supramolecular polymers generated from heterocomplementary monomers linked through sextuple hydrogen-bonding arrays. Macromolecules, 2006, 39: 1173-1181.

[43] de Greef T F A, Ercolani G, Ligthart G B W L, Meijer E W, Sijbesma R P. Influence of selectivity on the supramolecular polymerization of AB-type polymers capable of both A center dot A and A center dot B interactions. J. Am. Chem. Soc., 2008, 130: 13755-13764.

[44] Folmer B J B, Cavini E, Sijbesma R P, Meijer E W. Photo-induced depolymerization of reversible supramolecular polymers. Chem. Commun., 1998: 1847-1848.

[45] Rochon P, Batalla E, Natansohn A. Optically induced surface gratings on azoaromatic polymer-films. Appl. Phys. Lett., 1995, 66: 136-138.

[46] Kim D Y, Tripathy S K, Li L, Kumar J. Laser-induced holographic surface-relief gratings on nonlinear-optical polymer-films. Appl. Phys. Lett., 1995, 66: 1166-1168.

[47] Gao J, He Y, Xu H, Song B, Zhang X, Wang Z, Wang X. Azobenzene-containing supramolecular polymer films for laser-induced surface relief gratings. Chem. Mater., 2007, 19: 14-17.

[48] 吕亚非. 金属-超分子聚合物的合成,结构与应用. 功能高分子学报,2004, 17: 307-316.

[49] Velten U, Rehahn M. First synthesis of soluble, well defined coordination polymers from kinetically unstable copper(Ⅰ) complexes. Chem. Commun., 1996: 2639-2640.

[50] Schmatloch S, Gonzalez M F, Schubert U S. Metallo-supramolecular diethylene glycol: Water-soluble reversible polymers. Macromol. Rapid Commun., 2002, 23: 957-961.

[51] Schmatloch S, van den Berg A M J, Alexeev A S, Hofmeier H, Schubert U S. Soluble high-molecular-mass poly(ethylene oxide)s via self-organization. Macromolecules, 2003, 36: 9943-9949.

[52] Hofmeier H, Hoogenboom R, Wouters M E L, Schubert U S. High molecular weight supramolecular polymers containing both terpyridine metal complexes and ureidopyrimidinone quadruple hydrogen-bonding units in the main chain. J. Am. Chem. Soc., 2005, 127: 2913-2921.

[53] Hanan G S, Volkmer D, Schubert U S, Lehn J M, Baum G, Fenske D. Coordination arrays: Tetranuclear cobalt(Ⅱ) complexes with [2 × 2]-grid structure. Angew. Chem. Int. Ed. Engl., 1997, 36: 1842-1844.

[54] Schütte M, Kurth D G, Linford M R, Cölfen H, Möhwald H. Metallosupramolecular thin polyelectrolyte films. Angew. Chem. Int. Ed., 1998, 37: 2891-2893.

[55] Salditt T, An Q, Plech A, Eschbaumer C, Schubert U S. Monolayer of metallo-supramolecular complexes. Chem. Commun., 1998, 2731-2732.

[56] Beck J B, Rowan S J. Multistimuli, multiresponsive metallo-supramolecular polymers. J. Am. Chem. Soc., 2003, 125: 13922-13923.

[57] Zhao Y, Beck J B, Rowan S J, Jamieson A M. Rheological behavior of shear-responsive metallo-supramolecular gels. Macromolecules, 2004, 37: 3529-3531.

[58] Beck J B, Ineman J M, Rowan S J. Metal/ligand-induced formation of metallo-supramolecular polymers. Macromolecules, 2005, 38: 5060-5068.

[59] Sivakova S, Bohnsack D A, Mackay M E, Suwanmala P, Rowan S J. Utilization of a combination of weak hydrogen-bonding interactions and phase segregation to yield highly thermosensitive supramolecular polymers. J. Am. Chem. Soc., 2005, 127: 18202-18211.

[60] Knapton D, Rowan S J, Weder C. Synthesis and properties of metallo-supramolecular poly(*p*-phenylene ethynylene)s. Macromolecules, 2006, 39: 651-657.

[61] Knapton D, Iyer P K, Rowan S J, Weder C. Synthesis and properties of metallo-supramolecular poly(*p*-xylylene)s. Macromolecules, 2006, 39: 4069-4075.

[62] Weng W, Beck J B, Jamieson A M, Rowan S J. Understanding the mechanism of gelation and stimuli-responsive nature of a class of metallo-supramolecular gels. J. Am. Chem. Soc., 2006, 128: 11663-11672.

[63] Ikeda M, Tanaka Y, Hasegawa T, Furusho Y, Yashima E. Construction of double-stranded metallosupramolecular polymers with a controlled helicity by combination of salt bridges and metal coordination. J. Am. Chem. Soc., 2006, 128: 6806-6807.

[64] Corbellini F, Di Constanzo L, Cregs-Calama M, Geremia S, Reinhoudt D N. Guest encapsulation in a water-soluble molecular capsule based on ionic interactions. J. Am. Chem. Soc., 2003, 125: 9946-9947.

[65] Otsuki J, Iwasaki K, Nakano Y, Itou M, Araki Y, Ito O. Supramolecular porphyrin assemblies through amidinium-carboxylate salt bridges and fast intra-ensemble excited energy transfer. Chem. Eur. J., 2004, 10: 3461-2466.

[66] Cooke G, Duclairoir F M A, Kraft A, Rosair C, Rotello V M. Pronounced stabilisation of the ferrocenium state of ferrocenecarboxylic acid by salt bridge formation with a benzamidine. Tetrahedron Lett., 2004, 45: 557-560.

[67] Michelsen U, Hunter C A. Self-assembled porphyrin polymers. Angew. Chem. Int. Ed., 2000, 29: 764-767.

[68] Terech P, Schaffhauser V, Maldivi P, Guenett J M. Living polymers in organic solvents. Langmuir, 1992, 8: 2104-2106.

[69] Yount W C, Juwarker H, Craig S L. Orthogonal control of dissociation dynamics relative to thermodynamics in a main-chain reversible polymer. J. Am. Chem. Soc., 2003, 125: 15302-15303.

[70] Vermonden T, De Vos W M, Marcelis A T M, Sudhoelter E J R. 3-D Water-soluble reversible neodymium(Ⅲ) and lanthanum(Ⅲ) coordination polymers. Eur. J. Inorg. Chem., 2004: 2847-2852.

[71] van der Gucht J, Besseling N A M, van Leeuwen H P. Supramolecular coordination polymers: Viscosimetry and voltammetry. J. Phys. Chem. B, 2004, 108: 2531-2539.

[72] Adam D, Schuhamcher P, Simmerer J, Hayssling L, Siemensmeyer K, Etzbach K H, Ringsdorf H, Haarer D. Fast photoconduction in the highly ordered columnar phase of a discotic liquid crystal. Nature, 1994, 371: 141-143.

[73] Osburn E J, Schmidt A, Chau L K, Chen S Y, Smolenyak P, Armstrong N R, O'Brian D F. Supramolecular fibers from a liquid crystalline octa-substituted copper phthalocyanine. Adv. Mater., 1996, 8: 926-928.

[74] Christ T, Glusen B, Greiner A, Kettner A, Sander R, Stumpflen V, Tsukruk V, Wendorff J H. Columnar discotics for light emitting diodes. Adv. Mater., 1997, 9: 48-52.

[75] Schmidt-Mende L, Fechtenkotter A, Mullen K, Moons E, Friend R H, MacKenzie J D. Self-organized discotic liquid crystals for high-efficiency organic ohotovoltaics. Science, 2001, 293: 1119-1122.

[76] Billard J, Dubois J C, Huutinh N, Zann A. Mesophase of disc-like

molecules. Nouv. J. Chim., 1978, 2: 535-540.
[77] Cotrait M, Marsau P, Destrade C, Malthete J. Crystalline arrangement of some disk like compounds. J. Phys. Lett. (Paris), 1979, 40: L519-L522.
[78] Sheu E Y, Liang K S, Chiang L Y. Self-association of disc-like molecules in hexadecane. J. Phys. (Paris), 1989, 50: 1279-1295.
[79] Gallivan J P, Schuster G B. Aggregates of hexakis (*n*-hexyloxy)-triphenylene self-assemble in dodecane solution: Intercalation of (−)-menthol 3,5-dinitrobenzoate induces formation of helical structures. J. Org. Chem., 1995, 60: 2423-2429.
[80] Schenning A P H J, Benneker F B G, Geurts H P M, Liu X Y, Nolte R J M. Porphyrin wheels. J. Am. Chem. Soc., 1996, 118: 8549-8552.
[81] van Nostrum C F, Picken S J, Schouten A J, Nolte R J M. Synthesis and supramolecular chemistry of novel liquid crystalline crown ether-substituted phthalocyanines: Toward molecular wires and molecular ionoelectronics. J. Am. Chem. Soc., 1995, 117: 9957-9965.
[82] van Nostrum C F, Nolte R J M. Functional supramolecular materials: Self-assembly of phthalocyanines and porphyrazines. Chem. Commun., 1996, 2385-2392.
[83] Feiters M C, Fyfe M C T, Martínez M V, Menzer S, Nolte R J M, Stoddart J F, van Kan P J M, Williams D J. A supramolecular analog of the photosynthetic special pair. J. Am. Chem. Soc., 1997, 119: 8119-8120.
[84] Blower M A, Bryce M R, Devonport W. Synthesis and aggregation of a phthalocyanine symmetrically-functionalized with eight tetrathiafulvalene units. Adv. Mater., 1996, 8: 63-65.
[85] Drain C M, Nifiatis F, Vesenko A, Batteas J D. Porphyrin tessellation by design: Metal-mediated self-assembly of large arrays and tapes. Angew. Chem. Int. Ed. Engl., 1998, 37: 2344-2346.
[86] Arimori S, Takeuchi M, Shinkai S. Oriented molecular aggregates of porphyrin-based amphiphiles and their morphology control by a boronic acid sugar interaction. Supramolec. Sci., 1998, 5: 1-8.
[87] Takeuchi M, Imada T, Shinkai S. A strong positive allosteric effect in the molecular recognition of dicarboxylic acids by a cerium(Ⅳ) bis[tetrakis(4-pyridyl) porphyrinate] double decker. Angew. Chem. Int. Ed. Engl., 1998, 37: 2096-2099.

[88] Schutte W J, Sluyters-Rehbach M, Sluyters J H. Aggregation of an octasubstituted phthalocyanine in dodecane solution. J. Phys. Chem., 1993, 97: 6069-6073.

[89] Kimura M, Muto T, Takimoto H, Wada K, Ohta K, Hanabusa K, Shirai H, Kobayashi N. Fibrous assemblies made of amphiphilic metallophthalocyanines. Langmuir, 2000, 16: 2078-2082.

[90] van Hameren R, van Buul A M, Castriciano M A, Villari V, Micali N, Scholn P, Speller S, Scolaro L Mo, Rowan A E, Elemans J A A W, Nolte R J M. Supramolecular porphyrin polymers in solution and at the solid-liquid interface. Nano Lett., 2008, 8: 253-259.

[91] (a) Zhang J, Moore J S. Nanoarchitectures. 6. Liquid crystals based on shape-persistent macrocyclic mesogens. J. Am. Chem. Soc., 1994, 116: 2655-2656. (b) Shetty A S, Zhang J, Moore J S. Aromatic π-stacking in solution as revealed through the aggregation of phenylacetylene macrocycles. J. Am. Chem. Soc., 1996, 118: 1019-1027.

[92] Lahiri S, Thompson J L, Moore J S. Solvophobically driven π-stacking of phenylene ethynylene macrocycles and oligomers. J. Am. Chem. Soc., 2000, 122: 11315-1131.

[93] Lahiri S, Thompson J L, Moore J S. A Mo(Ⅵ) alkylidyne complex with polyhedral oligomeric silsesquioxane ligands: Homogeneous analogue of a silica-supported alkyne metathesis catalyst. J. Am. Chem. Soc., 2006, 128: 14742-14742.

[94] Balakrishnan K, Datar A, Zhang W, Yang X, Naddo T, Huang J, Zuo J, Yen M, Moore J S, Zang L. Nanofibril self-assembly of an arylene ethynylene macrocycle. J. Am. Chem. Soc., 2006, 128: 6576-6577.

[95] Tobe Y, Utsumi N, Kawabata K, Naemura K. Synthesis and self-association properties of diethynylbenzene macrocycles. Tetrahedron Lett., 1996, 37: 9325-9328.

[96] Tobe Y, Utsumi N, Nagano A, Naemura K. Synthesis and association behavior of [4. 4. 4. 4. 4. 4] metacyclophanedodecayne derivatives with interior binding groups. Angew. Chem. Int. Ed., 1998, 37: 1285-1287.

[97] Tobe Y, Nagano A, Kawabata K, Sonoda M, Naemura K. Synthesis and association behavior of butadiyne-bridged [4_4] (2, 6) pyridinophane and [4_6](2,6)pyridinophane derivatives. Org. Lett., 2000, 2: 3265-3268.

[98] Tobe Y, Utsumi N, Kawabata K, Nagano A, Adachi K, Araki S, Sonoda

M, Hirose K, Naemura K. *m*-Diethynylbenzene macrocycles: Syntheses and self-association behavior in solution. J. Am. Chem. Soc., 2002, 124: 5350-5364.

[99] Yagai S, Monma Y, Kawauchi N, Karatsu T, Kitamura A. Supramolecular nanoribbons and nanoropes generated from hydrogen-bonded supramolecular polymers containing perylene bisimide chromophores. Org. Lett., 2007, 9: 1137-1140.

[100] Seki T, Yagai S, Karatsu T, Kitamura A. Formation of supramolecular polymers and discrete dimers of perylene bisimide dyes based on melamine-cyanurates hydrogen-bonding interactions. J. Org. Chem., 2008, 73: 3328-3335.

[101] Sugiyasu K, Fujita N, Shinkai S. Visible-light-harvesting organogel composed of cholesterol-based perylene derivatives. Angew. Chem. Int. Ed., 2004, 43: 1229-1233.

[102] Würthner F, Hanke B, Lysetska M, Lambright G, Harms G S. Gelation of a highly fluorescent urea-functionalized perylene bisimide dye. Org. Lett., 2005, 7, 967-970.

[103] Würthner F. Plastic transistors reach maturity for mass applications in microelectronics. Angew. Chem. Int. Ed., 2001, 40: 1037-1039.

[104] Song B, Wei H, Wang Z, Zhang X, Smet M, Dehaen W. Supramolecular nanofibers by self-organization of bola-amphiphiles through a combination of hydrogen bonding and π-π stacking interactions. Adv. Mater., 2007, 19: 416-420.

[105] Ashton P R, Baxter I, Cantrill S J, Fyfe M C T, Glink P T, Stoddart J F, White A J P, Williams D J. Supramolecular daisy chains. Angew. Chem. Int. Ed., 1998, 37: 1294-1297.

[106] Ashton P J, Parsons I W, Raymo F M, Stoddart J F, White A J P, Williams D J, Wolf R. Self-assembling supramolecular daisy chains. Angew. Chem. Int. Ed., 1998, 37: 1913-1916.

[107] Cantrill S J, Youn G J, Stoddart J F, Williams D J. Supramolecular daisy chains. J. Org. Chem., 2001, 66: 6857-6872.

[108] Yamaguchi N, Nagvekar D S, Gibson H W. Self-organization of a heteroditopic molecule to linear polymolecular arrays in solution. Angew. Chem. Int. Ed., 1998, 37: 2361-2364.

[109] Yamaguchi N, Gibson H W. Formation of supramolecular polymers from

homoditopic molecules containing secondary ammonium ions and crown ether moieties. Angew. Chem. Int. Ed., 1999, 38: 143-147.

[110] Gibson H W, Yamaguchi N, Jones J W. Supramolecular pseudorotaxane polymers from complementary pairs of homoditopic molecules. J. Am. Chem. Soc., 2003, 125: 3522-3533.

[111] Huang F, Gibson H W. A supramolecular poly[3]pseudorotaxane by self-assembly of a homoditopic cylindrical bis(crown ether) host and a bisparaquat derivative. Chem. Commun., 2005: 1696-1698.

[112] Huang F, Nagvekar D S, Zhou X, Gibson H W. Formation of a linear supramolecular polymer by self-assembly of two homoditopic monomers based on the bis(*m*-phenylene)-32-crown-10/paraquat recognition motif. Macromolecules, 2007, 40: 3561-3567.

[113] Wang F, Zhang J, Ding X, Dong S, Liu M, Zheng B, Li S, Zhu K, Wu L, Yu Y, Gibson H W, Huang F. Metal-coordination-mediated reversible conversion between linear and crosslinked supramolecular polymers. Angew. Chem. Int. Ed., 2010, 49: 1090-1094.

[114] Wang F, Han C, He C, Zhou Q, Zhang J, Wang C, Li N, Huang F. Self-sorting organization of two heteroditopic monomers to supramolecular alternating copolymers. J. Am. Chem. Soc., 2008, 130: 11254-11255.

[115] Wang F, Zheng B, Zhu K, Zhou Q, Zhai C, Li S, Li N, Huang F. Formation of linear main-chain polypseudorotaxanes with supramolecular polymer backbones via two self-sorting host-guest recognition motifs. Chem. Commun., 2009: 4375-4377.

[116] Huang F, Gibson H W. Formation of a supramolecular hyperbranched polymer from self-organization of an AB_2 monomer containing a crown ether and two paraquat moieties J. Am. Chem. So., 2004, 126: 14738-14739.

[117] Miyauchi M, Harada A. J. Am. Chem. Soc., 2004, 126: 11418-11419.

[118] Miyauchi M, Hoshino T, Yamaguchi H, Kamitori S, Harada A. A [2] rotaxane capped by a cyclodextrin and a guest: Formation of supramolecular [2]rotaxane polymer. J. Am. Chem. Soc., 2005, 127: 2034-2035.

[119] Hoshino T, Miyauchi M, Kawaguchi Y, Yamaguchi H, Harada A. Daisy chain necklace: Tri[2]rotaxane containing cyclodextrins. J. Am. Chem. Soc., 2000, 122: 9876-9877.

[120] Harada A, Kawaguchi Y, Hoshino T. Supramolecular polymers formed

by modified cyclodextrins. J. Inclusion Phenom. Macrocycl. Chem., 2001, 41: 115-121.

[121] Miyauchi M, Kawaguchi Y, Harada A. Formation of supramolecular polymers constructed by cyclodextrins with cinnamamide. J. Inclusion Phenom. Macrocycl. Chem., 2004, 50: 57-62.

[122] Miyauchi M, Takashima Y, Yamaguchi H, Harada A. Chiral supramolecular polymers formed by host-guest interactions. J. Am. Chem. Soc., 2005, 127: 2984-2989.

[123] Soto T V H, Jover A, Garcia J C, Galantini L, Meijide F, Tato J V. Thermodynamics of formation of host-guest supramolecular polymers. J. Am. Chem. Soc., 2006, 128: 5728-5734.

[124] Leggio C, Anselmi M, Nola A, Galantini L, Jover A, Meijide F, Pavel N V, Tellini V, Tato J. Study on the structure of host-guest supramolecular polymers. Macromolecules, 2007, 40: 5899-5906.

[125] Okumura Y, Ito K. The polyrotaxane gel: A topological gel by figure-of-eight cross-links. Adv. Mater., 2001, 13: 485-487.

[126] Watanabe J, Ooya T, Park K D, Kim Y H, Yui N. Preparation and characterization of poly (ethylene glycol) hydrogels cross-linked by hydrolyzable polyrotaxane. J. Biomater. Sci., Polym. Ed., 2000, 11: 1333-1345.

[127] Ichi T, Watanabe J, Ooya T, Yui N. Controllable erosion time and profile in poly(ethylene glycol) hydrogels by supramolecular structure of hydrolyzable polyrotaxane. Biomacromolecules, 2001, 2: 204-210.

[128] Watanabe J, Ooya T, Nitta K H, Park K D, Kim Y H, Yui N. Fibroblast adhesion and proliferation on poly(ethylene glycol) hydrogels crosslinked by hydrolyzable polyrotaxane. Biomaterials, 2002, 23: 4041-4048.

[129] Fujimoto M, Isobe M, Yamaguchi S, Amagasa T, Watanabe A, Ooya T, Yui N. Poly (ethylene glycol) hydrogels cross-linked by hydrolyzable polyrotaxane containing hydroxyapatite particles as scaffolds for bone regeneration. J. Biomater. Sci., Polym. Ed., 2005, 16: 1611-1621.

[130] Ooya T, Ichi T, Furubayashi T, Katoh M, Yui N. Cationic hydrogels of PEG crosslinked by a hydrolyzable polyrotaxane for cartilage regeneration. React. Funct. Polym., 2007, 67: 1408-1417.

[131] Fleury G, Schlatter G, Brochon C, Travelet C, Lapp A, Lindner P,

Hadziioannou G. Topological polymer networks with sliding cross-link points：The "sliding gels". relationship between their molecular structure and the viscoelastic as well as the swelling properties. Macromolecules，2007，40：535-543.

[132] Joung Y K，Ooya T，Yamaguchi M，Yui N. Modulating rheological properties of supramolecular networks by pH-responsive double-axle intrusion into γ-cyclodextrin. Adv. Mater.，2007，19：396-400.

[133] Wang Y，Zhou L，Sun G M，Xue J，Jia Z F，Zhu X Y，Yan D Y. Construction of different supramolecular polymer systems by combining the host-guest and hydrogen-bonding interactions. J. Polym. Sci.：Polym. Phys.，2008，46：1114-1120.

[134] Haino T，Matsumoto Y，Fukazawa Y. Supramolecular nano networks formed by molecular-recognition-directed self-assembly of ditopic calix[5] arene and dumbbell [60] fullerene. J. Am. Chem. Soc.，2005，127：8936-8937.

图书在版编目(CIP)数据

超分子聚合物/黄飞鹤等编著. —杭州：浙江大学出版社，2012.4

ISBN 978-7-308-09226-5

Ⅰ.①超… Ⅱ.①黄… Ⅲ.①超分子结构—聚合物 Ⅳ.①063

中国版本图书馆 CIP 数据核字（2011）第 212538 号

超分子聚合物

黄飞鹤　翟春熙　郑　波　李世军　编著

策　　划　季　峥　希　言
责任编辑　季　峥
封面设计　林智广告
出版发行　浙江大学出版社
　　　　　　（杭州市天目山路 148 号　邮政编码 310007）
　　　　　　（网址：http://www.zjupress.com）
排　　版　杭州大漠照排印刷有限公司
印　　刷　杭州杭新印务有限公司
开　　本　787mm×1092mm　1/16
印　　张　11.5
字　　数　225 千
版 印 次　2012 年 4 月第 1 版　2012 年 4 月第 1 次印刷
书　　号　ISBN 978-7-308-09226-5
定　　价　55.00 元

浙江大学出版社发行部邮购电话（0571）88925591